Mehr als 20 Jahre widmete der Verfasser der Erforschung des Feudalismus im vorislamischen Iran. Die in diesem Buch dargelegten Untersuchungen führen auf den Ursprung der feudalen Einrichtungen zurück und legen ihre Fundamente frei.

In einem assyrischen Heldengedicht aus der Zeit des Königs Tukultininurta (etwa 1235–1198 v. Chr.) sind die Gefolgsmänner des Königs und ihre wild-ekstatische Kampfesweise eindrucksvoll geschildert. Von diesem Epos ausgehend wird das altiranische Gefolgswesen als eine „Dienstmanninstitution" analysiert, deren Angehörige als Zeichen der Gebundenheit des Dienstmanns an seinen Herrn den Waffengürtel tragen.

Die im Tukultininurta-Epos geschilderten Zustände werden als Erbe aus dem Mitanni-Reich erkannt. Dort führten die feudalen Wagenkämpfer den Namen *maryanni; marya* bezeichnet den Junggesellen als Mitglied kriegerischer Männerbünde. Die Wurzeln des Feudalismus im alten Iran werden somit in den kriegerischen Männerbünden der indo-iranischen Gesellschaft nachgewiesen.

Weiterhin wird erstmalig das iranische Erziehungswesen einschließlich der Institution des „Erziehers", des Pflegevaters, näher untersucht und als kriegerische Vorbereitung für den Eintritt des Jungmannes in den Kreis der erwachsenen Krieger vorgestellt.

Als drittes der grundlegenden Themen wird auch zum erstenmal die Königswahl behandelt – im Zusammenwirken von Königsgewalt und feudalen Kräften in der vor- und zum Teil auch nachislamischen Gesellschaft –, wobei die Rolle des „Landtags" resp. „Reichstags" erhellt wird.

Aus dem Vergleich mit entsprechenden indogermanischen Verhältnissen ist klar ersichtlich, daß die feudalen Fundamente der iranischen Gesellschaft ein indogermanisches Erbe darstellen.

Den Abschluß bilden ausführliche Register der sprachlichen Termini und der angeführten Textstellen. 20 Abbildungen illustrieren den kulturellen Zusammenhang zwischen dem Iran und der übrigen indogermanischen, vor allem der nordgermanischen Welt.

WISSENSCHAFTLICHE ABHANDLUNGEN DER ARBEITSGEMEINSCHAFT FÜR FORSCHUNG DES LANDES NORDRHEIN-WESTFALEN

Band 40

WISSENSCHAFTLICHE ABHANDLUNGEN DER ARBEITSGEMEINSCHAFT FÜR FORSCHUNG DES LANDES NORDRHEIN-WESTFALEN

Band 40

GEO WIDENGREN

Der Feudalismus im alten Iran

Männerbund - Gefolgswesen - Feudalismus in der iranischen Gesellschaft im Hinblick auf die indogermanischen Verhältnisse

HERAUSGEGEBEN
IM AUFTRAGE DES MINISTERPRÄSIDENTEN HEINZ KÜHN
VON STAATSSEKRETÄR PROFESSOR Dr. h. c. Dr. E. h. LEO BRANDT

Der Feudalismus im alten Iran

Männerbund – Gefolgswesen – Feudalismus
in der iranischen Gesellschaft
im Hinblick auf die indogermanischen Verhältnisse

Von

Geo Widengren

SPRINGER FACHMEDIEN WIESBADEN GMBH

Erweiterte Fassung eines vor
der Arbeitsgemeinschaft für Forschung des Landes Nordrhein-Westfalen
am 19. April 1967 gehaltenen Vortrags

Dem Andenken von W. Kleen und H. H. von der Osten gewidmet

ISBN 978-3-322-98290-2 ISBN 978-3-322-98995-6 (eBook)
DOI 10.1007/978-3-322-98995-6

Ursprünglich erschienen bei Westdeutscher Verlag GmbH, Köln und Opladen 1969
Softcover reprint of the hardcover 1st edition 1969

Vorwort

Das erste Kapitel dieses Buches geht auf einen Vortrag zurück, den ich an der Universität Hamburg im Januar 1952 gehalten habe. Ich danke den Herren Professoren Lentz und Spuler, mit denen ich mich über die hier behandelten Fragen näher unterhalten konnte. Gewisse Abschnitte des ersten Kapitels, vor allem das altorientalische Material betreffend, habe ich auch als Vortrag in der finnischen Orientgesellschaft an der Universität Helsinki im November 1963 zur Diskussion gestellt. In diesem Zusammenhang danke ich vor allem meinem Kollegen und Freunde, Prof. A. Salonen. Endlich habe ich am 19. April 1967 in der Arbeitsgemeinschaft für Forschung des Landes Nordrhein-Westfalen die hauptsächlichen Ergebnisse meiner Untersuchungen, vor allem solche, die in Kapitel I und III zu finden sind, vortragen können. Sowohl die Diskussion in Helsinki wie die in Düsseldorf brachten verschiedene Anregungen, die in diesem Buche zu verarbeiten mir leider nicht möglich gewesen ist. Das Material war schon so umfassend, so überreich, daß ich mich beschränken mußte. Gewisse Abschnitte meiner Forschungen über den iranischen Feudalismus wurden zur Entlastung dieses Buches bereits früher publiziert, nämlich „Recherches sur le féodalisme iranien", „Die Begriffe ‚Populorum ordo' und ‚ram' als Ausdrücke der Standesgliederung im Partherreiche" und „Über einige Probleme in der altpersischen Geschichte" (Abschnitte II und III). Ich verweise auf diese Untersuchungen. Eine Zusammenfassung unserer Kenntnisse auf diesem Gebiet hoffe ich im nächsten Jahr publizieren zu können.

Zwei Kollegen und Freunde, Prof. A. Alföldi und Prof. G. Dumézil, haben sich für diese meine Arbeit besonders interessiert. Mit Prof. Alföldi habe ich in Paris im Juni 1953 ein ergebnisreiches Gespräch geführt, wobei ich die wichtigsten Resultate der Kapitel I und II besprochen habe. Prof. Dumézil hatte die Güte, in demselben Jahr eine erste Fassung von Kapitel I und II zu lesen. Wieviel ich den Veröffentlichungen dieser zwei hervorragenden Gelehrten, zumal denen von Dumézil, schulde, ist aus meinem Buche leicht zu ersehen.

Dr. K. Abels war so freundlich, mir seine überaus interessante Abhandlung über Ambraser Wolf Dietrich zu senden. Im letzten Moment konnte ich darum einige Verweise auf diese wichtige Publikation eintragen.

Mein lieber Freund, Prof. K. H. Rengstorf, hat sich auch diesmal für das deutsche Sprachgewand meiner Arbeit interessiert, und auf seinen Vorschlag hin hat sich sein Assistent W. Dietrich der Mühe unterzogen, den sprachlichen Ausdruck dieses Buches zu revidieren. Staatssekretär Prof. Dr. Brandt und Ministerialrat Schräder haben sich auf verschiedene Weise für die Drucklegung meiner Arbeit eingesetzt und ihre Aufnahme in die Reihe der Abhandlungen der Arbeitsgemeinschaft für Forschung des Landes Nordrhein-Westfalen ermöglicht.

Da orientalische Typen nicht zur Verfügung standen, ergaben sich verschiedene Probleme, die ich in Zusammenarbeit mit dem Verlag zu lösen versucht habe. Der wohlwollende Leser möge gewisse technische Unvollkommenheiten nicht verübeln und auch ein paar Inkonsequenzen in der Zitierweise und Transkription mit in Kauf nehmen. Diese Untersuchungen haben mich 20 Jahre beschäftigt und sind schwierig und zeitraubend gewesen — nicht zuletzt dadurch, daß verschiedene neupersische Texte damals nicht in Übersetzung zugänglich waren, so daß das Materialsammeln viel Zeit in Anspruch nahm.

Allen den genannten Institutionen und Personen danke ich recht herzlich.

Dieses Buch ist dem Andenken zweier verstorbener Freunde, W. Kleen und H. H. von der Osten, gewidmet.

Geo Widengren

Inhalt

Inhalt

Kapitel I

Die Wurzeln des altiranischen Feudalismus

1.

Der Feudalismus im alten Iran besitzt einen doppelten Ursprung: einen bodenständigen, nichtiranischen Ursprung in den Verhältnissen des Vorderen Orients vor der Einwanderung der iranischen Völker, und einen Ursprung bei diesen iranischen Völkern und Stämmen selbst.

Im alten Orient findet man im Königtum Mitanni Einrichtungen, die deutlich an diejenigen eines vollentwickelten Feudalismus erinnern[1]. Es hat im Mitannireich eine Oberschicht existiert, adelige Krieger, die Wagenkämpfer und zugleich Lehensinhaber waren. Diese Klasse wird *maryanni* genannt, ein Wort, das nicht der churritischen Sprache angehört, d. h. der Sprache, die von der Masse der Bevölkerung des Mitannireiches gesprochen wurde. Hinter dem Wort *maryanni* hat man seit Winckler den vedischen Terminus *marya-* sehen wollen[2]. Das Auftauchen dieses arischen Wortes in der churritischen Gesellschaft erklärt sich leicht, denn diese *maryanni* sind indo-iranischer Nationalität, wie sich durch den arischen Ursprung ihrer Namen beweisen läßt[3].

[1] Zum Feudalismus im Mitannireich vgl. u. a. H. Levy, *Or* 11/1942, S. 1–40, 209–250, 297–349; Purves, *Commentary on Nuzi Real Property, JNES* IV/1945, S. 88 ff.; Steele, *Nuzi Real Estate Transactions, AOS* XVII/1943; Cassin, *L'adoption à Nuzi,* 1938, S. 18 f.

[2] Zur Maryanni-Frage vgl. u. a. Albright, *AfO* 6/1930–31, S. 217–221; *JPOS* 11/1931, S. 124–126; *JBL* 51/1932, S. 82–84; Smith, *Alalakh, Antiquaries Journal* XIX/1939, S. 43 f.; O'Callaghan, *Aram Naharaim* (AnOr 26) 1948, S. 64, S. 55 f.; *Jahrbuch für Kleinasiatische Forschung* I/1951, S. 309 ff.; Dumont, *JAOS* 67/1947, S. 251–253; Gordon, *Ugaritic Textbook,* 1965, Glossary 1551, verzeichnet die Stellen in den Ras-Shamratexten, in denen das Wort *mrynm* (einmal syllabisch *mar-ia-ni* geschrieben) vorkommt; vgl. ferner Virolleaud, *Mémorial LAGRANGE,* S. 39–49; *Syria* XXVIII/1951, S. 165 f. Als Basis nimmt man den Kasus obl. Pl. *maryān-* an mit churrit. Suffix *-ni.*

[3] Nicht alle *maryanni,* aber die Mehrzahl, tragen indo-iranische Namen, vgl. die Diskussion von Dumont bei O'Callaghan, a. a. O., S. 56 ff., 49 ff., wo indessen eine exklusive indische Herkunft angenommen wird, was aber mit Rücksicht auf Namen wie Aitagāma, Artamanya, Artaya usw. unmöglich ist. Auch die vielen mit *aswa* (= *aspa*) zusammengesetzten Namen deuten eher auf iranische Herkunft, ebenso die *zarwa(n)*-Namen (Widengren, *Hochgottglaube im alten Iran,* Uppsala 1938, S. 310). Zum Verlust von *-n* in Zarwan (nur in einem Fall ist *Zarwan* belegt) vgl. die Namensform *Zrw'* (abwechselnd mit *'zrw*) in der soghdischen Sprache als ostiranische Bezeichnung für Brahma.

Die assyrische Gesellschaft hat viele Kulturelemente von der Zivilisation der Mitanni mit der Eroberung mehrerer ihrer Gebiete geerbt, darunter auch manches, was in die gesellschaftliche Organisation des Assyrerreiches übernommen wurde.

Im mittelassyrischen Staat treffen wir ganz unerwartet auf ein episches Gedicht von einem in der assyrisch-babylonischen Literatur ziemlich fremden Charakter. Die Heldentaten des Königs Tukulti-Ninurta, seine „gestes“, werden hier in einer Weise verherrlicht, die nicht mit der in den semitischen Gedichten gewöhnlich sich findenden Art übereinstimmt[4].

Die Schilderung des Kampfes ist sehr eindrucksvoll. Die assyrischen Krieger kämpfen rasend, voll Wildheit, man könnte fast sagen ekstatisch. Nackt treten sie in das Kampfgewirr ein, sie entblößen die Brust, entfernen die Kleider und streiten ohne Panzer. Die Haupthaare haben sie gebunden, sie führen Kriegstänze auf. Wie ein tobender Orkan jagt das Kampfgewirr vorwärts.

Eigentümlich ist es nun, daß diese kampfesfrohen, ja sogar sich leidenschaftlich in den Kampf stürzenden Krieger *ardāni* genannt werden, was ja gewöhnlich mit „Diener“ oder sogar „Sklaven“ übersetzt wird[5].

Die Annahme Schaeders, *ZDMG* 95/1941, S. 275, daß das soghdische Wort „nicht als unmittelbare Fortsetzung eines altiranischen Nom. Sing. *zrva*, sondern als Entlehnung aus mittelwestiranischem *zruvan* mit Verflüchtigung des Auslautes anzusehen“ wäre, finde ich darum unwahrscheinlich.

[4] Das ganze Gedicht wurde von Ebeling unter dem Titel *Bruchstücke eines politischen Propaganda-Gedichtes aus einer assyrischen Kanzlei* (*MAOG* XII 2), 1938, untersucht. Es handelt sich aber um ein episches Heldengedicht; vgl. Albright, *BASOR* 62/1936, S. 30 f.

[5] Das wichtigste Stück, Kol. II 33–34; bei Ebeling, a. a. O., S. 8, lautet:

arki ilāni meš *tiklīšu šarru*	*ina pāni ummāni ušarri qabla*
isakkar MA. E. ^{D}*Ašuruballiṭ*	*dapna mušḫarmiṭa šalamda iddi*
isakruma qurād ^{D}*Ašur ana mitḫūṣi*	*ipannu mūta*
itallalu ^{D}*Ištar aḫulāp*	*ina tēšē inaddu bēlta*
labbuma šamru	*kīma* ^{D}*Zi šanū nabnīta*
kadru izziš	*ana tēšē balū taḫlīpi*
isaḫuṭu irāti	*uttakkiru lubūši*
iqtaṣru pirēti	*usirra ismāri tuḫri*
imelluma ina šeḫūti ^{giš} *kakkē* ^{meš}	*dapinu mutu uršannu*
u izīqa ana aḫameš	*kīma tiṣbut labbi suḫurat ūmē* ^{meš}
u ša ḫimmat ašamšāti	
	tešū iṣād ina qabli
danniš ēn qurādi	*kīma ūm* ^{um} *ṣūmi išebbu mūtu*

Hinter den Göttern, seinen Helfern,	fing der König vor den Truppen den Kampf an.
Er rief: „Ich bin Ašuruballiṭ!“	Den vernichtenden Kämpfer warf er als Leichnam hin.
Es riefen die Helden Ašurs: „In den Kampf.“	Sie wenden sich dem Tode zu.
Sie schreien: „Ištar, wie lange?“	In dem Kampfgewirr rühmen sie die Herrin.
Sie sind rasend, voll Wildheit,	wie Zu sind sie verändert im Wesen.
Sie sind ungestüm,	für das Kampfgewirr ohne Rüstung.

Der Assyriologe von Soden hat den Versuch gemacht, die in dem Gedicht auf Tukulti-Ninurta zutage tretenden Sonderzüge nach rassischen Gesichtspunkten zu erklären. Sie dürften nach ihm als ein Resultat der Vermischung arischen Blutes unter den Assyrern als Folge der churritischen Erbschaft anzusehen sein[6]. Über eine solche Erklärung ist natürlich kein Wort zu verlieren. Die sozialen und kulturellen Institutionen und die mit ihnen verknüpfte Haltung zum Dasein entspringen ja keineswegs Rassenfaktoren, sondern sind eine Folge der gesellschaftlichen und kulturellen Umgebung, in die man hineinwächst[7]. Um das epische Gedicht und seine Ideologie zu verstehen,

Sie entblößen die Brust, entfernen die Kleider.
Sie banden sich die Haupthaare, ließen tanzen die Speere im Kreise.
Sie tanzten mit geschärften Waffen, die Kämpfer, die Männer, die Helden.
Und sie stürmten aufeinander los
wie das Sich-Packen der Löwen, das Sich-Wenden der Stürme.
Das Kampfgewirr des Tobens des Orkans jagt einher im Kampfe.
Gewaltig ist das Auge des Helden, wie eines Tages des Durstes sättigen sie sich am Tod.

In v. 36 ist der Übers. von Sodens *Der Aufstieg des Assyrerreiches*, Leipzig 1937, S. 25, gefolgt, also *inaddu* = *inādu* < *ina'du*. Ebenso in v. 41. In v. 43 konstruiere: *tešū ša ḫimmat ašamšāti iṣād ina qabli*. In v. 44 ist die zweite Hälfte ziemlich klar, aber die erste ist schwierig. Ich habe auch daran gedacht, *e-ēn* als *'en* zu verstehen, permans. von einem Verbum *'i̯n* mit e-Vokal, vgl. Ylvisaker, *Z. Babylonischen und Assyrischen Grammatik*, Leipzig 1911, S. 50 Anm. 5. Daß die Krieger nicht die Rüstung anlegten,

sarii̯amāti ul ittaḫlipu labbiš ilab[*bu*]

Panzer zogen sie nicht an, wie Löwen wüteten sie,

wird auch III 39 gesagt.

Die Krieger werden *ardāni* genannt (II 24, IV 19). Zu dieser Bezeichnung vgl. Albright, *JPOS* 11/1931, S. 224–226. In der Erzählung von Abrahams 318 bewaffneten „Dienern" finden wir Gen. 14:15 den Ausdruck *ʿaḇāḏīm*, aber 14:12 werden sie *neʿārīm* genannt. Der letzte Terminus ist von Albright als Bezeichnung für „steward, confidential attendant", aber auch für „picked warrior" bestimmt. Ich würde sagen, daß *naʿar*, „Junge", ziemlich genau mit *marya* (*marīka*) übereinstimmt, während *ʿæḇæḏ bandaka* ziemlich gut entspricht; vgl. unten S. 12 ff. Mit dem churritischen Hintergrund der Patriarchenerzählungen wird ziemlich klar, daß die Kanaanäer, und später die Israeliten, die churritische Terminologie übernommen haben. Wenn also Abraham laut dieser Erzählung Gen. 14 eine Heeresmacht von 318 *maryanni* unter sich gehabt hat, war er in der Tat mit einer bedeutenden Stärke versehen; es wäre nicht mehr berechtigt, von dem „Midraschartigen" dieser Tradition zu sprechen. Auch in den Davidstraditionen finden wir *ʿæḇæḏ* von den Gefolgsleuten verwendet (1 Sam. 27:12; 29:10; 2 Sam. 2:12–13, 15, 17, 30–31). Besonders wichtig ist die Stelle 2 Sam. 2:14–17, die von Y. Sukenik, *JPOS* 21/1941, S. 110 ff., erklärt ist. Diese Art, die Schlacht durch Zweikampf einzuleiten, kennen wir aus indogermanischer Überlieferung. Die verdienstvolle Arbeit von C. Lindhagen. *The Servant Motif in the Old Testament*, Uppsala 1950, läßt eben diese Fragen außer acht. Vgl. ferner meine allgemeinen Bemerkungen in der schwedischen Auflage von C. H. Gordon, *Before the Bible*, das Vorwort.

6 Vgl. von Soden, a. a. O., S. 26. Diese Sicht lehnen wir grundsätzlich als unwissenschaftlich ab.

7 Vgl. die Bemerkungen über solche Faktoren in der modernen soziologischen Forschung, z. B. A. Goldenweiser, *Anthropology*, London 1937, S. 29 ff.

müssen wir also die dort auftretenden Merkmale des Kriegertums mit entsprechenden Einrichtungen und Ideen der altarischen, d. h. indo-iranischen Gesellschaft vergleichen. Wenn ich hier von „arisch" spreche, nehme ich das Wort natürlich in rein wissenschaftlichem, und zwar sprachwissenschaftlichem Sinn, also als Bezeichnung für indo-iranisch[8].

Es ist bekannt, daß wir in der medisch-persischen Gesellschaft der achämenidischen Epoche Spuren eines entwickelten Feudalismus wiederfinden, wenn auch z. B. der Iranist SCHAEDER die Existenz eines vollentwickelten achämenidischen Feudalismus angezweifelt hat[9]. Diese Skepsis ist aber auch nur dann zu verstehen, wenn man lediglich einen allgemeinen Überblick über die politischen Einrichtungen der Achämeniden besitzt. Die uns bei einer tiefergehenden Analyse zur Verfügung stehenden Tatsachen erlauben aber nicht den geringsten Zweifel daran, daß wir in der altpersischen Gesellschaft einen vollentwickelten Feudalismus vor uns haben. Es kommt nur darauf an, die Tatsachen zu sammeln, sie zu koordinieren und zu analysieren[10].

2.

In der Inschrift des Darius von Naqsh i Rustam treffen wir auf das Wort *marīka* < **mariyaka*[11]. Der Kontext gibt uns keine Aufklärung über die semantische Entwicklung dieses Wortes. Um seine Bedeutung zu erklären, sind wir ganz auf die neubabylonische Übersetzung angewiesen, die uns als entsprechenden Terminus das Wort *qallu* gibt. Weil man für *qallu* die sozu-

[8] Vgl. BARTHOLOMAE, *GrIrPh* I 1, S. 1 f.

[9] SCHAEDER, *Das persische Weltreich*, Breslau 1941, S. 21: „Will man daher von achämenidischem ‚Lehnswesen' sprechen, so muß man sich darüber im klaren sein, wie weit die altpersischen Verhältnisse von denen des abendländisch-christlichen Mittelalters abweichen, die man zunächst mit dem Begriff des Lehnswesens verbindet. Insbesondere wird man in der Geschichte der Achämeniden vergeblich nach Spuren der sittlichen Bindung zwischen Lehnsherr und Lehnsträger suchen, die, aus dem germanischen Gefolgschaftswesen herrührend, dem abendländischen Feudalismus seine eigentümliche Prägung gibt." Die feudale Struktur des Achämenidenreiches hat dagegen BENGTSON, *Gnomon* 13/1937, S. 115 f., hervorgehoben; *Die Welt als Geschichte* 5/1939, S. 172; so auch ALTHEIM, *Weltgeschichte Asiens*, I, Halle 1947, S. 172; GALLING, *Syrien in der Politik der Achämeniden*, Leipzig 1937, S. 16 f.

[10] Als charakteristisch für einen vollentwickelten Feudalismus sehen wir drei Merkmale: Vasallentum, *hommagium* und *benificium*, d. h. das Bestehen eines Kriegerstandes, der (durch eine besondere Huldigung) dem Herrscher gegenüber sich zum Kriegsdienst verpflichtet hat; der Gehorsam dieses Kriegerstandes gegen den Herrn durch eine Zeremonie symbolisiert; die Belehnung der einzelnen Krieger mit Besitz an Rittergut als Lohn für zu leistenden militärischen Dienst. Diese Einrichtung haben wir in Einzeluntersuchungen in anderem Zusammenhang analysiert (vgl. *Or Suec* V/1956, S. 79–182). Hier geht es nur um die Grundlagen und Voraussetzungen des iranischen Feudalismus.

[11] Vgl. KENT, *Old Persian*, New Haven 1950 S. 202 b. In Naqš i Rustam Z. 50, 55 (59).

sagen normale Übersetzung „Sklave" annimmt, hat man *marīka* ebenfalls mit „Sklave" oder „Diener" wiedergegeben[12], und einige Iranisten haben entsprechende Bedeutungen von mit *marīka* verwandten Worten in den modernen Dialekten Irans verglichen[13].

Tatsächlich kann *qallu* in den altpersischen Inschriften nicht nur *marīka*, sondern (wie in der Behistuninschrift) auch *bandaka* wiedergeben[14]. Und für *bandaka* hat man seit jeher die Bedeutung „Sklave", „Diener" festgestellt[15]. Alles scheint also in der schönsten Ordnung zu sein, wenn wir *marīka* wie auch *bandaka* mit „Diener" oder „Sklave" übersetzen.

Die Dinge liegen aber nicht so einfach. Wir müssen daran erinnern, daß in den juristisch-ökonomischen Dokumenten neubabylonischer Sprache aus der Achämenidenzeit das Wort *qallu* ein technischer Terminus der feudalen Amtssprache ist. Der Sinn dieses Wortes ist aber nicht „Diener" oder „Sklave" im allgemeinen, sondern vielmehr „Dienstmann", „Vertrauter", „Beauftragter", ein unfreier Mann, der wohl dem feudalen „Hause" angehört, aber eine zu hohe und bedeutende Stellung einnimmt, um als „Sklave" oder „Diener" bezeichnet zu werden[16]. Der Terminus „Dienstmann" scheint uns die richtige Übersetzung von *qallu* zu sein.

Gehen wir zum Wort *bandaka* und den entsprechenden neubabylonischen

12 Vgl. Kent, „menial", Herzfeld, *Altpersische Inschriften*, Berlin 1938, S. 251 ff.

13 Bailey und Morgenstierne haben auf verschiedene solcher Dialektworte hingewiesen, vgl. z. B. Morgenstierne, *An Etymological Vocabulary of Pashto*, Oslo 1927, S. 47 s. v. *mrayai*.

14 Vgl. Behistun Z. 44, 53, 86. im Plural *gallē* ^{meš} (geschrieben KAKNA ^{meš}), vgl. Rössler, *Untersuchungen über die akkadische Fassung der Achämenideninschriften*, 1938, S. 23, s. u. *gallu*. Die Etymologie wird von Ungnad (vgl. unten Anm. 16) als (< *qll*) *qallu* „klein" gefaßt, sonst als *gallu* < Sumer. *galla*.

15 Vgl. jedoch Bartholomae, *Altiranisches Wörterbuch*, 1904, S. 924 f., der „Untertan, Vasall" gibt, viel richtiger als Kent, a. a. O., S. 199 b, „subject, servant", oder sogar Schaeder, a. a. O., S. 27, „Sklave" (und mit sehr weitgehenden Kommentaren, auf die wir unten S. 32 zurückkommen). Vgl. ferner Hinz, *Altpersischer Wortschatz*, Leipzig 1942, S. 108: „Untertan". Gegen Schaeder protestiert Altheim, *Weltgeschichte Asiens* I, S. 139 Anm. 159, mit Hinweis auf die korrekte Bedeutung von *qallu* (*gallu*) als Synonym von *bandaka*.

16 Ungnad, *Neubabylonische Rechts- und Verwaltungsurkunden*, Glossar, Leipzig 1937, S. 126, „Sklave" als Arbeiter und als Handwerker, aber auch als Agent seines Herrn, als Kontrahent (in Vertretung seines Herrn); als Zeuge, was Ungnad, *ZAW* 58/1940–41, S. 241, damit erklärt, „daß es sich um einen *qallu* handelt, der einiges Ansehen genoß, etwa einen ‚butler' ". Das Wort *qallu* bedeutet aber auch „Knecht", ja sogar „Soldat", vgl. Bezold, *Babylonisch-Assyrisches* Glossar, Heidelberg 1926, S. 243 b. Das Abstraktum *qallūtu* wird von Eilers, *OLZ* 1934, Col. 94, als „status servitutis" bezeichnet, was m. E. vollkommen richtig ist, wenn man darunter unfreie Stellung als Dienstmann versteht. Eine gute Parallele bietet das Wort *ḫupšu*, Mendelsohn, *BASOR* 83/1941, S. 36 ff., vgl. O'Callaghan, a. a. O., S. 67 Anm. 2; Lacheman, *BASOR* 86/1943, S. 36 f. Über *ḫupšu* auch Albright, *JPOS* 14/1934, S. 131 Anm. 162; Gray, *ZAW* 64/1952, S. 52 ff.

Ausdrücken über, so sehen wir sogleich, wie falsch eine Übersetzung „Diener" oder „Sklave" wäre, um die Bedeutungssphäre des Wortes zu decken. Wir haben schon gesagt, daß *bandaka* durch *qallu* wiedergegeben wird. Aber man könnte sich auch eine andere Möglichkeit denken, dieses Wort *bandaka* im Neubabylonischen zu übersetzen, nämlich durch *ardu*[17]. Und *ardu* kann mit nicht geringerer Schwierigkeit als *qallu* mit „Diener" oder „Sklave" übersetzt werden. *Ardu* muß im Gegenteil, wie UNGNAD wiederum gesehen hat, mit „Knecht" wiedergegeben werden[18]. In diesem Zusammenhang ist für unser Thema die Bemerkung wichtig, daß in den achämenidischen neubabylonischen Dokumenten auch iranische Männer rein zivilrechtlich als *ardāni* (Plural von *ardu*) bezeichnet werden. So ist z. B. *Artapāna* der *ardu Artahumanahs* usw.[19].

In dem epischen Gedicht auf Tukulti-Ninurta haben wir schon das Wort *ardu* im Plural *ardāni* gefunden, und zwar in einem ausgesprochen kriegerischen Sinn, welcher der semantischen neubabylonischen Entwicklung entspricht, d. h. in ihrer Eigenschaft von Knechten des Königs als Gefolgsmännern, die seinem „Hause" zugehören. Nur eine solche Bedeutung erklärt, warum diese wildekstatischen Krieger als *ardāni* bezeichnet werden.

Wenn sowohl *marīka* und *bandaka* durch das Wort *qallu* wiedergegeben werden, das seinerseits die Bedeutung eines militärischen Dienstmannes und beauftragten Geschäftsführers besitzt, so wird es offensichtlich notwendig, die allgemeine Bedeutungssphäre von *marīka* und *bandaka* einer erneuten

[17] Diese Möglichkeit ist indessen in den bisher gefundenen Inschriften nicht benutzt, sondern *qallu* muß sowohl für *bandaka* als *marīka* stehen. Von Cyrus wird aber der Terminus *ardu* verwendet, *VAB* 4, S. 220: *kuraš šar* ^mât^*Anzan aradsu ṣaḫri*, „Kuraš, der König von Ansan, sein junger Knecht" (V R 64 Kol. I 29).

[18] UNGNAD, *ZAW* 58/1940–41, S. 242; Neubabyl. Rechts- und Verwalt.urk., S. 28 s. o. „Knecht" (knight), „Gefolgsmann". Besonders wichtig ist die Bezeichnung *arad šarri*, die wir in anderem Zusammenhang behandeln werden.

[19] *Artupām ardu ša Artuḫumana*, KRÜCKMANN, *Babylonische Rechts- und Verwaltungsurkunden*, Leipzig 1931, No. 148:16, u R 2, „Artapān (Verlust des Endvokals!), der Gefolgsmann des Artahuman(a)"; *Gundaka ardu ša Gubarra*, No. 190 R, „Gundaka, der Gefolgsmann des Gobara". Es ist bezeichnend, daß ein *ardu* seinerseits einen *ardu* besitzen kann, wie Girparna, der No. 204:2, Iskutikku als seinen *ardu* hat, *Iskutikku ardu ša Girparna*, während Girparna selbst 204:17 *ardu ša Arbarime* genannt wird. In diesem Zusammenhang ist wichtig festzustellen, daß *ardu* schon in hethitischer Zeit den Vasallen, auch den fürstlichen, bezeichnet, vgl. WEIDNER, *Politische Dokumente*, Leipzig 1923, S. 42:29–30, wonach der Mitannikönig Mattiwaza sagt, daß er sich in die „Knechtschaft" des Hethiterkönigs stellen will, *u anāku ana tērte ardūtišu luzzizma māt* ^al^ *Mitanni lumeḫir;* 58:7–8, wonach ein anderer König *ardu* des Hethiterreiches ist; 92:38–39, wo auffallenderweise Šunašura bei den Churritern *ardu* genannt, nichtsdestoweniger aber als legitimer König eingesetzt wird: *amēlūti*^meš^ *Hurri* ^amēl^ *Šunašura ardam*^tam^ *išazzušu u inanna* ^D^*Šamši*^ši^ *kittam sarram*^am^ *ipuzzu;* vgl. auch S. 108:27. Dieses alles beweist, wie alt die Verwendung des Wortes *ardu* für „Vasall" ist.

semasiologischen Analyse zu unterwerfen, zum mindesten um zu prüfen, ob nicht eine präzisere Bedeutung dieser zwei Termini festgestellt werden kann.

Es ist ganz offenbar, daß *marīka* als Basis das Wort *marya* besitzt[20]. Wir haben hier den die Kriegsvasallen des Mitannireiches kennzeichnenden Ausdruck, der in dem Wort *maryanni* auftaucht, d. h. die *marya*-s (*maryān-ni*). Wir haben schon gesehen, daß im epischen Gedicht die *ardāni* als führende Kriegerschicht etwa die gleiche Stellung im Assyrerreich eingenommen haben müssen wie die hervorragenden Militärvasallen, *maryanni*, im Mitannireich.

Ist es nun auch möglich, eine Entsprechung zwischen *ardāni* und *maryanni* zu eruieren? Um diese Frage zu beantworten, müssen wir erstens festzustellen versuchen, ob die achämenidischen *marīka*-s als etwaige direkte Nachkommen der *maryanni* des Mitanni anzusehen sind oder wenigstens als verwandte Erscheinung zu gelten haben, und zweitens, ob *marīka* der mit *ardu* austauschbare äquivalente Terminus von *bandaka* ist. Diese Termini würden sich dann folgendermaßen aufstellen lassen:

ardāni ∼ *maryanni* : *bandaka* ∼ *marīka*.

Es kann nicht verneint werden, daß in der Tat eine Äquivalenz zwischen *bandaka* und *marīka* existiert, wenn man bedenkt, daß diese beiden Termini durch dasselbe Wort *qallu* wiedergegeben werden. Aber diese Korrespondenz ist doch zu unbestimmt, um eine mehr sichere Schlußfolgerung zu erlauben. Nur eine vertiefte Analyse kann uns hier weiterhelfen.

Eine solche Analyse besitzen wir aber schon teilweise. Dank dem Scharfsinn Wikanders wissen wir, was auf indo-iranischem Gebiet die Worte *marya*- (indisch) und *mairya*- (iranisch) bedeutet haben[21]. Wikander hat nach sehr eingehenden semasiologischen Untersuchungen gefolgert, daß der arische *marya*- (*mairya*-), der junge Mann, der Jüngling, das Mitglied eines kriegerischen Männerbundes gewesen ist[22]. In der mitteliranischen, näher bestimmt mittelpersischen Sprache wird *mairya* durch das Wort *mērak* vertreten, das als mitteliranische Sprachstufe mit *marīka* übereinstimmt. Der Sinn dieses Wortes *mērak* ist aber bekannt: es ist der junge Mann, der Liebende, der Vertraute, der beauftragte Geschäftsführer[23].

Ferner hat aber Wikander herausgefunden, daß der altiranische *mairyō*, so wie er in Avesta auftritt, auch „Wolf", *vəhrka* > *gurg*, genannt wird[24],

[20] Vgl. oben S. 12 mit Anm. 11 und 13.

[21] Vgl. Wikander, *Der arische Männerbund*, Lund 1938.

[22] Vgl. Wikander, a. a. O., besonders S. 81 ff.

[23] Wikander, a. a. O., S. 16 ff. In Kārnāmak XI 1 ed. ANTIA hat *mērak* deutlich die Bedeutung „Bote" (Nöldeke, Wikander), was auch auf die allgemeine Bedeutung „Agent, beauftragter Geschäftsführer" führt.

[24] Wikander, a. a. O., S. 64 ff.; zwei Dēnkartstellen als Ergänzung bei Widengren, *Hoch-*

und daß er von der „Hure", *jahikā* oder *jahī* > *jēh*, begleitet wird[25]. Diese Indizien haben Wikander u. a. zu der Schlußfolgerung gebracht, daß die *marya*-s ekstatische Krieger sind, die sich während ihrer wilden Ekstase zu Werwölfen verwandeln, und die, wie es in ähnlichen Bünden oft der Fall ist[26], in freien Liebesverhältnissen leben. Wikander hat aber auch gezeigt, daß diese kriegerischen Männerbünde in ihrem Kultus eine zentrale Gestalt verehren, einen Heros und Drachentöter, der Θraētaona > Frētōn > Farīdūn oder Kərəsāspa > Karsāsp > Garšāsp genannt wird[27]. Aber auch der Drache spielt eine Hauptrolle in den Mythen und Riten des arischen Männerbundes. Er führt wie der Heros verschiedene Namen, heißt aber gewöhnlich Aži Dahāka (> Aždahāk > Aždahā). Diese Gestalten besitzen ihre genauen indischen Entsprechungen[28]. Man kann hier also zwei religiöse Elemente von Wichtigkeit unterscheiden, nämlich den Fruchtbarkeitskultus und das Drachentöten, wobei der zweite Faktor mit dem ersten verbunden ist, denn beide erscheinen zusammen im Neujahrsfest, bei dem der Drachentöter nach seinem Sieg die aus der Gewalt des Drachen befreiten Weiber heiratet[29].

Schon Wikander hat sich mit Recht die Frage gestellt, ob nicht der Heros Frētōn eine zentrale Gestalt der kriegerischen Organisationen der Parther gewesen sei[30].

Der Darstellung Wikanders haben wir in einer früheren Arbeit einige ergänzende Details hinzugefügt[31]. Indem wir diese unsere Untersuchungen zu einem vorläufigen Abschluß bringen und auch gewisse von Wikander selbst in einer späteren Arbeit[32] herausgearbeitete Züge zur Abrundung des Bildes verwenden, wollen wir hier einige zusammenfassende Worte sagen, die besonders die nahe Verbindung zwischen den Männerbündlern und der

gottglaube, S. 328 f. Wichtig ist von diesen Stellen Dēnkart ed. Madan, S. 730 Z. 13: *ut ēt i hač-aš paitāk ku man čē gurg čē (h)aδiyār*, „Und dies ist daraus offenbar: ich bin sowohl Wolf als ‚Helfer'". Die Bedeutung von *(h)aδiyār*, „Helfer" (vgl. unten S. 39) habe ich damals nicht verstanden.

[25] Wikander, a. a. O., S. 84 f.; Widengren, a. a. O., S. 330, 337 f.

[26] Für die indo-iranischen Verhältnisse kommt wohl auch die bei den adligen Kriegern (*kṣatriyas*) verbreitete Gandarvenehe in Betracht, vgl. J. J. Meyer, *Das Weib im altindischen Epos*, Leipzig 1915, S. 68 ff.

[27] Wikander, a. a. O., S. 100 ff.; vgl. Wikander, *Vayu*, Lund 1941, S. 128 ff., 163 f., 177. Wikander vermutet, *Männerbund*, S. 103, daß Farīdūn *mērak* (< **maryaka*) als Epithet geführt hat, denn als ein Stammvater Farīdūns wird ein Mērak Aspīkān erwähnt, was nur als ein mißverstandenes Epithet zu erklären ist.

[28] Wikander, *Vayu*, Sachregister s. v. Drachenmythen und Aži Dahāka, Aži Višāpa.

[29] Eine kurze Zusammenstellung der rituellen Momente des iranischen Neujahrsfestes bei Widengren, *Religionens värld*, 2. Aufl., Stockholm 1952, Kap. 6. Deutsche Ausgabe *Religionsphänomenologie*, Berlin 1969, S. 247 ff.

[30] Wikander, *Männerbund*, S. 103 f.

[31] Widengren, *Hochgottglaube*, Kap. VI: Der Hochgott und die Geheimbünde, S. 311–51.

[32] Das bereits angeführte Buch *Vayu* I, 1941.

mythisch-rituellen Gestalt des Drachen betreffen. Was den indo-iranischen Hintergrund des Männerbundes anbelangt, so ist es besonders wichtig zu bemerken, daß eben die Maruten „drachengrimmig" (*áhi-manyu, RV* I 64: 8–9) wie auch „drachenglänzend" (*áhi-bhānu, RV* I 172:1) genannt werden. Ihre Assoziation mit dem Drachen findet also in ihren Epitheta einen positiven Ausdruck (vgl. auch Indras Epithet *ahiśuṣma-sátvan*).

Es muß hervorgehoben werden, daß im parthischen Armenien, wo sowohl Dynastie als auch Adel während einer langen Epoche parthisch geblieben sind, ein Kultus des Drachen existierte, der hier vor allem mit einem iranischen Lehnwort[33] Višap genannt wird. Seine Priester sind aber tapfere Krieger[34]. In dem Epos Wīs u Rāmīn, dessen parthischer Ursprung und Hintergrund vor einigen Jahren überzeugend dargelegt wurde, wird der Drache merkwürdigerweise als ein heldisches Ideal aufgefaßt, denn die parthischen Ritter werden ermahnt, sich wie der Drache im Kampf zu zeigen, *aždahākirdār* zu sein[35]. Dieses erinnert an die soeben erwähnten Marut-Epitheta. Noch eigentümlicher ist in Šāhnāmah die Maskerade, die vom Helden Farīdūn unternommen wird, der, um die Kampflust seiner drei Söhne zu prüfen, sich in einen Drachen verkleidet[36]. Ergänzend sei hinzugefügt, daß wir in Armenien sogar eine nach Aždahāk genannte Fürstenfamilie antreffen[37].

Wir dürfen ebenfalls nicht vergessen, daß die Parther ihre militärische

[33] Vgl. Benveniste, *REA* 1927, S. 7 ff.; Wikander, *Vayu*, S. 177.

[34] Die Priester des Drachen sind kecke Kämpfer, die die Christianisierung Armeniens mit Waffenmacht bekämpfen, vgl. *Histoire de Daron*, Langlois, *Collection des historiens de l'Arménie* I, Paris 1867, S. 345 a–346 a. Der Text ist publiziert (Venedig 1843), mir aber nicht zugänglich. Diese Priester kommen aus „der Stadt des Drachen" (*Višap*). Auch der Tempel des Drachen wird hier erwähnt (*tačar višapaç*), *ib.* Anoyš heißt die Gemahlin Aždahāks I 30, die aber auch als „Mutter der Drachen" erwähnt wird (*mayr višapaç*, I 31). Die doppelte Bezeichnung Mutter *und* Gemahlin des Drachen wird von Wikander, *Vayu*, S. 177, mit einem Hinweis auf die in den nichtzoroastrischen Männerbünden und damit verwandten Kreisen bestehende Verwandtenehe (*xᵛētōkdās*), erklärt.

[35] Vgl. Wīs u Rāmīn, ed. Minovi S. 63:8. Bemerkenswert ist in *ŠN* die Verknüpfung des ostiranischen Rustam mit dem Drachen: er gleicht einem wütenden Drachen (Übers. Mohl III, S. 371 – ed. Macan II 802:16). Er gleicht auch einem Wolf im Kampf (II 801: letzte Z., *āmad bakirdār i gurg*). Dazu besitzt er eine Fahne mit der Gestalt eines Drachen (Mohl III, S. 320 = ed. Macan II 801, Z. 5 v. u. *Rustamī aždahāfaš dirafš;* Mohl II S. 469 = ed. Macan II 563:1–2). Auch Garšāsp hat eine Fahne (*dirafš*) mit einem (schwarzen) Drachen (*aždahāy i siyāh*, Garšāspnāmah ed. Huart v. 1072 [nach der Tötung eines Drachen]).

[36] Übers. Mohl I, S. 101–102 = ed. Macan I 56:13 ff. Ist nicht diese Episode als mit dem Initiationsritual der Krieger zusammengehörig zu betrachten? Vgl. dazu Dumézil, *Horace et les Curiaces*, Paris 1942, vgl. bes. S. 131–34; vgl. *Mythes et dieux des Germains*, Paris 1939, S. 96 ff.

[37] Moses Xorenaçi I 30; Thomas Arçruni, Übers. Brosset, *Collection d'historiens Arméniens*, Petersburg 1874, S. 47 = I § 7.

Hauptabteilung „Drache" genannt[38] und Fahnen in Drachenform verwendet haben[39]. Im Ostiran wurden Särge mit einem Drachenhaupt als Dekoration abgebildet, wie auch Drachenfahnen, was nicht ohne Bedeutung ist, da die Parther aus dem Osten stammen[40]. Ostiranisch ist noch eine Gemme mit einem jungen Krieger im Drachenhelm[41].

Für die Bedeutung des Drachen im allgemeinen kann man auch die Mithrasmysterien anführen, in denen der Drache im rituellen Scheinkampf eine bedeutende Rolle spielt. Kaiser Commodus z. B. tötet in den Riten ein Monstrum, das Drachengestalt besitzt[42]. Wie wir schon vor beinahe 30 Jahren gezeigt haben, ist Mithra im alten Iran mit den Männerbünden verbunden. Er ist *uγrabāzu*[43], wie in Indien Indra und seine Gefolgsmänner, die Maruten, *ugrábāhu* heißen: „starkarmig"[44]. Der betr. Terminus gibt die Mitglieder

[38] Lukian, Quomodo hist. conscrib. 29: ὥστε τοὺς δράκοντας ἔφη τῶν Παρθυαίων. σημεῖον δὲ πλήθους τοῦτο αὐτοὺς χιλίους γὰρ οἶμαι ὁ δράκων ἄγει.

[39] PAULY-WISSOWA, *Realenzykl.* 5 Kol. 1633 f. Ammianus Marcellinus XVI 10, 7; Arrian, Tact. 35:3–4; Vita Aureliani 28:5 (*persici dracones*); SARRE, *Klio* III/1903, S. 344, ist in dieser Hinsicht nicht sehr aufschlußreich. Vgl. VON LE COQ, s. folg. Anm., Fig. 53, 117.

[40] Vgl. VON LE COQ, *Bilderatlas zur Kunst und Kulturgeschichte Mittelasiens*, Berlin 1925, Fig. 230 = *Die buddhistische Spätantike in Mittelasien*, Neue Bildwerke II, Berlin 1926, Tafel 15 (Text S. 80) = hier Abb. 4.

[41] Vgl. unten S. 152 f. = hier Abb. 7.

[42] Vgl. Lampridius, Commodus 9; LOISY, *Les mystères paiens et le mystère chrétien*, 2. Aufl., Paris 1930, S. 182, hat in diesem Zusammenhang darauf hingewiesen, daß gewisse Basreliefs einen Helden zeigen, der einen Riesen mit einem in einen Drachenschwanz endenden Körper bekämpft (CUMONT, *Textes et Monuments figurés relatifs aux Mystères de Mithra*, II, Brüssel 1896, S. 264, Fig. 103–04). Uns scheint wichtig zu sein, daß die rituelle Abschlachtung des Drachen in den Mithrasmysterien mit einer Keule geschieht, da die Keule mit dem Stierkopf eben die Waffe des drachentötenden Heros der iranischen Männerbünde ist, ein besonders von WIKANDER behandeltes Thema, vgl. *Vayu*, Sachregister s. u. Keule und Keulenträger. Auch die Helden des Šāhnāmah, z. B. Rustam, führen diesen *gurz i gāvsār*. Nicht unwichtig scheint uns, daß es von dem ehemaligen Magier Kyprian heißt, daß er sich im noch nicht vollendeten siebten Jahr zu den Mysterien des Mithras begab, wodurch er in den Dingen der Verführung belehrt wurde, die der Drache ins Werk setzt; s. BILABEL-GROHMANN, *Griechische, koptische und arabische Texte zur Religion und religiösen Literatur in Ägyptens Spätzeit*, Heidelberg 1934, Übers. S. 161, Text S. 66 Kol. I 4 ff. Man könnte natürlich versucht sein, in dem „Drachen" nur den Widersacher des Gottes der Christen aus Offenb. Joh. zu sehen, aber eben die Verbindung zwischen Mithrasmysterien und Drachen bleibt dann unerklärt. Eigentümlich ist, daß er als Magier (μάγος) bezeichnet wird, da die Magier als Träger der persischen Religion angesehen wurden. Noch eins bleibt eigentümlich: mit sieben Jahren wird er in die Mithrasmysterien eingeweiht, sieben Jahre ist aber das Alter, in welchem in der indo-germanischen Gesellschaft vielerorts die Kinder aus der Pflege der Eltern genommen werden. Das Alter stimmt also mit demjenigen überein, in dem ein Übertritt in eine männerbündlerische Organisation erfolgt, vgl. unten S. 92 f. M. P. NILSSON, *HThR* 40/1947, S. 167–176, hat den hier behandelten Tatsachen keine Aufmerksamkeit geschenkt.

[43] Vgl. WIDENGREN, *Hochgottglaube*, S. 316 f.: Mithra als „Starkarmiger" ist Schutzherr der „Starkarmigen".

[44] WIKANDER, *Vayu*, S. 109 f.

einer solchen Organisation an, die in Avesta *haēnā,* im Sanskrit *sénā* heißt. Dieses Wort bezeichnet nicht nur ein „Heer" im rein militärischen Sinn, sondern auch die Scharen der Krieger des kultischen Männerbundes[45]. Auch was *drafša* (Fahne) anbelangt, hat schon WIKANDER dieselbe Beobachtung gemacht. Dieser Terminus ist die Bezeichnung des Kultsymbols des Männerbundes[46].

Was die Mitglieder als Krieger besonders kennzeichnet, ist die wildekstatische Raserei. Ihr Losungswort sozusagen ist Aēšma, der Ausdruck der kollektiven Schar der Krieger, die sich in den Kampf stürzen, und die, um indisch zu sprechen, *iṣmin-* sind[47]. Die mythische Abspiegelung dieser *iṣminaḥ* sind, wie WIKANDER hervorhebt, die Maruten[48]. Die wilden Krieger verehren den Gott Vayu (Vāyu), dessen Element der wütende Wind ist[49].

Ich versuche, auch in dieser Hinsicht die bisherigen Forschungen etwas zu ergänzen. Die Mitglieder tragen ihre Haare auf eine besondere Weise geteilt bis zum Rücken, *vars vičārt ō pušt*[50], während von ihrem Heros Kərəsāspa gesagt wird, daß er *gaēsu* sei, d. h. „lockiges Haar tragend" oder vielleicht besser „Haarflechten tragend", ebenso wie in Indien Kṛṣṇa *keśava* ist[51], wobei es gewiß auffällt, daß der Name Kṛṣṇa „der Schwarze" bedeutet. Kṛṣṇa wird in den dramatischen Spielen von einem flechtentragenden Jüngling dargestellt – typischerweise ist es eben ein Junge, der diese Rolle spielt[52]. Die Männerbündler tragen ferner einen Ledergürtel, sie sind *daβāl-kustīkān*[53]. Aber sie werden auch „nackt" (*brahnak*) genannt[54]. Diese Scharen werden als

45 Vgl. WIDENGREN, *Hochgottglaube,* S. 323 f.; WIKANDER, *Vayu,* S. 73, 107 ff., 123 f., 140 ff.

46 WIKANDER, *Männerbund,* S. 60 ff.; *Vayu,* S. 139 f., 155 ff., 170. WIDENGREN, *Hochgottglaube,* S. 313, 315, 317 f., 320, 324.

47 WIKANDER, *Männerbund,* S. 58 ff.; WIDENGREN, *Hochgottglaube,* S. 312 ff., 319 f., 325 ff.

48 WIKANDER, *Männerbund,* S. 60, 75 ff. Dort S. 83 ff. Zusammenstellung von Marut und *marya.*

49 WIKANDER, *Vayu,* S. 43 ff.

50 WIDENGREN, *Hochgottglaube,* S. 342 f., mit Zitaten aus Bahman Yašt II 24–26 und III 34, wozu III 6 hinzuzufügen ist: *drafš nišān ut amar spāh i avēšān dēvān i vičārt-vars bē rasēnd;* dazu noch viele Dēnkartstellen, vgl. unten Anm. 54.

51 WIKANDER, *Vayu,* S. 76 Anm. 1, betont die Übereinstimmung zwischen Kərəsāspa, der *gaēsu* und *gaδavara* (Keulenträger) ist, und Kṛṣṇa, der *keśava* und *gadin* genannt wird. Ich frage mich, ob „lockenhaarig" die beste Übersetzung von *gaēsu*∽*keśava* ist und ob nicht vielmehr „Zöpfe-tragend" richtiger ist, vgl. unten S. 34 ff. Vgl. die „Langhaarigen" (*keśin*) als Name von Rudras Gefolge in *AV* XI 2, 31.

52 Vgl. die Abbildung bei J. PEDERSEN, hrsg., *Illustreret Religionshistorie,* Copenhagen 1948, S. 609 = hier Abb. 2.

53 Bahman Yašt III 34: *avēšān daβāl-kustīkān dēvān i vičārt vars,* „diese ledergegürteten Deven mit geteiltem Haar". Auch III 21, vgl. *Hochgottglaube,* S. 344.

54 Text Dēnkart ed. MADAN, S. 220:8–14:
*ēvak o ham*gurgīk *frēp (h)aδiyārīh ānāftan i xvatāyīh patmōk ut brēh ut bām, māt i afrang niyāzak.*
ēvak dēn i Ōhrmizd ravākēnītārān pēšupāi apar xvēš nāmēnītan ut pat harvisp ax[v] *i*

bandak bezeichnet[55]. Ein weiterer eigentümlicher Zug ist zu beachten: Diese wilden Krieger sind Tänzer! Ihre mythische Entsprechung, die Maruten, sind als solche wohlbekannt, sie sind *nṛtu*[56]. Arjuna, der kriegerische Heros in Indien, ist ein Tänzer[57]. Und es wird, sonderbar genug, von den iranischen Kriegern gesagt, daß sie weiblich erscheinen, weil sie mit gelockertem Schritt[58] hervorschreiten[59]. Aber der wichtigste Zug auf iranischem Gebiet ist vielleicht der, daß der König selbst als Tänzer auftritt[60].

*astōmand axᵛīh ut ratīh patkārtan, ut pat ēt*frēp vas gurgīk brahnak vičārt-vars dēv ō xvēš haxt ut ham kart, pat rōp *hēnvār ut vartak-tuxšišnīh i Ērān dēhān andar hišt.*
Eine eingehende Analyse und Übersetzung dieser Stelle sollte einen Vergleich mit entsprechenden avestischen Ausdrücken bringen und kann hier nicht gegeben werden. Für unseren Zweck hinreichend ist die Feststellung der folgenden Tatsachen:
Der „wolfsmäßige Betrug" wird unterstützt, was bedeutet, daß ein spezifisches Benehmen sowohl als „Betrug", d. h. als nicht mit den zoroastrischen Idealen als konform, und als „wolfsmäßig", d. h. eben mit dem Auftreten als „Wölfe" verknüpft betrachtet wird.
Dieses Benehmen wendet sich sowohl gegen die Herrschaft wie gegen die Leitung der zoroastrischen Religion.
Diese „wolfsmäßigen" Leute werden als nackte, *brahnak,* und geteiltes Haar, d. h. wohl Flechten, tragende Dämonen, *vičārt-vars dēv,* bezeichnet, Bezeichnungen, denen wir ja hier mehrmals begegnet sind.
Diese Feinde der iranischen Länder, *Ērān dēhān,* begehen Raub, *rōp,* führen Krieg und nehmen Gefangene in Iran.
Die Überlieferungen über diese Gegner der zoroastrischen Gesellschaft müssen gesammelt und analysiert werden, was ich hoffe, in Zusammenhang mit einer Studie über Bahman Yašt tun zu können.

55 Bahman Yašt II 25: *xurtak ut nitom bandak,* „kurze und geringste Sklaven"; II 35 *ut dēv i vičārt vars i Hēšmtōhmak ut hān i nitom bandak pat Ērān-dēhān martōmān frāč ravēnd,* „und die Dämonen mit geteiltem Haar, die aus Aēšma gesprossen sind, und diese geringsten Dienstmänner stürzen sich über die Leute der Landschaften Irans"; die Lesung *martōmān* nach K 43). In demselben Satz werden also die deven mit geteiltem Haar und die Dienstmänner zusammengenommen als die Feinde des zoroastrischen Irans. Besonders auffällig dagegen, daß die Mandäer, die ja in ihrer religiösen Terminologie so viel von iranischen Elementen bewahrt haben, das Haar flechten und lang tragen; vgl. E. S. Drower, *The Mandaeans of Iraq and Iran,* 2. Aufl. Leiden 1962, S. 165 f. (die gegebene Erklärung versucht eine symbolische Deutung); M. Lidzbarski, *Ginzā,* S. 151, Anm. 8.

56 Vgl. Dumézil, *Jupiter, Mars, Quirinus* IV, Paris 1948, S. 68; schon bei von Schroeder, *Mysterium und Mimus im Rigveda,* Leipzig 1908, S. 37 ff., hervorgehoben. Wie von Schroeder, a. a. O., S. 47 notiert, wird auch die Wurzel *krīḍ-,* „hüpfen, tanzen" von den Maruten verwendet. Vgl. Grassmann, *Wb,* 359 a.

57 Vgl. Dumézil, a. a. O., S. 67.

58 Vgl. Ammianus Marcellinus XXIII 6, 80: *Adeo autem dissoluti sunt et artuum laxitate, vagoque incessu se iactitantes, ut effeminatos existimes, cum sint acerrimi bellatores.* Hierzu gehört wahrscheinlich auch, daß sich die Maruten mit Goldplatten auf der Brust und den Armen schmücken (Dumézil, a. a. O., S. 68). Mit solchen Schmucksachen haben sich sowohl die Skythen und Saken wie auch die Perser versehen. Zu den Skythen vgl. Rostovtzeff, *Iranians and Greeks in South Russia,* Oxford 1922, S. 50, 55 usw.; zu den Saken die Statue von Vima Kadphises, wo man die aufgenähten „clips" deutlich sieht (Vogel, *La sculpture de Mathura,* Paris–Brüssel 1930, Pl. II); zu den Persern vgl.

Die militärische Organisation, wie wir sie im ältesten Iran finden, ist somit ein kriegerischer Männerbund, verbunden mit dem Kultus eines heroischen Drachentöters, mit Mythen und Riten, in denen der Drache die zentrale Position einnimmt. Die Fahne trägt die Gestalt eines Drachens. Der von diesen Bundesmitgliedern verehrte Hochgott ist selbst ein Drachentöter[61], das vollkommene Vorbild der Mitglieder. Diese Mitglieder bestehen aus jungen Männern, die *marya* ~ *mairya* genannt werden. Eine Wechselform muß **maryaka* (**mairyaka*) gewesen sein, denn eine solche Form wird durch ap. *marīka* und mp. *mērak* erwiesen.

3.

Wir wenden unsere Aufmerksamkeit jetzt dem mit dem Wort *marīka* übereinstimmenden Ausdruck *bandaka* zu. In Fārsnāmah von Ibnu'l-Balḫī, einem der ältesten Prosawerke der neupersischen Literatur, in dem manche alte Tradition bewahrt ist[62], wird erzählt, daß der sagenhafte Reichsfeldherr Rustam[63], der eigentliche Held des großen Epos Šāhnāmah, als Lohn für seine dem Großkönig geleisteten Dienste durch den Herrscher Kaikāōs aus seiner Stellung als Dienstmann, seiner *bandagī*, befreit wird, und als Lehen und Satrapie Sīstān und Zābulistān erhält[64]. Der Text sagt ferner, daß es während der Epoche der alten Könige Irans Brauch war, daß sie alle Soldaten

SCHMIDT, *The Treasury of Persepolis*, Chicago 1939, S. 73. Hierher gehört vielleicht auch der eigentümliche Zug, daß sich der adelige Krieger sein Gesicht schminkt, Plutarch, Crassus XXI, XXIV; der medische König Astyages, Xenophon, Cyroupaideia I 3,2; die Perser im allgem. VIII 8,20; vielleicht Rustam, *ŠN* ed. MACAN I S. 244:10, wo doch die Farbe wahrscheinlich die natürliche ist; Martialis X, LXXII 5–7. Vielleicht auch bei den Griechen, obgleich M. MEURER, *Der Goldschmuck der mykenischen Schachtgräber*, *Arch. Jahrb.* XXVII/1912, S. 208 ff. versucht, sie als anthropoide Sarkophage schmükkende Gegenstände zu deuten.

59 Den Namen der Narten hat man mit dem Stamm *nṛt-* zusammengestellt. Vgl. DUMÉZIL, *Jupiter, Mars, Quirinus* IV, S. 68 Anm. 1.

60 Vgl. WIDENGREN, *Hochgottglaube*, S. 159 f., wo Athenaeus X 45, 434, angeführt wird. Dort habe ich vermutet, „daß am Fest Mithrakāna der König einen rituellen Tanz aufführte". Dieser Tanz wäre somit von dem König als Führer der tanzenden Gefolgsmänner ausgeführt anzusehen.

61 So Mithra, vgl. WIKANDER, *Vayu*, S. 128 f.

62 Vgl. LE STRANGE – NICHOLSON, *The Fársnámah of Ibnu'l-Balkhi*, London 1921, S. XXII ff., wo auf die Zuverlässigkeit vieler Angaben hingewiesen wird.

63 Zur Gestalt Rustams vgl. NÖLDEKE, *Das iranische Nationalepos*, 2. Aufl., Berlin und Leipzig 1920, S. 56 ff.; HERZFELD, *AMI* 4/19, S. 114 f.; WIKANDER, *La nouvelle Clio* II/1950, S. 322, wo der mythische Hintergrund der Rustamgestalt gezeichnet wird. In seiner Person, so wie sie uns in dem Epos entgegentritt, sind mythische und geschichtliche Elemente gemischt.

64 Die doppelte Stellung des Satrapen und des Dēhkān sowohl als königlicher Beamter wie als Feudalherr werden wir in anderem Zusammenhang behandeln. Vgl. *Or Suec* V/1956, S. 95 ff., 143 ff.

und Offiziere, sogar die Generäle, wie für Geld gekaufte Dienstmänner hielten[65]. Nach der Sitte trug ein jeder von ihnen, wenn sie sich vor den Herrscher begaben, über seiner Tracht einen Gürtel gebunden. Diesen nannte man „den Gürtel der Dienstmannschaft". Die Hand auf diesen Gürtel gelegt, hielten sie sich stehend in der Nähe des Herrschers auf[66]. Das Dokument, durch das Rustam freigelassen wurde, wird wörtlich angeführt. Der große Heerführer bekommt das Recht, auf einem Silberthron zu sitzen und auf seinem Haupt eine goldgewirkte Tiara zu tragen. In Anbetracht der Wichtigkeit dieses Textabschnittes geben wir hier die Übersetzung der betreffenden Stelle wieder:

> Als Kaikāōs zu seiner eigenen glänzenden Residenz kam, befreite er ihn zur Belohnung für diese Dienste aus der Dienstmannschaft und gab ihm Sīstān und Zābulistān, weil es während der Zeit der Könige von Persien Sitte war, daß sie alle Generäle und Häuptlinge[67] und Grade der Armee wie für Geld gekaufte Sklaven hielten. Und sie alle waren an ihren Ohren mit Ohr(ge)hängen der Sklaverei versehen, alt und jung, klein und groß. Es war Sitte, daß dann, wenn sie sich vor den Herrscher begaben, ein jeder einen Gürtel über seine Tracht angebunden trug. Diesen nannte man „den Gürtel der Dienstmannschaft". Niemand besaß die Kühnheit, sich ohne Ohr(ge)hänge und Gürtel der Dienstmannschaft in die Nähe des Herrschers zu begeben. Es bestand nicht die Regel, daß sich jemand während der Sitzung des Königs niedersetzte, sondern sie blieben nahe bei dem König stehen, die Hand auf den Gürtel gelegt[68].

[65] Der Ausdruck *diram xarīdah* ist in diesem Zusammenhang wohl doch so zu verstehen, daß sie von dem Herrscher derart abhängig waren, als ob sie für Geld gekaufte Sklaven seien.

[66] Man denkt hier an die Haltung der Ritter auf der rechten Seite unten, nächst der Mittelszene auf dem Felsrelief von Schapur, vgl. die Reproduktion bei Herzfeld, *Iran in the East*, London 1941, Pl. CXIX. Der Gürtel ist hier der Waffengürtel, vgl. unten S. 27. Zu den von den Rittern augenscheinlich getragenen Perücken (Herzfeld, a. a. O., S. 317 „wear a whig") vgl. von le Coq, *Bilderatlas*, Fig. 1–2, 6–7 (von le Coq, a. a. O., S. 10: „Das Haupt wird anscheinend mit einem Kopftuch oder vielleicht mit einer Perücke bedeckt"). Vgl. hier Abb. 6.

[67] Die Lesart des Pariser Manuskripts *sarhangān* scheint die beste zu sein, vgl. den parthischen Titel *srhnng'n*, Mir M III S. 40 [885]: m 56; zu anderen Titeln mit dem Suffix *-ang* vgl. Wikander, *Männerbund*, S. 105.

[68] In dem Ausdruck *dast dar kamar zadah* vermuten wir eine schon mitteliranische Ausdrucksweise, vgl. Kārnāmak XIII 15: *dast ō spar ut šamšēr žatan;* vgl. ferner Ibn Bībī, *Histoire des Seldjoucides d'Asie Mineure*, Ed. Houtsma, Leiden 1902, S. 90:8 ff. (H. Duda, *Die Seltschukengeschichte des Ibn Bībī*, Kopenhagen 1959), wo erzählt wird, daß sämtliche Amīre absaßen, als das Gefolge des Seldjukensultans nahe an die Stadt kam, während der Amīr Čāsnegīr den Schurz seines Kleides mit seinem Gürtel aufschürzte und den Zügel des Sultans fassend vor ihm herlief; hier wird der Ausdruck *dāman i qabā dar kamar zadah* verwandt.

Als Rustam sich dieses Dienstes in lobenswerter Weise entledigt hatte, machte ihn Kaikāōs frei und ließ die Ohrgehänge und den Gürtel der Dienstmannschaft von seinen Ohren und seiner Taille wegnehmen und ihm schöne Zeugnisse der Ehrung geben und sprach Worte des Lobes.
Das Dokument der Freilassung und der Vertrag, den er wegen Rustam schrieb, lautet wie folgt: „Dieses ist das Dokument der Freilassung, das Kaikāōs, der Sohn von Kaikaβād, für Rustam Dastān proklamiert hat, und es lautet folgendermaßen: Ich habe dich von der Dienstmannschaft frei gemacht und habe dir das Königreich von Sīstān und Zāvulistān gegeben. Es ziemt sich, daß du niemandes Dienstmannschaft anerkennst, und die Satrapie, die ich dir gegeben habe, betrachte als ein Königreich, und setze dich auf einen Thron von vergoldetem Silber, und die Satrapie, die ich dir gegeben habe, ist dein eigener Besitz, und die goldgewirkte[69] Tiara ist zur Belohnung. Behalte die Krone auf deinem Haupte, solange du in deiner eigenen Satrapie bist, daß die Weltbewohner wissen, daß die Vergeltung für Dienste und Treue von einer angenehmen Natur ist, und daß den Dienstmännern das Erkennen der Pflicht gegen uns über alles sein wird.“[70]

Dieser neupersische Text wird durch eine Notiz bei Ṭabarī bestätigt, die wahrscheinlich auf dieselbe Tradition zurückgeht, aber viel kürzer ist.

Kaikāōs schrieb für Rustam einen Privilegbrief zur Freilassung aus seiner Dienstmannschaft dem König gegenüber und gab ihm als Lehen Siǧistān und Zābulistān und verlieh ihm eine goldgewirkte Königsmütze und krönte ihn. Er befahl ihm, sich auf einen Thron von Silber, dessen Füße aus Gold waren, zu setzen. (Ṭabarī I 2 S. 604:3–5)[71]

Ferner beschreibt der neupersische Text Ta'rīḫ i Buḫārā, wie der Königin von Buḫārā von Pagen, die aus den Familien der Prinzen und Dēhkāns aus-

[69] Anstatt زربقت des Textes muß man natürlich زربفت (*zarrbaft*) lesen; vgl. *zarrīn kulāh* in *Šāhnāmah*, wie hier *kulāh i zarrbaft*.
[70] Le Strange – Nicholson, *The Fārsnāmah of Ibnu'l-Balkhī*, S. 43:1–20.
[71] Text:

وكتب كيقاوس لرستم عتقا من عبود ه الملك واقطعه
سجستان وزابلستان واعطاه قلنسوه منسوجه
بالذهب وتوجه وامره ان يجلس على سرير من
فضه قوائمه من ذهب

In Nihāyat al-Irab ist diese Episode mit Bištāsf (Vištāspa) verknüpft, vgl. *JRAS* 1900, S. 207.

gewählt wurden, aufgewartet wird. Diese aufwartenden Pagen (*bandagān*), welche die Königin bei ihren Audienzen umgeben, sind mit goldenen Gürteln und Waffengürteln ausgerüstet[72]. Hier wird also von einer doppelten Gürtelanlegung gesprochen.

Durch diese zwei Traditionen – Ta'rīḫ i Buḫārā und Fārsnāmah (Ṭabarī) – wird die doppelte Art von Dienst, die den *bandagān* obliegt, näher beschrieben: Hofdienst und Kriegsdienst. Fārsnāmah gibt beide Arten wieder, während Ta'rīḫ i Buḫārā sich nur bei dem Hofdienst aufhält. Durch Fārsnāmah wissen wir aber, daß die gleichen Dienstmänner, die sich als Krieger auszeichneten, auch als aufwartende Kammerherren und Pagen Hofdienst leisteten, und zwar, wie am Hof in Buḫārā, als den Herrscher umgebende Wache. Die enge Zugehörigkeit zum *Gefolge* des Königs wird an beiden Beispielen besonders deutlich: Der König ist von seinen *bandagān* umgeben. Sie folgen ihm, wenn er ausgeht, und sie nehmen um ihn herum Aufstellung, wenn er sich auf den Thron setzt. Sie sind am Hof ebenso wie im Kampf seine Gefolgsleute.

Laut Garšāspnāmah besaß Thrita, der Vater des Garšāsp, eine Leibgarde von „Palastpagen":

badaš rīdakān i sarāyi hazār
Bei ihm (waren) eintausend Pagen des Palastes.

(Garšāspnāmah, ed. Yaghmai, S. 246:16)

Die Palastpagen sind hier als die nächsten Gefolgsleute des Herrschers aufzufassen. „Page" als Bezeichnung eines solchen Gefolgsmannes gehört wahrscheinlich schon der altiranischen Terminologie an, denn wir finden in Yt. 10:45 die avestische Vorstufe des mpers. *rētak* und neupers. *rīdak,* nämlich *raiti-*. Über Mithra wird nämlich an dieser Stelle gesagt:

[72] Schefer, *Description topographique et historique de Boukhara,* Paris 1892, S. 7 letzte Z. v. u. – 8:4, 7–12. Hier wird erzählt, wie eine Königin (*Xātūn*) sich als König (*pādšāh*) auf den Thron setzte und welches Hofzeremoniell sie besaß.
„Sie pflegte sich auf den Thron zusetzen und vor ihr pflegten Pagen und Diener (d. i. Eunuchen) und Würdenträger zu stehen. Und diese Gewohnheit war für die Leute des bebauten Landes festgestellt, daß von den Dēhkāns und Prinzen zweihundert Jünglinge mit goldenen Gürteln angebunden und mit Schwertgürteln angetan zum Hofdienst zu kommen und auf einen Abstand zu stehen pflegten. Wenn die Königin herausging, pflegten sie alle den Dienst zu verrichten, und um sie herum im Spalier zu stehen ... (Auf diese Weise gab sie Audienz vom Morgen bis zum Mittag.) Wenn es Abend wurde, pflegte sie in derselben Weise herauszukommen und sich auf den Thron zu setzen und von den Dēhkāns und Prinzen pflegten diese um sie herum im Spalier im Hofdienst zu stehen, bis die Sonne unterging. Um diese Zeit pflegte sie aufzustehen ... und in den Palast zu gehen. (Auf diese Weise wechselte man, um am Hof Dienst zu tun, so daß man während eines Jahres vier Tage Hofdienst tat.)" R. N. Frye, *The History of Bukhara,* Cambridge, Mass. 1954, S. 9, übersetzt *bandagān* wenig zutreffend mit „slaves".

yeŋhe ašta rātayō	Dessen acht „Gehilfen"
vīspāhu paiti barəzahu	auf allen Höhen,
vīspāhu vaēδayanāhu	auf allen Warten
spasō āŋhāire miϑrahe	als Diener des Mithra sitzen.

Man sollte hier *spasō* mit „Diener" übersetzen (wie oben getan)[73]. Das Wort ist die Vorstufe zu mir. *əspasak*. Näheres über *rētak* unten (Kap. III).

Die Zahl „tausend" findet sich auch in dem Titel *hazahrapati*[74]. Der parthische Reichsfeldherr Sūrēn war nach Theodoret, Hist. eccl. V 39, ein χιλίων οἰκετῶν δεσπότης. Dies will Nöldeke als *hazārbandah* deuten, was aber mehr als zweifelhaft ist, denn für οἰκέτης erwartet man einen anderen Terminus, da *bandah* soviel wie δοῦλος ist[75]. Die Zahl „tausend" zeugt von der Einteilung in Tausendschaften; darüber haben wir in anderem Zusammenhang ausführlich gehandelt[76].

Chinesische Quellen bestätigen das aus Ostiran durch Ta'rīḫ i Buḫārā gewonnene Bild. Sie erzählen nämlich, daß im Ostiran einzelne Personen von der Han-Dynastie verliehene Sigille an ihren Gürteln trugen. Diese Sitte bestand in großem Ausmaß bei Königen, Feudalfürsten und Offizieren, von Generälen herab bis zu den niedrigen Graden[77]. Das Tragen der Sigille, die ja die Abhängigkeit vom Reich der Mitte bezeichnet, spricht eindeutig dafür, daß der Gürtel als Symbol der Zugehörigkeit betrachtet wurde.

Firdausis Šāhnāmah endlich bezeugt mehrmals, daß die Gürtel der Vasallen Zeichen des Vasallentums und der Königsliebe der Dienstmannschaft waren, Zeichen, die sogar von Königen und Fürsten getragen wurden[78].

Einige Zitate können diese Sitte näher illustrieren. Zunächst aber stellen wir fest, daß „sich gürten" (*bastan* oder *kamar bastan*) allgemein soviel bedeutet wie „sich zum Dienst des Königs bereit machen" (ed. Macan I S. 242: 11; 243:3 v. u. usw.).

Weiter sehen wir, daß die Vasallen des Königs gegürtet vor dem König stehen. So sagt Kai Xosrau von den Gōdarz-Nachkommen:

[73] Gershevitch, *The Avestan Hymn to Mithra*, Cambridge 1959, S. 97, mit Kommentar S. 199, übersetzt mit „watchers", während er *rātayō* mit „servants" wiedergibt.

[74] Zu diesem Titel vgl. Widengren, *Or Suec* V/1956, S. 162 und Junge, *Klio* 33/1940–41, S. 13–38.

[75] Vgl. Nöldeke, *Geschichte der Perser und Araber*, Leiden 1879, S. 76, und andererseits Widengren, a. a. O., S. 162 mit Anm. 3.

[76] Vgl. Widengren, a. a. O., S. 162 f.

[77] Vgl. Henning, *BSOAS* XI/1943–46, S. 518, mit Verweis auf de Groot, *Chinesische Urkunden zur Geschichte Asiens II*, Berlin und Leipzig 1926, S. 182.

[78] Es wird ausdrücklich hervorgehoben, daß im folgenden nur einige Beispiele gegeben werden. Das Material ist überreich.

Vor mir stehend halten sie die Taille gegürtet,
mir immer Wegweiser zum Glück.
(MOHL, III 865 = MACAN II S. 785:18 = MOHL, Übers. III S. 291)

Von Rustam wird gesagt, daß er sich als Dienstmann vor Kai Kāōs aufhalte; Guštāsp sagt von ihm zu seinem Sohn Isfandiyār:

Er wendet sich ab von der Klugheit und von meinem Befehl,
den Kopf bringt er nicht in Verpflichtung zu mir.
Er selbst war (doch) vor Kai Kāōs ein Dienstmann,
durch Kai Xosrau lebte er in der Welt.
(MOHL IV 2513, fM = MACAN III S. 1164:1–2 = MOHL, Übers. III S. 459)

Hier wird also Rustam in vollkommener Übereinstimmung mit den bereits angeführten Notizen aus Fārsnāmah und Ṭabarī als der Dienstmann (*bandah*) des Großkönigs bezeichnet. In einer Botschaft an Rustam werden ihm später verschiedene Vorwürfe gemacht, was die Haltung Rustams dem Großkönig gegenüber anbelangt:

An ihn hast du keinen Brief geschrieben,
von der Einrichtung der Dienstmannschaft hast du dich abgewendet.
An seinen Hof bis du nicht als Dienstmann gekommen.
(MOHL IV 2642 f. = MACAN III S. 1170:6–7 = MOHL, Übers. IV S. 467)

Es ist also deutlich, daß es Pflicht auch eines Großvasallen wie Rustam war, am Hof als königlicher Dienstmann Hofdienst zu tun, wie wir bereits feststellten[79]. Die Termini sind auch hier *bandah* und *bandagī*.

Besonders instruktiv sind ferner einige andere Stellen. So sagt z. B. Tōs zu Kai Xosrau:

Den Gürtel habe ich mir angebunden vor den Iraniern,
um meine Leibesmitte nicht von dem Bündnis zu befreien.
(MACAN II S. 1020:9 = MOHL, Übers. IV S. 205)

Das Wort für „Bündnis“ ist hier *band*, eig. „Band“.

Die iranischen Vasallen, die die Versammlung rund um Kai Xosrau bildeten, protestierten, wenn sie sich mit seiner Wahl des Nachfolgers nicht einverstanden erklären wollten, mit den folgenden Worten:

[79] Siehe oben S. 22 und vgl. *Ta'rīḫ i Sīstān*, ed. Teheran 1314, S. 34:1 f.: „Rustam verneinte diese (die Lehre Zartušts), und aus dieser Ursache sagte er sich von dem Herrscher Guštāsb los und verrichtete nie Hofdienst“ (*mulāzamat i taxt*). Laut Nihāyatu' l-Irab beruft er sogar einen Landtag ein und setzt seinen Oberherrn ab. Darüber Näheres unten in Kap. V S. 116. In Šāhnāmah ist alles verwischt.

Von nun an, oh König, gürten wir uns nicht mehr!
(MACAN II S. 1021:3 v. u. = MOHL, Übers. IV S. 208)

In Garšāspnāmah lesen wir:

Wenn du in die Gegenwart des Königs kommst, sei ein Diener, binde deinen Gürtel um, und sei auf seinen Befehl ein Dienstmann!
(HUART, *Le livre de Gerchasp,* S. 145 = Garšāspnāhmah, ed. YAGHMAI S. 66:10)

Es ist offensichtlich, daß man durch das Umbinden seines Gürtels ein „Dienstmann" wird, ein *bandah.* Das Wort *parastandah* („Diener"), das damit synonym ist, kommt (in entspr. Form) in den Pahlavitexten ziemlich oft vor[80].

Wir ziehen also den Schluß, daß der Gehorsam durch den umgebundenen Gürtel angezeigt wird. Dieser Gürtel ist das Zeichen einer zwischen dem „gebundenen" Mann, dem Dienstmann oder dem Vasallen, und seinem Herrn bestehenden Bindung, seine Stellung eben als „gebunden" (*bandaka* > *bandak* > *bandah*) kennzeichnend. Dieser Gürtel ist aber gleichfalls der Waffengürtel. Die bei Ibnu'l-Balḫī erwähnte Haltung kommt auch bei den frühsassanidischen adeligen Kriegern auf den Felsreliefs vor[81]. In dem Avesta wird sogar die gegürtete Waffe erwähnt[82]. Der untreue und zum Tode verurteilte Vasall wird am Gürtel gepackt und nach draußen weggeschleppt, um dort hingerichtet zu werden. Zwei Episoden der iranischen Geschichte, die des Orontas in Xenophons Anabasis und die Tradition über den Prozeß gegen den abbasidischen Reichsfeldherrn Afšīn bei Ṭabarī[83], bezeugen, daß diese Sitte mehr als tausend Jahre gewährt hat. Ṭabarī III 2 S. 1313:6–8 sagt in seiner Erzählung vom Prozeß gegen den abbasidischen Reichsfeldherrn Afšīn, daß der wegen verräterischer Konspiration gegen den Chalifen zum Tode verurteilte Afšīn von dem Henker, dem Türken Boγa, am Gürtel ge-

[80] Diesen Terminus *parastandah* und dessen Pahlavientsprechungen *parastak, parastāi, parastār* und *parxāštār* (parthisch) habe ich in anderem Zusammenhang behandelt, vgl. *Or Suec* V/1956, S. 84–86.

[81] Vgl. die Reproduktion bei HERZFELD, *Iran in the East,* Plate CXIX, links = hier Abb. 7.

[82] Yašt 13:37 spricht von den Kriegern „mit großem Heer, mit umgegürteter Waffe" (*yāstō zaya*). Derselbe Yašt 13:67 nennt auch den starken Krieger, „der sich das Wehrgehänge umgegürtet hat" (*yāstō zaēnuš*). In beiden Fällen wird also das Verbum *yah-* (gürten) verwendet. Yašt 8:14 deutet an, daß es eine Zeremonie gab, bei der dem Mann zuerst der Gürtel zuteil wurde, wobei übrigens für Gürtel *yāh-* zur Verwendung kommt, vgl. ferner JACKSON, *Herodotus VII. 61, or the Arms of the Ancient Persians illustrated from Iranian Sources* (Classical Studies in Honour of Henry Drisler, New York 1894), S. 101 f., 107 f., 114 f. (falsch!), 119, SCHMIDT, a. a. O., Fig. 15. Auf die Termini für Gürtel und Schwert komme ich in anderem Zusammenhang zurück.

[83] Zu dieser ganzen Geschichte von dem Prozeß gegen Afšīn vgl. die ausführliche Schilderung bei BROWNE, *A Literary History of Persia,* I, London 1902, S. 330–336.

faßt und aus dem Zimmer der Gerichtssitzung weggeschleppt wurde. Die Worte lauten: „Und Boγa legte seine Hand auf seinen Gürtel und zog ihn an sich. Er aber schrie: „Siehe, dieses ist, was ich von euch früher als heute erwartet habe"; Text: فضرب بيده بعا على منطقته فجذبها ; hier ist *ḍaraba ʿalā = zadan bar.*

Die Erklärung dieser an sich etwas rätselvollen Worte Afšīns wird durch eine Notiz bei Xenophon, Anabasis I 10, erhellt, wo der Verf. erzählt, daß einer der Vasallen Cyrus' d. Jüngeren, Orontas (Aurvant-), des Verrats gegen Cyrus für schuldig befunden und zum Tod verurteilt wurde von einem Gericht, „sieben in allem" (vgl. die Zahl der Amšaspanden und Ahuramazdāh, die sieben großen Häuser Irans und die Zahl der Maruten 3 × 7!), „die vornehmsten Perser seiner Umgebung". „Danach", fügt er hinzu, „erhoben sich auf den Befehl des Cyrus alle Anwesenden und faßten Orontas am Gürtel als Zeichen des Todes, sogar seine Nächsten; nachher wurde er von denjenigen weggeführt, die den Befehl dazu erhalten hatten." – Afšīn, der von Boγa an seinem Gürtel gefaßt wurde, versteht sogleich, daß sein Schicksal entschieden ist; am Gürtel, dem Symbol der Bindung, gefaßt zu werden, ist offenbar das endgültige Zeichen, daß man diese Bindung zerrissen hat und darum getötet werden muß. In diesem Zusammenhang möchte ich eine metaphorische Verwendung des Gürtelsymbols bemerken. Ǧāmī sagt nämlich:

Du bindest der Unhuld Gürtel um, und brichst den Bund der Treue.
(*ZDMG* XXIV/1870 S. 590:5)

Hier ist alles gleichsam verdreht: anstatt den Bund der Treue zu schließen und als Symbol den Gürtel anzulegen, bricht man den Bund und legt den Gürtel als Symbol der „Unhuld", der Ungerechtigkeit, um. Daß Ǧāmī auf einen vorhandenen Brauch anspielt, kann wohl nicht bezweifelt werden[83a].

Die symbolische Bedeutung des Gürtels tritt auch in der byzantinischen Armee deutlich zutage, denn bei der Absetzung eines byzantinischen Generals wird sein Waffengürtel von einem besonders beauftragten Offizier zerschnitten, zugleich offenbar unter Verhöhnung des Abgesetzten (vgl. Chabot, *Chronique de Michel le Syrien,* II, S. 380; Payne Smith, *The Third Part of the Ecclesiastical History of John Bishop of Ephesus,* S. 368). Daß die Byzantiner, die so vieles von den Persern übernommen haben, diese Sitte von ihren Gegnern bekamen und daß diese nicht einheimisch griechisch oder römisch ist, dürfte die wahrscheinlichste Erklärung sein.

[83a] Bei Hartman, *Gayōmart,* Uppsala 1953, S. 160 Anm. 2 wird darauf hingewiesen, daß verschiedene Ausdrücke der feudalen Terminologie in der religiösen Sprache wiederkehren, z. B. *bandagān* die *kamar-bastah* sind.

Zum Gürtel als Symbol der vasallischen Bindung führt uns aber eine von Ibn al-Aṯīr, IX, S. 133:1 ff., und Abu'l-Fidā, II, S. 614, erzählte Geschichte. Ein von dem ghaznawidischen Herrscher Maḥmūd (Yamīn al-Daulah) unterworfener indischer König erhielt von Maḥmūd ein Ehrenkleid und einen Waffengürtel (*minṭaqah*). Das Ehrenkleid legte er an, bat aber den Sieger, ihm die Schmach zu ersparen, sich mit dem Gürtel (*minṭaqah*) gürten zu müssen. Maḥmūd bestand aber darauf, so daß der König sich mit dem Gürtel bekleiden mußte. Es ist deutlich, daß der indische König das Gürteltragen als etwas Demütigendes empfindet, tatsächlich wird er ja dadurch zum *bandah*.

Für das Aussehen des Gürtels steht reiches archäologisches und kunstgeschichtliches Material zur Verfügung, das ich in anderem Zusammenhang zu bringen beabsichtige. Hier nur ein Textverweis aus den armenischen Quellen.

Von dem Ehrenkleid des Apostaten Vasag zur Zeit des sassanidischen Großkönigs Yazdgart II. (Mitte des 5. Jh.) wird von dem Geschichtsschreiber Ełišē Vardapet die folgende malerische Schilderung gegeben:

> Er hatte sich das Ehrenkleid umgeworfen, das er vom König bekommen hatte. Und er band das Ehrenzeichen des Haares um und setzte die goldgestickte Tiara darauf, er legte um seine Taille den aus massivem Gold gemachten Gürtel, der mit Perlen und Edelsteinen besetzt war, und die Gehänge für die Ohren, und den Halsschmuck für den Nacken und den Sobelpelz für den Rücken.
>
> (Vgl. die französische Übersetzung bei Langlois, II, S. 227 b)
>
> *arkanēr zpatuakan handerjn zor unēr i tʿagaworēn. kapēr ew zpatiw varsin ew zxoyrn oskełēn dnēr i veray, ew zkřanakuř joyl oski kamarn əndeluzeal margartov ew akambkʿ patuakanawkʿ ənd mēǰ iwr acēr, ew zgindsn yakanǰsn, ew zgumartakn i paranoçin, zsamoyrsn ztʿikambn.*
>
> (Ełišē Vardapet, ed. 1861, S. 214:19 ff.)

In der Paikuli-Inschrift hat Herzfeld in der parthischen Fassung die folgenden Worte gelesen: *ō bandakēfē ut spāsē čē amāh rasēnd*[84] („sie kamen zu unserer Dienstmannschaft und Dienst")[85]. Wenn diese Lesart richtig ist, hätten wir hier den echten parthischen Ausdruck für Dienstmannschaft und Feudaldienst.

[84] Vgl. *Altpersische Inschriften*, S. 314. In der Edition von Paikuli, Berlin 1924, S. 118, findet man aber nicht die Worte *ō bandakēfē*; sind sie später von Herzfeld gelesen worden?

[85] Herzfeld übersetzt *bandakēfē* mit „Sklavenschaft", *spāsē* aber mit „Dienst" und stellt es zu ap. *spāϑ-* (vgl. Kent, a. a. O., S. 210 a). Das Wort *spās* bezeichnet nach Herzfeld „ein Feudal-Verhältnis". Dazu vgl. einstweilen *Or Suec* V/1956, S. 86–88.

Für die Sassanidenzeit bezeugt auch Kārnāmak, daß der junge adelige Krieger, selbst bei fürstlicher Abstammung, am Hof des Großkönigs als Dienstmann betrachtet wurde. So heißt es in einer Prophezeiung von Artaxšēr, der vom Hof Ardavāns geflüchtet war: *bandak mart kē hač im rōč tāi 3 rōč hač xvatāi i xveš bē virēčēt* („der Dienstmann, der in den nächsten 3 Tagen seinem Herrn entläuft", *KN.* II 6)[86].

Aus der Sassanidenepoche wird bei Ṭabarī, S. 990:3 ff., ein Zwischenfall erzählt, wobei ein *asβār* (Ritter)[87] in den Garten eines Bauern reitet und einige Trauben nimmt, von denen er seinem *ġulām* eine gibt, weshalb er vom König Xosrau Anōšurvān bestraft wird[88]. Dieser Terminus *ġulām* ist die arabische Entsprechung zum aramäischen *ʿulēm,* das in der aramäischen Fassung der Behistun-Inschrift dem *bandaka* entspricht. Hinter *ġulām* können wir also den mp. Terminus *bandak* mit Recht vermuten[89].

Die Abstufung unter den Gefolgsleuten des Königs kommt in den mir zugänglich gewesenen Quellen nicht zum Ausdruck, denn diese sehen die Dienstmänner nur von *einem* Gesichtspunkt aus, nämlich demjenigen der *Bindung,* wie sich diese im äußeren Symbol des Gürtels kundgibt.

Unsere Untersuchung scheint uns also den Beweis erbracht zu haben, daß die iranischen Krieger hauptsächlich Vasallen oder Dienstmänner waren, die sich im Dienst des Königs befanden und deren Dienst durch einen von ihnen getragenen Gürtel gekennzeichnet wurde.

Daß die parthischen Krieger im allgemeinen aus Unfreien bestanden, wissen wir aus den Angaben der klassischen Autoren[90]. Plutarch erzählt, daß der General der gegen Crassus bei Carrhae siegenden Armee, ein Mitglied des

[86] Die Übersetzung ist von Bartolomae, *ZKMIM* III, S. 34, der also klar gesehen hat, daß *bandak* in diesem Fall mit „Dienstmann" wiederzugeben ist.

[87] Den Terminus *asβār,* Ritter, habe ich in anderem Zusammenhang ausführlich behandelt, vgl. *Or Suec* V/1956, S. 170–176.

[88] Vgl. Nöldeke, *Geschichte der Perser und Araber,* S. 267, Nihāyatu' l-Irab, *JRAS* 1900, S. 233.

[89] Diese Annahme erlaubt natürlich gewisse Folgerungen für die islamische Zeit, die wir in anderem Zusammenhang erörtern werden. Hier wollen wir nur darauf aufmerksam machen, daß in Šāhnāmah *ġulām* oft neben *parastār* und *parastandah* vorkommt, vgl. Wolff, *Glossar zu Firdosis Schahname,* Berlin 1935, S. 599 b. s. u., was ja zeigt, daß *ġulām* für *bandah* steht, da ja, wie wir gesehen haben, *bandah* und *parastandah* synonyme Ausdrücke sind – anderenorts Näheres darüber, vgl. vorläufig *Or Suec* V/1956, S. 173.

[90] Diese sind u. a. von Christensen, *L'Iran sous les Sassanides,* 2. Aufl., Kopenhagen 1944, S. 18, behandelt worden. Seine ganz allgemein gehaltene Erklärung ist, daß „les paysans, à qui incombait le service militaire, étaient tombés dans une sorte d'esclavage sous les seigneurs puissants", eine Erklärung, die nach unseren Untersuchungen als inkorrekt angesehen werden muß. Ganz richtig urteilt aber Herzfeld, *AMI* 4/1932, S. 54 f. „Ebenso sind die 400 Freien unter 50 000 Sklaven, von denen Justin spricht, die *āzāt,* der niedere Lehnsadel." Ausführlich Widengren, *Or Suec* V/1956, S. 163 f.

Hauses Sūrēn, 10 000 bewaffnete Dienstmänner (δοῦλοι), genauer: 9000 leichte Bogenschützen und 1000 *tanūrīkān*, ins Feld führte[91]. Justin sagt, daß der weitaus größte Teil der parthischen Armee sich aus Unfreien (*servi*) zusammensetzte[92]. Auf 50 000 Reiter, die gegen Antonius zogen, kamen nur 400 *Freie*.

Wenn wir uns daran erinnern, daß *liber* (frei) die Entsprechung des Wortes *āzāt* ist, das eine Adelsklasse, die *āzātān*, bezeichnet[93], verstehen wir die Angaben Justins besser. Er sagt uns also, daß das parthische Reiterheer aus 400 Edelleuten und 50 000 Gefolgsleuten zusammengesetzt war und daß diese Gefolgsleute eine Stellung als Unfreie innehatten[94]. Es sind offenbar diese Gefolgsmänner, die *bandakān*, d. h. *servi* oder δοῦλοι, genannt werden. Auffallend ist es, daß wir in Wīs u Rāmīn hier und da von „Dienstmännern" als Soldaten hören[95].

[91] Vgl. Plutarch, Crassus XXI: ἱππεῖς δὲ κατάφρακτοι χίλιοι, πλείονες δὲ τῶν κούφων παρέπεμπον, εἶχε δὲ τοὺς σύμπαντας ἱππεῖς ὁμοῦ, πελάτας τε καὶ δούλους, μυρίων οὐκ ἀποδέοντας.

[92] Justin XL:2: *Exercitum non, ut aliae gentes, liberorum, sed maiorem partem servorum habent: quorum vulgus, nulli manumittendi potestate permissa, ac per hoc omnibus servis nascentibus, in dies crescit. Hos pari ac liberos suos cura habent, et equitare et sagittare magna industria docent. Locupletissimus ut quisque est, ita plures in bello equiteas regi suo praebet.* Hier ist natürlich zwischen den tatsächlichen Angaben und den Reflexionen des Pompeius Trogus (bewahrt bei Justin) zu unterscheiden. Zu diesen Reflexionen rechne ich die Angabe *nulli manumittendi potestate permissa.*

[93] Vgl. Christensen, a. a. O., S. 111 f.

[94] Justin XLI 2: *Denique Antonio bellum Parthis inferenti quum quinquaginta milia equitum occurrerent, soli quadrigenti liberi fuere.* Josephus, *Antiquitates* XIV 13,5, erwähnt anläßlich des parthischen Einfalls in Palästina im Jahre 40 v. Chr. bei einer Gelegenheit 200 Reiter und 10 „Freie"; zu den näheren Umständen vgl. Debevoise, *A Political History of Parthia*, Chicago 1938, S. 112, wo aber die Übersetzung „Freemen" nicht ganz den technischen Sinn trifft. Richtig aber wiederum Herzfeld, a. a. O. Vgl. auch Tarn, *The Greeks in Bactria and India*, 2d ed., Cambridge 1951, S. 355 Anm. 6; Bailey, *BSOS* VI/1932, S. 953. Vgl. ferner Josephus, Bellum Judaicum I 13,3; in dem Lied von der Perle korrespondiert v. 24 *bar ḥērē* mit *barḥōrīn* in der Aḥikar-Geschichte (vgl. Cowley, *Aramaic Papyri*, Oxford 1923, S. 220:217. Vgl. Widengren, *Der iranische Hintergrund der Gnosis*, *ZRGG* 4/1952, S. [12]).

[95] In der georgischen Übersetzung des neupersischen Textes nach der englischen Übersetzung von Wardrop, *Visramiani*, London 1914, S. 30: ist *mona*, was eigentlich „Sklave" bedeutet, die Benennung einer Gruppe von Wīrōs Soldaten. Vgl. ferner die Rolle, welche die 40 guten, bewaffneten „Sklaven" bei der Eroberung des Schlosses in Marw spielen (Wardrop, a. a. O., S. 381). In dem neupersischen Text finden wir zu diesen Stellen nichts Entsprechendes, aber es ist berechtigt, die georgische Version heranzuziehen, weil diese auf einen älteren und besseren Text zurückgeht als die jetzt vorliegende neupersische Fassung. Ein Beispiel soll diese Behauptung rechtfertigen: Wardrop gibt S. 23 die folgende Übersetzung von den Folgen des königlichen Zornes für die Besitzungen Kārins, Shāhrōs und Wīrōs:
Not only their house and dwelling shall be laid waste, but many other women shall be widowed!

Es ist ein äußerst bedeutsamer Umstand, daß auch die höchsten militärischen Würdenträger als *bandak* betrachtet wurden. Die Notiz in Fārsnāmah stimmt mit dem wohlbekannten Ausdruck in der Behistun-Inschrift überein, in der Darius seine Reichsfeldherren Vidarna und andere Generäle *manā bandaka*, „meinen Diener" oder vielleicht besser „Dienstmann", nennt[96]. Vorläufig ist es aber nicht möglich zu sagen, ob *bandaka* in diesem Fall Dienstmann oder Diener im Sinn von Vasall bedeutet[97]. Wie wir bereits oben gesehen haben, bezeichnet der Terminus *bandaka* jeden Gefolgsmann, mag er auch der Höchststehende sein, eben weil alle Gefolgsleute als *gebunden* angesehen wurden.

4.

Unsere bisherigen Ausführungen haben ein wenig Licht auf die Termini *marīka* und *bandaka* in den altpersischen Inschriften geworfen. Es ist völlig berechtigt, daß sie in der neubabylonischen Fassung der Achämenideninschriften mit *qallu* wiedergegeben werden. In der iranischen Frühzeit waren die *marīka*-s und die *bandaka*-s Mitglieder einer militärischen Organisation, die viele der Einrichtungen und Sitten der alten kultischen Kriegerbünde unter den indo-iranischen Völkern übernommen hatte[98].

Shah Moabad's anger will burn them up so that their dust and ashes no longer remain!
Such a cloud will rest upon their land that the rain which flows from it shall be death.
The preacher has cried by the decree of God on them that Vaaman's possessions are Vaaman's.

Die letzte Aussage hat der Übersetzer nicht verstanden, sondern setzt ein Fragezeichen in die Anmerkung. Der neupersische Text gibt die Erklärung:

چیز ان فلان اکنون فلان را ست

(ed. Minovi S. 56:31). Der Ausrufer hat über alle Anwesenden den Entschluß ausgerufen: „Was diesem N. N. gehörte, ist nunmehr der Besitz von N. N."
Der neupersische Text braucht den arabischen Terminus *fulān* für „N. N.", die der georgischen Übersetzung zugrunde liegende Fassung gibt aber hier den alten Pahlaviausdruck *vahmān* (vgl. Junker, *Frahang i Pahlavīk*, Heidelberg 1912, S. 74 = XIII 5). Die georgische Übersetzung braucht sogar die Pahlaviform *vahmān*, nicht die neupersische *bahmān!* Vgl. S. 228 der Übersetzung, wo man die folgende Stelle findet: „Neither do I wish to say this, that I am a certain Vhamani." Hierzu gibt Wardrop eine Anmerkung, die von besserem Verständnis zeugt: „Bahman–nobody in particular: Spanish fulano? cf. Vaaman, 25." Die neupersische Version dagegen gibt hier einen ganz anderen Text.

96 Vgl. oben S. 13, Behistuninschrift Z. II 20,30,49,82; III 13,31,56,84 f.; V 8.

97 Vgl. oben S. 14 Anm. 19 den Hinweis auf *ardu* als Terminus auch für königliche Vasallen. In Armenien bezeichnet *caṙay* (= δοῦλος) den Vasallen (Kherumian, *Esquisse d'une féodalité oubliée* [*Vostan* I/1948–49], S. 13). Dieses Wort *caṙay* entspricht also *bandak* (vgl. *Or Suec* V/1956, S. 93 f.).

98 Die enge Verknüpfung zwischen Kriegerorganisation und Kultus haben sowohl Wikander als auch ich in den früher angeführten Arbeiten herauszuarbeiten versucht, wobei

Aber nicht genug damit! Die Verhältnisse unter den Westiraniern während der Achämenidenzeit erfahren eine geschichtliche Ergänzung sowohl durch die Mitanni als auch durch die mittelassyrischen Texte. Dort finden wir folgende Tatsachen: Es gab eine Militäraristokratie, die *maryanni*, deren Mitglieder Lehen bekamen. Diese *maryanni* sind von Anfang an eine arische Adelsklasse (*marya*-s). Das Tukulti-Ninurta-Epos zeigt uns die assyrischen Krieger augenscheinlich von einem indo-iranischen Vorbild der Gesellschaft beeinflußt. Sie werden *ardāni* („Diener" oder „Knechte") genannt, sind aber auch „Männer" (*mutu*). Sie kämpfen „nackt", d. h. ohne Panzer (*sarịamāti* oder *balū taḫlipi*), sie sind rasend und von ekstatischer Wildheit erfüllt. Ihre Haare tragen sie auf eine besondere Art. Sie tanzen in den Kampf, sich hereinstürzend wie der Wind.

Diese Tatsachen stimmen mit den indo-iranischen Verhältnissen überein. Die Krieger werden Diener oder Knechte genannt (*ardu* und *bandaka*). Sie sind aber zugleich die Männer *par excellence*, die *marya*-s oder *marīka*-s, und die *mutu*. Ihr Kennzeichen ist die Wut, die ekstatische Wildheit (im Assyrischen *tēšū* und *labbu*, im Iranischen *Aēšma-Hēšm*). Sie stürmen wie der tobende Orkan einher. Auch die assyrischen Krieger tanzen in den Kampf, wobei die assyrischen Verba *sāru* und *melēlu* mit dem Indo-Iranischen *nṛt-* übereinstimmen. Der eigentümlichen Aufmachung des Haares (*qaṣāru pirēti*) unter den Assyrern entspricht im alten Iran, daß die Männerbündler *vičārt-vars* sind, ebenso wie *Kərəsāspa gaēsu* ist usw. Sie kämpfen „nackt", d. h. ohne Rüstung, wie eben gesagt, wobei der assyrische Ausdruck *balū taḫlipi* dem iranischen *brahnak* entspricht. Lediglich *ein* Zug ist im Epos nicht wiederzufinden: das Gürteltragen. Aber man muß hierbei in Betracht ziehen, daß das Epos nur in sehr fragmentarischem Zustand erhalten ist.

Die autochthonen Wurzeln des iranischen Feudalismus sind also in den kultischen Kriegerbünden zu suchen. Ihren religiösen Charakter haben diese wahrscheinlich mit der Zeit völlig verloren, auch wenn wir gern annehmen wollen, daß die von ihnen verehrte Gottheit immer gewisse Sonderzüge bewahrt hat[99]. In der den Mithrasmysterien zugrunde liegenden exklusiv männ-

ich besondere Betonung auf die düsteren, unheimlichen Züge dieses Kriegerkultes legte. Ergänzend möchte ich hier auf den medischen Bogenschießenritus hinweisen, der am Fest *ŠḤR'BGMWD* in Adiabene ausgeübt wurde (vgl. Messina, *Orientalia* 6/1937, S. 234 bis 251, und Widengren, *Die Religionen Irans*, Stuttgart 1965, S. 182 f.). Dazu kommen vielleicht auch die von Afrem beschriebenen Kriegersitten, die von ihm den Hunnen zugeschrieben werden, die aber vielmehr eher den Chioniten eigentümlich sind (wegen der Verwechselung zwischen HWNY' [Hunnen] und KYWNY' [Chioniten] vgl. z. B. *The Chronicle of Joshua the Stylite*, Cambridge 1882, Kap. IX–X, XXVIII bis XIX, XXIII bis XXIV, LVII).

[99] Vgl. oben S. 18–21.

lichen Organisation vermuten wir einen Nachhall der kultischen Männerbünde[100]. Aber im übrigen haben diese Bünde anscheinend ihren auch religiösen Charakter ganz verloren und sich zu den Gefolgschaften des Königs oder Häuptlings entwickelt. Es ist jedoch bemerkenswert, daß die Bindung des Herrn an seine Gefolgsmänner wohl stets ein gewisses heiliges Gepräge bewahrt hat[101].

Als die iranischen Völker in den Vorderen Orient einwanderten, haben sie dort Verhältnisse vorgefunden, die an ein Feudalsystem erinnern. Das gilt vor allem für das System des Lehnswesens. Wieviel die *maryanni* von ihrem arischen Ursprung bewahrt haben, können wir vorläufig nicht sagen. Unter allen Umständen haben die Meder und Perser das im Vorderen Orient herrschende Lehnswesen angenommen und den Gefolgsleuten des Königs oder den hohen Herren Lehen überlassen. Der iranische Feudalismus hat also seinen Ursprung in diesen Gefolgsleuten, und diese wiederum stellen eine Entwicklung aus den Männerbünden dar.

5.

Wir haben schon die besondere Haartracht der assyrischen Krieger und der iranischen Männerbündler erwähnt. Mit dem Ausdruck *vičārt-vars* kann man eine von REITZENSTEIN ans Licht gebrachte Schilderung vom Martyrium des Christophorus vergleichen, in welcher wir auf einen Visionsbericht stoßen, der in vieler Beziehung für unsere Untersuchungen von Bedeutung ist.

> Ich sah mitten auf dem Markt der Stadt einen Mann von hohem Wuchs und schönem Aussehen, dessen Antlitz wie die Sonne leuchtete und seine Kleider wie der Schnee; einen Kranz von wunderbarer Herrlichkeit trug

[100] Folgende Tatsachen sind zu bemerken: 1. Der Drachenkampf ist noch immer als ein zentraler Ritus bewahrt. 2. Die Waffe des Drachentöters ist die alte iranische Keule. 3. Der göttliche Heros reitet wie Farīdūn auf dem Stier. 4. Die Rolle des Stiertötens findet sich wie bei den Männerbündlern. 5. Die Mitglieder der Mithrasmysterien sind nur Männer, und zwar hauptsächlich Krieger. 6. Die Aufnahmeriten bewahren noch immer etwas vom naturgemäß rohen Charakter der Initiationsriten eines Männerbundes. Diese Vergleiche im einzelnen auszuführen und im Rahmen einer allgemeinen Diskussion über die Mithrasmysterien näher zu erörtern, muß ich mir für die Zukunft vorbehalten. Was den iranischen Typus der Mithrasmysterien betrifft, so hat uns die scharfe Kritik an CUMONTS bekannten Thesen, die von WIKANDER in seinen *Études sur les Mystères de Mithras* I, Introduction, Lund 1950, vorgelegt wurde, manchen Irrweg erspart. In den positiven Resultaten glaube ich aber ganz anderes Material als er einbezogen zu haben, das mich an dem iranischen Ursprung dieser Mysterien nicht zweifeln läßt (vgl. WIDENGREN, *The Mithraic Mysteries in the Greco-Roman world* (*La Persia e il mondo Greco-Romano,* Accademia Nazionale dei Lincei 1966, N. 76, S. 435–455).

[101] Zur allgemeinen Idee der heiligen Bindung vgl. ELIADE, *Le dieu lieur, RHR* 137/1947–48, S. 5 ff.

er auf dem Haupt, und auch einige Krieger, die ihn begleiteten, strahlten wie das Licht. Ich sah aber auch einen anderen Mann, der tiefschwarz war, inmitten einer großen Schar ihm ähnlicher. Seine Haare ringelten sich wie die Glieder eines Ringelpanzers[102], und furchtbar war seine Rüstung. Der Strahlende begann den Kampf, aber der Dunkle überwand ihn, tötete seine Helden und brüstete sich eine Zeitlang auf seinem Thron. Doch der Strahlende kehrte wieder in furchtbarem Grimm, spaltete den Scharen seines Feindes die Häupter, überwand den Führer und fesselte ihn mit feurigen Ketten, zerstörte seinen Palast und zertrümmerte sein Lager[103].

Reitzenstein hat diese kleine Apokalypse mit der Szene in Bahman Yašt III 32–36 zusammengestellt, in der Mithra als Kämpfer Ahriman entgegentritt und sich die beiden Gegner aus den gegeneinander stehenden Reihen feindliche Worte zuschreien[104]. In Bahman Yašt haben wir schon die Männerbünde angetroffen, dort natürlich eschatologisch umgedeutet und als Feinde Irans in der Endzeit gemeint[105]. Es ist in Bahman Yašt ein stehender Zug, daß sich diese kriegerischen Scharen durch die *schwarze* Farbe auszeichnen, schwarz sind ihre Kleider, ihre Rüstung und ihr Banner[106]. Wichtig ist, daß, wie schon gesagt, Kṛṣṇa „der Schwarze" ist! Der Vergleich zwischen den ringelnden Haaren des schwarzen Kriegers im Christophorus-Mysterium und den Männerbündlern in Bahman Yašt, die *vičārt-vars* sind, bietet sich von

[102] Die syrische Fassung hat nur Popescu (s. folg. Anm.), S. 21:10 f.: „Ihr Haar war ringelnd und lang."
Der griechische Text ist aber der ursprüngliche (Popescu, S. 53 ff.).

[103] Reitzenstein, *Weltuntergangsvorstellungen*, Uppsala 1923, S. [7 f.] 135 f. Griechischer Text bei Usener, *Festschrift zur fünften Säcularfeier der Carl-Ruprechts-Universität zu Heidelberg*, Leipzig 1903; lateinischer in *AB* 10/1891, S. 392; syrischer bei Popescu, *Die Erzählung oder das Martyrium des Barbaren Christophorus*, Straßburg 1903 (Diss.).

[104] Reitzenstein, *Weltuntergangsvorstellungen*, S. 141 ff.; *Studien zum antiken Synkretismus*, Leipzig–Berlin 1926, S. 47 f.

[105] Daher ist diese Schilderung den verschiedensten politischen Feinden Irans angepaßt; man kann die Schichten der späteren Bearbeitungen ziemlich leicht aussondern (was ich in der nächsten Zukunft zu tun hoffe). Farīdūns Waffe, *gurz i gāvsār*, hat schwarze Farbe – ist *siyāhrang! Fārsnāmah* S. 36:8.

[106] Vgl. Widengren, *Hochgottglaube*, S. 343. Bei der Schilderung der Truppenschau in Šāhnāmah wird auch die Heeresabteilung Gēvs erwähnt, die ein schwarzes Banner mit einem Wolfsemblem führt, was von besonderer Wichtigkeit ist, da ja die Männerbündler (vgl. oben S. 15 f.) sich als zweifüßige Wölfe bezeichnen (die Stelle ed. Macan II 561:16 = Vullers II 785:3 v. u.). Ich möchte auch an Pišōtan mit seinen 150 Begleitern, die seine *hāvišt* sind, und die in *schwarze* Biberfelle gekleidet sind, erinnern: *ut frāč ravēnd Pišōtan i bāmīk apāk 150 mart i ahrav, kē hāvišt i Pišōtan hēnd, pat siyāh samōr jāmak .... dārēnd* (Bahman Yt III 27; vgl. III 29): „und hervor laufen Pišōtan, der Glänzende, zusammen mit 150 gerechten Männern, die die ‚Lehrlinge' Pišōtans sind und die einen Anzug aus schwarzem Biberpelz haben." Das Wort *hāvišt* deutet wohl auf eine Institution wie die militärischen *scholares* hin. Das Wort *hāvišt* kehrt sicherlich in Khotan – sak. *biṣṭa-* (Schüler) wieder; *hāvista* > *biṣṭa-* mit dem Wegfall von *ha-*; vgl. Konow, *Primer of Khotanese Saka*, Oslo 1949, S. 116 (S. 15 § 14; 18 § 18 vgl.

selbst an[107]. Als ikonographisches Material aus dem alten Iran kann hier ein ostiranischer Ringstein dienen, der einen jungen Krieger mit einem Helm, der mit einem Drachen als Helmzier versehen ist, sowie zwei sich ringelnden Zöpfen darstellt. Diese Gemme hat VON DER OSTEN als ostiranische bestimmt[108]. Das Kampfmotiv im Christophorus-Mysterium ist auch wegen dieses Details sicher iranisch. Die doppelte Zerstörung des Palastes und des Lagers ist auffallend. Die parthischen Könige behalten nämlich neben dem Palast auch ihr Hof- und Heerlager (*bunak*)[109].

Die Zöpfe finden wir auch auf Darstellungen aus dem Iran und dem Turkestan islamischer Zeit. Als erstes möchten wir auf die manichäische Kunst verweisen, in der eine solche Haartracht oft anzutreffen ist[110]. Weiter kennen wir einige Proben dieser Frisur, auf die SAUVAGET hingewiesen hat[111]. Hier wie in der manichäischen Kunst haben wir es mit Türken zu tun, die diese Haartracht neben vielen anderen Kulturelementen von ihrem iranischen Nachbarn übernommen haben.

Eine andere, wahrscheinlich auch von Anfang an ostiranische oder zentralasiatische Manier, das Haar anzuordnen, finden wir unter den Parthern Armeniens. Hier war unter den Jungen der Brauch, den Kopf zwar kahl zu scheren, aber derart, daß ein Schopf stehen blieb, wo das Haar vollkommen frei war[112]. Bekannterweise war eine solche Haartracht bei den Hunnen[113] und später bei den Kosaken[114] üblich.

aiti – vāday- > Huvāya-; anaoša- > nāṣa-) also *hāvista > *aβiṣṭa- > βiṣṭa-*, siehe BAILEY, *JRAS* 1953, S. 95–97.
Wie verhalten sich zu diesen 150 „Schülern" Pišōtans die 150 „Knechte", die, nach dem slavischen Josephus, sich um Jesus versammeln? Und wiederum die armenischen *ašakert?* Diese schwierigen Probleme, deren Lösung wir in einer bestimmten Richtung suchen wollen, behandeln wir unten Kap. III, vgl. unten S. 90 Anm. 71.

107 Ich vermute, daß REITZENSTEIN diesen Vergleich gemacht hat, kann aber eine Bemerkung darüber nicht finden.

108 Siehe den Anhang 2 unten S. 152 von H. H. VON DER OSTEN.

109 Die armenischen Schilderungen mit *KN* verglichen (Kap. VI), in *AZ* 65–66 *bunak*.

110 Vgl. VON LE COQ, *Die manichäischen Miniaturen*, Berlin 1923, Tafel I a–b.

111 *Ars Islamica* XV–XVI/1951, S. 130 Fig. 3, S. 131 Fig. 4 = hier Abb. 3.

112 P'awstos Biwzandaçi V 43 Ed. Venedig 1933, S. 255:18 ff. *ew əst mankuteann orini, əst kroniç Hayoç orpēs orēn ēr zglux manktoyn, soynpēs i žamanakin gerceal ēr zglux mankann Artavazday, ew ççuns ēr t'oleal ew gēs arjakeal.* Vgl. die Übersetzung bei LAUER, *Des Faustus von Bysanz Geschichte Armeniens*, Köln 1879, S. 203, hier mit geringfügigen Änderungen reproduziert). „Und nach dem Gebrauch in der Jugend, so wie der Kopf der Kinder nach dem Recht der Armenier gemäß dem Gebrauch war, in derselben Weise war der Kopf des Knaben Artavazd zur Zeit rasiert, aber ein Schopf war gelassen und (dieses) Haar war ungebunden."
Der Jüngling ist nach der Erzählung zwar waffenfähig, aber noch zu jung, um als regelrechter Krieger am Kampf teilzunehmen. Die besondere Haartracht kennzeichnet also die Zugehörigkeit zu einer bestimmten Altersklasse und bezeugt somit das Vorhandensein solcher Altersklassen auch in Armenien, vgl. ferner unten S. 91.

Auch die assyrischen Krieger trugen eine besondere Haartracht, denn es heißt: „Die Haupthaare haben sie sich gebunden."[115] In diesem Zusammenhang ist auf das Deborah-Lied Jud. 5:2 zu verweisen, in dem es heißt, daß das Volk aus Freiwilligen bestand und daß in Israel die Haarsträhnen lose getragen wurden. Hieraus hat man natürlich geschlossen, daß es ein Kriegerritus war, die lange Haartracht zu tragen[116]. In welcher Art das lange Haar getragen wurde, wissen wir nicht, wohl aber ist sicher, daß Simson sieben Locken oder Zöpfe getragen hat (Jud. 16:13)[117]. Mit diesen Locken hat man die Haartracht, die Gilgameš auf Siegelzylindern trägt, seit langem verglichen[118]. Sein Gefährte Enkidu trägt ebenfalls lange Haare, wie — nach der Aussage des Epos – ein Weib[119].

Auf Grund dieser verschiedenen Angaben, die sämtlich etwa derselben Epoche der vorderasiatischen Literaturgeschichte angehören, wäre es verlockend, den Schluß zu ziehen, daß der heldische Krieger im Vorderen Orient von der arischen Oberschicht der Churriter die Haartracht mit langen Zöpfen oder Locken übernommen habe. Vorläufig aber wagen wir diese Schlußfolgerung noch nicht, da das Material wohl doch etwas zu spröde ist. Das Gürteltragen des nackten Helden Gilgameš ist aber auffällig und paßt vorzüglich zu dem Bild der arischen Krieger[120]. In dem Tukulti-Ninurta-Epos aber, in dem wir die Existenz der indo-iranischen Kriegerorganisationen meinen festgestellt zu haben, scheint uns der Ausdruck *iqtaṣru pirēti* unmittelbar mit dem

[113] Vgl. *Saeculum Weltgeschichte* 3/1967, Tafel IV = hier Abb. 4.

[114] Vgl. das bekannte Gemälde von Ilja Repin, wo er zeigt, wie die Saporogischen Kosaken ein Schreiben an den Zaren aufsetzen lassen. Gute Detailabbildungen bei *Ilja Efimovic Repin*, Moskva 1955, Tafel 24–25 = hier Abb. 5.

[115] Vgl. oben S. 10, 33.

[116] Schwally, *Semitische Kriegsaltertümer*, Leipzig 1901, S. 69; Wellhausen, *Reste arabischen Heidentums*, 2. Ausg., Berlin 1897, S. 123.

[117] Das Wort *maḫlāfōṯ* ist nicht ganz klar, vgl. die gründliche Diskussion bei Burney, *The Book of Judges*, 2. ed., London 1930, S. 379 f., aber auch Köhler, *Lexicon*, Leiden 1951, s. o. 513 a, der „Zöpfe" als die feststehende Bedeutung angibt.

[118] Burney, a. a. O., 379 f., wo er auch daran erinnert, daß Gilgameš nach dem Sieg über Ḫumbaba „seinen Haarschopf sich in den Rücken schüttelt" (VI 2), Übers. von Schott, *Das Gilgamesch-Epos*, 2. Aufl. von Soden, Stuttgart 1966, Reclam, S. 53; Text: *unassis qimmatsu elu sērišu.*
Es ist daran zu erinnern, daß Enkidu *kiṣir* ^{D}*Ninurta* ist, vgl. Speiser, *ANET*, S. 74 Anm. 14, „liegeman of Ninurta".

[119] I, II 36 „Mit Haupthaar versehen wie ein Weib":
uppuš pirītišu kīma sinništi

[120] „Das wallende Haupthaar, ihm wächst's wie der Nisaba."
ētik pirtišu uḫtannaba kīma ^{D}*Nisaba.*
Vgl. Gordon, *Belt-Wrestling* (*HUCA* XXIII/1951–52, S. 131 ff.). Hier stehen auch viele bildliche Darstellungen zur Verfügung. Vgl. ferner das unten S. 56 über die archaischen griechischen Krieger Gesagte.

iranischen *vičārt-vars* zusammengehörig zu sein, wobei das Verbum *qaṣāru* (aufbinden) das Flechten des Kopfhaares meint.

Auf die eigentümliche Haartracht der jungen Krieger kommen wir in dem den indo-germanischen Verhältnissen gewidmeten Teil zu sprechen.

Es ist auffallend, daß Gilgameš um sich 50 Krieger schart, die Zahl derjenigen, die wir später als die entsprechende Abteilung der Jungmannschaft antreffen werden.

6.

Wir haben die Gefolgsleute des iranischen Königs bisher einerseits als „Männer" (*maryanni, marīka, mairya, mērak*), andererseits als Dienstmänner oder Vasallen, „Gebundene" (*bandaka, bandak, bandah*), bestimmen können. „Männer" sind diese Krieger insofern, als sie von Anfang an die „Jungmannschaft" des Volkes, die „Männer" *par excellence* ausmachen. „Gebundene" Dienstmänner oder Vasallen sind sie aber dadurch, daß sie an die Person ihres Herrschers als Gefolgsherrn gebunden sind, was eben durch das Umbinden des Gürtels zum Ausdruck kommt. Es ist natürlich, daß durch diese Bindung ein Abhängigkeitsverhältnis zustande kommt; dieses wird auch dadurch ersichtlich, daß die Worte, durch die eine solche Bindung ausgedrückt wird, d.h. *marīka∼marya* und *bandaka,* allmählich die Bedeutung von „Diener", ja sogar „Sklave" bekommen.

Aber mit dem Wort „Abhängigkeit" ist nur ein Aspekt des Verhältnisses der Gefolgsleute zum Gefolgsherrn angedeutet. Hier liegt in der Tat eine weite Gefühlsskala vor, die in verschiedenen Termini ihren Ausdruck findet. Hinzu kommt noch die interessante Frage: welche Stimmungen charakterisieren das Verhalten der Gefolgsleute untereinander, wenn diese sich an ihren Herrscher „gebunden" fühlen? Dieses Problem wollen wir hier kurz betrachten.

Zuerst aber haben wir kurz zwei Termini zu erwähnen, die tatsächlich den „Gefolgsmann" bezeichnen, nämlich *pasānīk* (M 3 Recto 7)[121], was besagt, daß der Betreffende seinem Herrn nachfolgt, sowie *apākān*, „Begleiter"[122].

[121] Von *pas,* vgl. Salemann, *Manichæische Studien,* I, Petersburg 1908, S. 113, wo er auf georgisch *pasanigi,* „Trabant" hinweist. Das Wort *pasānīk* muß sassanidischer Terminus sein, denn die parthische Korrespondenz von *pas* ist *paš* (*MirM* III Glossar 60 [905]b).

[122] Vgl. Widengren, *Hochgottglaube,* S. 203: Tūs und Vēv werden sowohl *apākān* als *haδiyār* bezeichnet. Ich benutze die Gelegenheit, einige Korrekturen zu dem verwandten Text, *Hochgottglaube,* S. 204 f., aus Dēnkart, ed. Madan, S. 817, hier zu bringen. Zu übersetzen ist: „Kai Hosravs Ergreifen des langherrschenden Windes und (dem) Verwandeln von ihm in Kamelgestalt und seinem Aufsitzen (auf ihn) und Gehen zusammen mit den iranischen Scharen dorthin, wo er in einer Höhle den unsterblichen Haŋišti Gaurvan losläßt, und seinem Erwecken von ihm, samt seinem Kommen dorthin, wo in einer Höhle Tūs, der Kriegsingangsetzer, liegt, und seinem Erwecken von ihm, samt

Dieser Terminus *pasānīk* kehrt in spätsassanidischer Zeit als Hoftitel wieder und scheint soviel wie „Leibtrabant“ zu bedeuten[123].

In eine völlig andere Sphäre als diejenige, die mit dem Schlagwort *bandakīh* bezeichnet wird, führt uns eine recht oft verwendete Bezeichnung der Gefolgsleute, nämlich *(h)aδiyārān* oder *yārān*. In Kārnāmak X 1,9 finden wir die *haδiyārān i Artaxšēr*, in X 7 aber die *yārān i Kirm*, die Gegner Artaxšērs, die Gefolgsleute des „Drachens“[124]. Das Wort *(h)aδiyār > (h)ayyār > ayyār > ayār > yār* („Helfer)[125] bezeichnet also in der Sprache der Sassaniden den Gefolgsmann. Wichtig ist, daß Dēnkart den Männerbündler sowohl „Wolf“ *(gurg)* als auch „Helfer“ *(h)aδiyār* nennt[126]. Können wir diesen Ausdruck auch bis in die Partherzeit verfolgen? Das ist in der Tat der Fall. In einem manichäischen Text in parthischer Sprache finden wir in der nächsten Umgebung des Königs dessen „Helfer“ (*aδyāvarān*, T II D 163 Verse 11–13), die vor *parvān*, dem König, Dienst tun, wie wir es auch bei den *bandagān* gesehen haben[127]. Der parthische Ausdruck ist also *aδyāvar*[128].

seinem Kommen dorthin, wo Kai Apivēh liegt, und seinem Erwecken von ihm.“ Das Verbum *'WSPYNYTN* ist *uspēnītan* zu lesen, kausat. zu *uspēhītan* (vgl. Nyberg, *La Légende de Keresāspa* [*Oriental Studies in Honour of Cursetji Erachji Pavry*, London 1933], S. 345 Anm. 12). Das Verbum *šatītan* (die Lesung ist Baileys) oder *sayastan* (so liest Zaehner) ist natürlich auch hier als „liegen“ zu übersetzen.

[123] Vgl. den Mār-Abhā-Text, ed. Bedjan, *Histoire de Mar Jabhallaha*, Übers. *BKV*^{2} 22, S. 216: *passānīkā* < *pasānīk*.

[124] Vgl. oben S. 16 ff.

[125] Vgl. *Hilfsbuch*, II, S. 3 *aδyārīh* und *BSOS* VI/1930–32, S. 73. Zur Bedeutung von *ayār* vgl. z. B. Aβyātkār i Zarērān § 70, wo Pagliaro, *Il testo pahlavico*, „amico“ hat.

[126] Vgl. Widengren, *Hochgottglaube*, S. 329 (ed. Madan, S. 730:13).

[127] Vgl. *BSOAS* X/1939–42, S. 948 f., wo der Herausgeber Henning folgendermaßen übersetzt: „Thereupon Kerdir the Magbed (Mōbed) planned with his friends who served before the king.“ (Daher der Terminus *parvānak*).

Der Text lautet:	*zu übersetzen:*
'dy'n qyrd[y]r mgbyd'[d]	Darauf plante der Mobad Kartēr
'dy'wr'n ky [pr]x'št prw'n	zusammen mit den Helfern, die
š'h 'nd[yš /d]	vor dem König Dienst taten.

Das Verbum *parxāštan* ist die parthische Entsprechung von sassanidisch (SW) *parastan* (vgl. oben S. 27 Anm. 80). Über diese Termini habe ich mich ausführlich in der schon publizierten Untersuchung über *hommagium* im feudalen Iran (vgl. *Or Suec* V/1956, S. 84–86) geäußert. Als Nachtrag gebe ich hier den folgenden Passus aus einem manichäischen Gedicht:

„In Bewegung gesetzt worden bist du wie ein Sohn,
und aufgewartet hast du wie ein Diener.“
frašūδ būδ ē čavagōn puhr
uδ parxāšt ē čavagōn ispasag
T II D II 169 + M 680 + M 189 + TM 383, *W. L.* I, S. 97:22

[128] Vgl. Baily, *BSOS* VI/1930–32, S. 73: *aδyāvar* < **aδi-yāvara*. Dieser Terminus hat eine spezielle Bedeutung in der religiösen Terminologie gewonnen (vgl. Widengren, *The Great Vohu Manah*, Uppsala 1945, S. 38, 56, 79 f., und *Der iranische Hintergrund der Gnosis*, *ZRGG* 4/1952, S. [16]).

In neupersischer Fassung lebt ein romantisches, parthisches Epos Wīs u Rāmīn in nur wenig veränderter Gestalt[129]. In diesem Epos wird das Wort *yār(ān)* in technischem Sinn verwendet (z. B. ed. Minovi, S. 62:60; 63:69).

Für den Terminus „Helfer" können wir entsprechende mandäische und manichäische Ausdrücke vergleichen, offenbar Entlehnungen der Feudalsprache, wie wir schon in anderem Zusammenhang festgestellt haben[130].

Zu dem Terminus „Helfer" als synonymen Ausdruck zu „Dienstmann" vgl. *A Manichaean Psalm-Book*, II, S. 203 f. Sieben „Kameraden" (Gefolgsmänner, ϣβηρ!) und zwölf „Helfer", βοηθός, die auch „Dienstmänner" heißen, λειτουργός, werden hier als der Anhang des Bösen erwähnt. Also ist βοηθός = λειτουργός.

Von besonderer Wichtigkeit ist eine Stelle in Šāhnāmah, in der gesagt wird, daß alle „Helfer" (*yārān*) des Farīdūn „ihre Gürtel zuschnallten, sich alle zusammen auf ihren Pferden mit Füßen des Windes in den Fluß stürzten" (ed. Macan I S. 39:22 = Übers. Mohl I S. 71).

In einer anderen Stelle sagt Afrāsyāb:

> Dieser König Nōδar ist im Gefängnis, während meine „Helfer" unter die Füße getreten werden.
> (Mohl I S. 422:482 = Vullers I S. 271:482 = Mohl, Übers. I S. 334)[131].

Afrāsyāb will sich also an dem gefangenen König wegen seiner eigenen Gefolgsleute rächen.

Anläßlich eines Polospiels schlägt Afrāsyāb dem Siyāvuš vor, daß sie beide ihre „Helfer" wählen möchten. Nachdem die Verteilung stattgefunden hat, sagt aber Siyāvuš:

> Wer unter ihnen würde wagen, sich vor den Ball zu stellen? Sie sind alle die „Helfer" des Königs, ich, ich werde der Wächter ihres Schlägers sein. (Macan I S. 431:9 = Mohl, Übers. II S. 251.)

Hier hat doch offenbar das Wort *yār* die Bedeutung von „Gefolgsmann". Die Mitspieler des Siyāvuš sind sämtlich Gefolgsleute Afrāsyābs; darum muß er selbst die Verantwortung im Ballspiel tragen.

Eigentümlich ist der Ausdruck *yārān i laškar* (Macan II S. 505:23 =

[129] Den parthischen Ursprung hat Minorsky, *BSOAS* XI/1946, 1–36, dargelegt. Eine Ergänzung bei Bailey, *BSOAS* XIII/1950, S. 403.

[130] Vgl. G. Widengren, *The Great Vohu Manah and the Apostle of God*, Uppsala 1945, S. 79 f.

[131] Ed. Macan I S. 198:3 hat *mardān*, was denselben Sinn gibt, aber ein nicht derart technischer Ausdruck ist.

MOHL, Übers. II S. 375), was etwa die „Gefolgsleute des Gefolges" bedeutet[132].

Dieser Terminus „Helfer" stimmt mit dem Ausdruck *rēṣišu* („seinen Helfern") überein (Tukulti Ninurta Lied, Kol. III 46). Es ist dies ein Ausdruck, der aus dem Schöpfungsepos *Enūma Eliš* wohlbekannt ist, denn dort wird von Ti'āmat und ihren Helfern (*rēṣiša*) gesprochen (z. B. IV 107). Aber auch der siegreiche Marduk besitzt seine Helfer (z. B. IV 69: *ilū rēṣišu āliku idišu*).

Die Gefolgsleute sind untereinander „Brüder" und „Freunde". In Wīs u Rāmīn sagt Wīrū zu seinen Vasallen in der georgischen Version: „Brüder" (*Visramiani.* Übers. WARDROP, S. 29).

In Šāhnāmah redet Siyāvuš den Garsēvaz mit „Bruder" an, wobei zu bemerken ist, daß Garsēvaz sein Kamerad und Mitvasall unter Afrāsyāb ist (MACAN I S. 461:3 = MOHL, Übers. II S. 301). Auf dieselbe Weise nennt auch Bēžan seinen Gefährten Gurgēn, der auch sein Mitvasall des iranischen Königs ist, „Bruder" (MOHL III S. 302:125 = MOHL, Übers. III S. 240).

Es fällt auf, daß im Ostiran unter den Hephtaliten eine besondere Institution bestand, die in diesem Zusammenhang von Wichtigkeit ist. Procopius (Bell. I 3,6–7) erzählt nämlich, daß die hervorragendsten hephtalitischen Edelleute „Freunde" (φίλοι) besaßen, die ihre ξυμπόται waren und die eine Anzahl von 20 oder noch mehr ausmachten[133]. Diese Freunde hatten ein gemeinsames Recht am Eigentum ihres Beschützers. Es war Sitte, daß bei seinem Tod die „Freunde" mit ihm lebendig im Grabe beigesetzt wurden.

Wir wenden uns jetzt zu den „Freunden", die die nächste Umgebung des achämenidischen Großkönigs ausmachten[134]. Der iranische König von Pontus war ebenso von „Freunden" umgeben[135]. In diesen Fällen ist aber, ebenso wie bei den Hephtaliten, die Anzahl ziemlich beschränkt, kann also nur den intimsten Kreis der Gefolgsleute umfassen, die Vertrauten, die darum „Freunde" genannt werden. Dasselbe ist wahrscheinlich bei Anak der Fall, dem Mörder des armenischen Königs Xosrovs (Thomas Arçruni I S. 8, Übers. BROSSET S. 49; vgl. BIKERMAN, S. 40 ff. über die „Freunde").

Diese Institution der „Freunde" finden wir aber auch am indo-iranischen Hofe des Königs Mazdai, so wie dieser in den Thomasakten geschildert wird,

[132] Zur Bedeutung „Gefolge" für *laškar* vgl. WOLFF, *Glossar zu Firdosis Schahname,* s. v. S. 749 b, a) I.

[133] Die iranische Herkunft der Hephtaliten hat GHIRSHMAN, *Les Chionites,* Kairo 1948, bewiesen.

[134] Vgl. BERVE, *Das Alexanderreich* I, München 1926, S. 30 ff. für Alexanders Hof; Xenophon, Cyroupaideia VII 5,71–72; VIII 6,2–3,5; 7,13.

[135] REINACH, *Mithridate Eupator,* Paris 1890, S. 252 f. Zu vergleichen ist aus der Partherzeit vielleicht auch der Brief Ardavāns III. an die Stadt Seleukia in Susiana, in dem von einem Mitglied der Trabanten gesprochen wird (vgl. CUMONT, *CRAI,* 1932, S. 240): τῶν πρώτων καὶ προτιμωμένων φίλω[ν κ]αὶ τῶν σ[ω]ματοφυλάκων.

wonach Karīš der *rāḥmeh dᵉMazdai malkā* genannt wird (syrischer Text ed. Wright, S. 262:10,13). Karīš heißt aber auch „Verwandter des Königs" (*karrīḇeh dᵉmalkā,* ib. S. 251; letzte Z., S. 257 vorletzte Z., usw.). Daß wir uns hier in echt iranischer Umgebung befinden, geht auch daraus hervor, daß die Verwandtenehe in den Hofkreisen praktiziert wird. So hat Karīš seine Schwester Mygdonia zur Frau (ib. S. 259:6).

Dieselben Männer müssen also, prinzipiell gesehen, sowohl als *bandagān* wie als *yārān* und *dōstān* („Freunde") gelten können.

Wikander hat uns die Maruten als die mythische Abspiegelung des indischen Männerbundes verstehen lassen[136]. Eben darum ist es wichtig, daß wir unter den Maruten die Ausdrücke „Bruder" und „Freund" wiederfinden. Die Maruten sind die „Brüder" und die „Freunde" des Indra, der selbst ihr „Bruder" und „Freund" ist. Hier kommt dem Terminus *sakhi* = avest. *haχi* besondere Bedeutung zu. So sagt Indra zu den Maruten:

Erfreut hat euer Preislied mich, ihr Maruts,
Das Ruhmeswort, das ihr mir habt bereitet,
Dem starken Indra, mir, dem Streitgeübten,
Dem *Freunde,* mir, als *Freunde* ihr, freiwillig.

(*RV* I 165:11)[137]

Wiederum wird es dem Indra gesagt:

Die Marut sind doch Brüder dir!

(*RV* I 170:2)

Und der indische Verehrer Agastya wird ebenfalls so genannt:

Und du, Agastya, Bruder, wie?
Du, unser Freund, verachtest uns?

(*RV* I 170:3)

Agastya seinerseits bittet den Indra:

Du Güterherr, gebietest allen Gütern,
Du Freundesherr, schenkst deinen Freunden reich!

(*RV* I 170:5)[138]

Die Maruten sind seine (d. h. Indras) „wahren Freunde" (Aitareya Brāhmaṇa 3:16). Wir wissen nicht nur, daß der Ausdruck „die Maruten" eine

[136] Vgl. oben S. 19.

[137] Vgl. von Schroeder, *Mysterium und Mimus im Rigveda,* Leipzig 1908, S. 105. Die Übersetzung ist die von von Schroeder. Der Text (nach Aufrecht) lautet:
ámandan mā maruta stómo átra
yán me naraḥ śrútyam bráhma cakrá
índrāya vṛiṣṇe súmakhāya máhyam
sákhye sákhāyas tanvé tanū́bhiḥ.

[138] Vgl. von Schroeder, a. a. O., S. 100.

Kollektivbildung von *marya-* (*mar-ut*) ist[139], sondern wir verstehen nunmehr auch dank der Forschungen Dumézils, daß eine besonders nahe Verbindung zwischen Indra und den Maruten als den Kriegern der indischen Gesellschaft bestanden hat, denn Indra ist eben der Gott, der die zweite soziale Funktion der indogermanischen Gesellschaft, die kriegerische, repräsentiert. Er ist also die göttliche Entsprechung des irdischen Gefolgsherrn; die Maruten sind sein Gefolge, wobei zu bemerken ist, daß wir uns hier immer noch auf der ursprünglichen Stufe des kriegerischen, aber zugleich kultischen Männerbundes befinden[140]. Es ist darum nicht erstaunlich, daß die Maruten als das Gefolge Indras als „Genossen" oder „Helfer" Indras bezeichnet werden (z. B. *RV* III 32:4; Aitareya Brāhmaṇa 3:20). Sie machen seine „Schar" (*śárdha*) aus.

7.

Hier ist nur auf ein Problem hinzuweisen: für den iranischen Führer des Männerbundes hat man früher die Bezeichnung *dahyupati*[141] und *sāstar*[142] und für die wütende Schar des kriegerischen Männerbundes den Ausdruck *haēnā* vermutet[143]. Nun ist es gewiß bedeutsam, daß die Termini *dahyupati* und *sāstar* Herrscherbezeichnungen geworden sind. Die Verwendung von *dahyupati* in zoroastrischen Texten als Bezeichnung auch des (zoroastrisch gesehenen) guten Herrschers ist wohlbekannt. In Anbetracht der parthischen Kultur Armeniens ist es von Bedeutung, daß wir diesen Ausdruck als Lehnwort *dehapet* im Armenischen finden, da hier ein ausgesprochen nichtzoroastrischer Terminus von den Parthern übernommen worden ist[144]. Aber auch *sāstar* ist als Herrschertitel in den Randgebieten Irans belegt, nämlich in einer ponthischen Inschrift[145]. Das Wort *haēnā* hat ferner im Ostiran eine positive Bedeutung bewahrt, denn wir finden im Sakischen als Herrschertitel *hīnajha*, d. h. *hīnāza*, was indisch *senāpati* entspricht und also eigentlich

139 Vgl. oben S. 19 Anm. 48.

140 Das letzte nach den Ergebnissen Wikanders, die ich akzeptiere. – Wenn wir mit Ghirshman, *Bégram*, Kairo 1946, S. 119, in dem von den ostiranischen Vasallen Vonones' I. von Parthien verwendeten Titel „Bruder des Königs" nur einen das Vasallenverhältnis ausdrückenden Terminus sehen wollen, wäre es natürlich sehr verlockend, diesen Titel in den hier behandelten Zusammenhang einzufügen. Eine andere Erklärung gibt, wie bekannt, Herzfeld, *AMI* IV/1932, S. 94 ff.

141 Vgl. Widengren, *Hochgottglaube*, S. 323, und die Bemerkung S. 189 Anm. 11; Wikander, *Vayu*, S. 45 f., 73 f.

142 Vgl. Widengren, a. a. O., S. 323; Wikander, a. a. O., S. 71 f.

143 Vgl. Widengren, a. a. O., S. 323; Wikander, a. a. O., S. 72 f., 107 f., 123 f., 140 ff.

144 Vgl. Wikander, *Vayu*, S. 62, welcher hervorhebt, daß *nmānapati, vispati* und *zantupati nicht* übernommen sind, dagegen der nichtavestische Terminus *nahapet* < **nāfapati*.

145 Vgl. Wikander, a. a. O., S. 90 mit Verweis auf Ebert, *Reallexikon* 12, S. 246, und Latyšev, *Inscriptiones antiquae*, IV, S. 51 No. 79:24–25.

Heerführer bedeutet[146]. Diese positive Wertschätzung solcher Termini wie *dahyupati, sāstar* und *haēnā* ist nur in einer Gesellschaft möglich, in der die soziologischen und religiösen Ideale denen der Männerbünde nahestehen und in der die politisch-militärische Entwicklung solcher Organisationen und deren Führer dominiert, d. h. in einer Gesellschaft, in der die politisch-militärischen Institutionen auf dem Männerbund basieren. Eine solche Entwicklung ist aber überall da vorauszusetzen, wo ein Übergang von Männerbund zu Gefolgswesen und weiter zum Feudalismus stattfindet.

[146] Vgl. die Diskussion in *BSOS* VII, S. 514; VIII, S. 789, und *BSOAS* XI, S. 514 f., woraus doch klar wird, daß *hinajha* ein einheimischer sakischer Titel ist (Text Konow, *AO* XIV/1935–36, S. 233). Der parthische Terminus *hēnzāvar* (M 103 R 5 veröffentlicht *W. L.* I, S. 39) hat offenbar einen positiven Sinn, so auch *hēnzāvarēft* (Heeresgewalt) (M 40 R 7 veröffentlicht *Handschriftenreste* II, S. 48). Vgl. ferner die Stellen, die bei Salemann, *Manichaeische Studien,* I, S. 84 oben, angeführt sind. Allerdings bezweifelt Henning die Herleitung aus avest. *haēnā-* (Heer) (M. Boyce, *The Manichaean Hymn-Cycles,* S. 190, hat „mighty" und „might" und gibt an, daß Henning in gewissen Fällen für *haēnā-* eine Bedeutung „torrent" ansetzt, was aber für die zwei hier erwähnten Worte kaum zutreffend ist). Im Armenischen bedeutet *hen* eine (feindliche) Schar, vgl. z. B. Agathangelos § 36: „dann rettete jemand von der (feindlichen) Schar einen von den Söhnen Xosrovs, des Königs der Armenier, ein kleines Kind, das Trdat hieß". Hier armenisch: *i hine*.

Kapitel II

Die indogermanischen Verhältnisse

Es ist wohlbekannt, daß die Forschung der letzten Jahrzehnte die Existenz kultischer Geheimbünde unter den alten germanischen Völkern hat feststellen wollen. Wir müssen zwar sagen, daß das Material recht lückenhaft ist und daß sich das älteste Stadium, in dem der mythisch-rituelle Hintergrund noch ganz deutlich ist, auf nordisch-germanischem Gebiet nur teilweise rekonstruieren läßt, wie es WEISER und HÖFLER versucht haben[1]. HÖFLER ist es unzweifelhaft gelungen, die finster-dämonische Seite der germanischen Männerbünde herauszuarbeiten, so wie es diesen kriegerischen Organisationen gut ansteht und die iranischen Männerbünde diesem Entsprechendes bieten. Diese Seite spiegelt sich in den Mythen des germanischen Männerbundes ziemlich getreu wider. Was man über die bisherigen Untersuchungen hinausgehend wünschen könnte, wäre eine Untersuchung über die zentrale Rolle, welche die Drachentötung auch auf nordisch-germanischem Gebiet einst gespielt haben wird[2]. In Anbetracht dieser unbestreitbar vorhandenen religiösen Seite des Männerbundes, die sich ebenso wie im Iran auch im Totenkult wie in den Fruchtbarkeitsriten äußert, ist es doch nicht möglich, mit VON KIENLE den religiösen Aspekt dieser Organisationen als ziemlich unbedeutend zu unterstellen. Die wildekstatische Raserei der Krieger, ihre *Wut* sowie ihr dämonisches Treiben und Aussehen wären ohne einen religiösen Hintergrund völlig sinnlos[3]. Es geht also nicht an, in diesen kriegerischen

[1] L. WEISER, *Altgermanische Jünglingsweihen und Männerbünde* (Bausteine z. Volkskunde und Religionswissenschaft, H. 1), 1927; O. HÖFLER, *Kultische Geheimbünde der Germanen* I, Frankfurt am Main 1934.

[2] Auffallende Übereinstimmungen zwischen dem mythisch-rituellen Muster der iranischen Drachentötung und der nordisch-germanischen bestehen u. a. in folgenden Punkten: Dem heldischen Drachentöter assistiert ein Schmied, im Zusammenhang mit dem Drachentöten steht die Überwindung einer Feste und die Heirat mit der dort wohnenden Jungfrau. Das Drachentöten lebte auf germanischem Gebiet als völkisches Brauchtum fort, denn der „Drachenstich" wird in den Quellen schon 1416 als *ludus draconis* erwähnt (vgl. E. KRAUSE, *Die Trojaburgen Nordeuropas*, Glogau 1893, angeführt bei L. VON SCHROEDER, *Mysterium und Mimus im Rigveda*, Leipzig 1908).

[3] Vgl. R. VON KIENLE, *Über Sippe und Bund im germanischen Altertum* (*Die Welt als Geschichte* 4/1938), aber eine mehr positive Haltung in der Monographie *Germanische Gemeinschaftsformen*, Stuttgart 1939, S. 186–206 „Der Bund und sein Kult", besonders was den Totenkult und die Fruchtbarkeitsriten betrifft. Über die Drachentötung

Brüderschaften beinahe ausschließlich die militärische Seite sehen zu wollen. Aber wir können VON KIENLE darin recht geben, daß in dem bisher zugänglich gemachten Material der soziologische, d. h. politisch-militärische Aspekt der germanischen Bundesorganisationen doch eindeutiger als der religiöse hervortritt. Ebenso hat er glaubhaft gemacht, daß die Berserkir eine ausgewählte Gruppe von Berufskriegern ausmachten.

An dieser Stelle wollen wir nur einen Teilaspekt des religiösen Hintergrundes behandeln, nämlich die Stellung des Drachen.

Wir haben gesehen, welche eigentümliche und große Rolle der Drache in den kriegerischen Männerbünden Irans im Kultus und in der Symbolik spielte. Auf germanischem und keltischem Gebiet finden wir auffallende Übereinstimmungen. Nicht nur in Mythen und Märchen nimmt der Drache eine wichtige Stellung ein, wie z. B. in der Sigurd- und in der Wilkina-Sage, in der Wittich „auf Helm und Sattel, Waffenrock und Fahne das Drachenbild als Symbol seines Mutes und seiner Ritterkraft" trägt[4]. Hier ist auch an den letzten Teil von Beowulf zu erinnern (vv. 2401 ff.).

Auf germanischem Gebiet vermerken wir ferner die Drachendarstellungen auf den Fahnen der germanischen Völker[5] wie auch die bekannten Drachenköpfe auf den Wikingerschiffen[6].

hat er aber nichts zu sagen. Im Gegensatz dazu G. DUMÉZIL, *Mythes et dieux des Germains,* Paris 1939, S. 79–91, wo der soziologische Hintergrund ebenso wie der religiöse herausgearbeitet wird. Die soziologische Eingliederung dieser Erscheinungen als Ausdruck der „zweiten" sozialen Funktion der indogermanischen Gesellschaft verleiht der Darstellung DUMÉZILS einen mehr geschlossenen Charakter. Zur „Wut" vgl. auch DUMÉZIL, *Horace et les Curiaces,* S. 16–23.
Wichtig für die Entwicklung vom kultischen Männerbund zu einer Kriegerorganisation überhaupt ist das Gebaren der germanischen Krieger im Kampf. Sie identifizieren sich nämlich offenbar mit gewissen Tieren, stürzen sich als wütende Raubtiere in den Kampf. Das wilde Ungestüm dieser Kämpfer ist einem vorzüglichen Beobachter wie Ammianus Marcellinus aufgefallen. Vgl. Ammianus Marcellinus XVI 12,36: *Germani ... frendentes immania, eorumque ultra solitum saevientium, comae fluentes horrebant, et elucebat quidam ex oculis furor;* XXXI 13,10: *Sequebantur itaque furore ex oculis lucente barbari nostros;* 15,2: *Luce vero coeptante victores, ut bestiae sanguinis inritamento atrocius efferatae;* 7,9: *ut rabidas feras;* 8,9: *Barbari tamen, velut diffractis caveis bestiae, per spatiorum amplitudines fusius incitati.* Daß hier die germanischen Krieger als *Berserkir* geschildert sind, bleibt wohl vollkommen klar (vgl. unten S. 51 ff.); aber VON KIENLE, *Gemeinschaftsformen,* S. 201–206, hat diese Stellen doch nicht in seiner Schilderung der Berserkir angeführt; darin besteht ein Mangel in seiner Arbeit.

[4] Vgl. *Handwörterbuch des deutschen Aberglaubens,* II, S. 371, in dem auf die Wilkinasage verwiesen wird; vgl. auch F. PANZER, *Beitrag zur deutschen Mythologie,* I, München 1848, in dem die Wilkinasage behandelt wird.

[5] Zu den Drachenfahnen der germanischen Völker vgl. vor allem P. SCHRAMM, *Herrschaftszeichen und Staatssymbolik,* II, Stuttgart 1955, S. 643–673, bes. S. 655–664.

[6] Vgl. z. B. die Darstellungen der Wikingerschiffe. Eine gute Abbildung bei E. OXENSTIERNA, *Die Nordgermanen,* Stuttgart 1957, Taf. 104 = hier Abb. 16.

Die Kelten haben anscheinend auch eine Drachensymbolik gekannt. So war der Waffengürtel des keltischen Helden Finn mit furchtbaren Drachenbildern verziert[7]. Und die Landesfahne von Wales war bekanntlich eine Drachenfahne[8].

Das besondere Verdienst von Kienles ist es, daß er die Aufmerksamkeit auf den Zusammenhang zwischen Männerbund und Gefolgschaftswesen gelenkt hat, indem er die von Weiser und Höfler postulierten Männerbünde mehr in der Art von Gefolgschaften deuten wollte. Er hat auch recht, wenn er behauptet, „daß der kriegerische Charakter des Bundes alt ist, und uns nichts zu der Annahme berechtigt, daß eine ursprünglich ausgesprochen religiöse Gemeinschaft sekundär erst kriegerische Formen angenommen hat"[9].

Im folgenden wollen wir versuchen, in aller Kürze einige charakteristische Züge der indo-germanischen Gefolgschafts- und Männerbundinstitutionen herauszuarbeiten, wobei bei den letzteren hauptsächlich die politisch-militärische Seite ins Auge gefaßt wird[10].

Für die ältesten germanischen Zeiten sind uns die Angaben aus der Germania des Tacitus wohlbekannt. Im 13. Kapitel spricht er von *comitatus* (Gefolgschaft), von *comites* (Gefolgsleuten) sowie von *is quem sectantur* (Gefolgsherr). Innerhalb der Gefolgschaft gab es verschiedene Stufen (*gradus*) nach der Bestimmung des Gefolgsherrn. Die Jüngeren (*adulescentuli*) wurden zu den Kräftigeren und schon Erprobten hinzugefügt (*adgregantur*). Es wird hervorgehoben, daß „es keine Schande ist, unter den Gefolgsleuten erblickt zu werden"[11].

Als Gefolgsherr wird nur der Fürst (*princeps*) erwähnt. Diesen im Kampf zu verteidigen, sind die Gefolgsleute durch einen feierlichen Eid verpflichtet: *illum defendere, tueri ... praecipuum sacramentum est.* Die Fürsten kämpfen für den Sieg, die Gefolgsleute für den Fürsten: *principes pro victoria pugnant, comites pro principe.* Bei den Germanen bedeutete es Würde und Machtstellung, wenn der Gefolgsherr von einer großen Schar ausgewählter Jünglinge umgeben wurde: *haec dignitas, hae vires, magno semper electorum iuvenum globo circumdari.* „Das Verhältnis war auf die Dauer berechnet"

[7] Vgl. K. Meyer, *FINANAIGECHT,* S. 84:30 (S. 85 Übers.).

[8] Vgl. Tatlock, The Dragons of Wessex and Wales, *Speculum* VII/1933, S. 223–235 (von Schramm für seine Darstellung benutzt).

[9] Vgl. von Kienle, *Gemeinschaftsformen,* S. 205.

[10] Vgl. *Reallexikon der germanischen Altertumskunde,* hrsg. von J. Hoops, II, Straßburg 1913–15, S. 132–40.

[11] *Insignis nobilitas aut magna patrum merita principis dignationem etiam adulescentulis adsignant : ceteri robustioribus ac iam pridem probatis adgregantur, nec rubor inter comites aspici. gradus quin etiam ipse comitatus habet, iudicio eius quem sectantur.* Hierüber von Kienle, *Gemeinschaftsformen,* S. 146 f.

(*in pace decus, in bello praesidium*). Als Lohn bekommen die Gefolgsleute von ihrem Herrn Lebensunterhalt, Pferd und Waffen (Kap. 13–14)[12].

Eine besondere Frage beansprucht unsere Aufmerksamkeit: Wie vollzog sich der Eintritt in die Gefolgschaft? Tacitus beschreibt in Kap. 13 zuerst das Anlegen der Waffen, das aber nicht eher erfolgt, bis der Staat erprobt hat, ob der Jüngling sie führen kann: *sed arma sumere non ante cuiquam moris, quam civitas suffecturum probaverit.* Es muß also eine Waffenprobe geben, eine Initiation, eine Kriegerweihe. Wir verweisen in diesem Zusammenhang auf die von DUMÉZIL behandelte indo-germanische Kriegerweihe[13]. Nach dieser Probe kommt der feierliche Augenblick, in dem sich der junge Mann die Waffen anlegen darf und das Waffenrecht erhält. Dies geschieht auf dem Thing, wobei ein Fürst, der Vater oder Verwandte, den Jüngling mit Schild und Stoßlanze ausstattet: *tum in ipso concilio*[14] *vel principum aliquis vel pater vel propinqui scuto frameaque iuvenem ornant.* Tacitus betont, daß diese Handlung den entscheidenden Einschnitt im Leben des jungen Mannes bedeute. Von nun an tritt er in das staatliche Wirken ein und gehört nicht nur der Familie: *ante hoc domus pars videntur, mox rei publicae.* Dann geht Tacitus unmittelbar dazu über, die Verhältnisse des Gefolgschaftswesens zu schildern. VON KIENLE hat hervorgehoben, daß sich an die Waffenübergabe auf dem Thing „die Zeit des Gefolgschaftsdienstes" anschließe, „die ihn in das Gefolge eines Adeligen führt. Dort verbleibt er in der Regel bis zur Heirat"[15].

In der fränkischen Zeit stoßen wir auf eine Erweiterung des *comitatus.* „Der Freie begibt sich mit seinen Waffen in den königlichen Palast, schwört in die Hand des Königs *trustem et fidelitatem,* und wird dann vom König in die Liste der Antrustionen aufgenommen."[16] Das Wort *antrustio* bezeichnet

12 *Reallexikon* II, S. 133 § 2.

13 DUMÉZIL, *Horace et les Curiaces,* bes. S. 26 ff.

14 Zu *concilium* als Terminus für „Thing" vgl. Germania 12: *apud concilium* = „auf dem Thing". Zum Verhältnis zwischen Krieger und Thing vgl. die Stellung des Kriegergottes Tyr, des Gottes „der zweiten Funktion", als *Thincsus,* Gott des Things (DUMÉZIL, *Mitra-Varuna,* 2. Aufl., S. 149 f.).

15 VON KIENLE, *Sippe und Bund,* S. 282. Wie weiß man aber das Letzte? Es werden keine Belege gegeben. In seiner Monographie, *Gemeinschaftsformen,* S. 145, sagt er: „Die Eheschließung als Ende der Bundeszugehörigkeit wird auch dadurch nahegelegt, daß uns in solchen Gefolgschaftsverbänden ältere Junggesellen mehrfach bezeugt sind." Ich meine, daß diese Aussage sicherlich für den Männerbund zutreffend ist, nicht aber für das Gefolge. Prinzipiell gesehen müssen wir scharf zwischen Bund und Gefolge unterscheiden, auch wenn in der geschichtlichen Wirklichkeit die Grenzen sicherlich dann und wann fließend waren.

16 *Reallexikon* II, S. 133 § 3. Wichtig sind hier besonders Marculfi Formulae (ed. ZEUMER) I 18: *de regis antrustione, rectum est ut qui nobis fidem pollicentur inlesam, nostro tueantur auxilio. et quia ille fidelis Deo propitio noster veniens ibi in palatio nostro una*

den Mann, der dem König zum Schutz (*trustis*) dient. Ein solcher *antrustio* wird als *conviva regis* bezeichnet, wodurch auf ein Zusammenleben mit dem König hingewiesen wird. Aber „neben am Hofe lebenden gab es wohl vom König mit Grundbesitz ausgestattete Antrustionen“[17]. „Bemerkenswert ist, daß die Antrustionen bereits eine Art Genossenschaft (*druht*) zu bilden scheinen.“[18] Nicht minder wichtig für unser Thema ist folgender Hinweis. „Man wird auch die Möglichkeit, daß selbst Unfreie königliche Anstrustionen sein könnten, nicht bezweifeln dürfen, da der königliche Graf aus den *pueri regis* genommen werden konnte.“[19]

Den indo-iranischen Verhältnissen steht das in der Merowingerzeit vorkommende Vasallentum sehr nahe, das zum Teil wenigstens ein Erbe aus keltischer Zeit ist. Diese Institution wurde durch einen symbolischen Akt begründet. „Der Schützling (*vassus, vassallus, gasindus puer, homo, amicus, junior*) legte seine Hände zusammengefaltet in die Hände des Schutzherrn (*senior*) ... Die Wirkung der Kommendation war, daß der Vasall in ein besonderes Dienst- und Abhängigkeitsverhältnis (*servitium et obsequium*, germ. *mito*) zu seinem Herrn trat ... Die Dienste waren zwar solche (*ingenuili ordine*), aber nicht notwendig kriegerische Dienste.“[20]

Die Übereinstimmung ist hier besonders groß: diese Dienstmänner, denn von solchen ist hier mit Recht zu sprechen, werden u. a. Diener (*puer*), Mann (*homo*), Freund (*amicus*), genannt, was uns an die indo-iranischen Bezeichnungen erinnert. Sie werden nicht nur für den Kriegsdienst verwendet.

Dagegen stehen die germanischen Gefolgsleute und *Antrustiones* den iranischen Gefolgsleuten insofern näher, als sie wie diese mehr an die Person des Gefolgsherrn gebunden sind. Auch scheint uns der Waffengürtel des iranischen Gefolgsmannes an die Waffenübergabe bei den germanischen jungen Kriegern zu erinnern. Es verhält sich nämlich tatsächlich so, daß diese Über-

cum arma sua in manu nostra trustem et fidelitatem nobis visus est coniurasse, propterea per praesentem praeceptum decernimus ac iubemus ut deinceps memoratus ille inter numero antruscionarum computetur. Schon K. MAURER, *Über das Wesen des ältesten Adels der deutschen Stämme*, München 1846, S. 85 f., hat diese Formel angeführt. Auf die Ähnlichkeit mit den *comites* bei Tacitus hat er auch (S. 87) hingewiesen. Vgl. ferner GANSHOF, *Was ist das Lehnswesen?*, Darmstadt 1961, Sachwörterverzeichnis *s. v. antrustio*, bes. S. 7 Anm. 7.

17 *Reallexikon* II, S. 133 § 3. Wichtig sind die Benennungen solcher fränkischen Antrustiones: *homines, armigeri, satellites, milites, pueri* (F. DAHN, *Die Könige der Germanen*, VII, S. 151). Diese Antrustiones wurden vom König häufig auch als Gesandte ausgeschickt (S. 160 mit Hinweis auf Lex Salica, septem Causas VIII 7). Wir erinnern an die Bedeutung sowohl von *qallu* (oben S. 13 f.) wie *mērak* (S. 15) und *parvānak* (S. 39 Anm. 127) als „Gesandter“ und „homme d'affaire“.

18 *Reallexikon* II, S. 133 § 3.

19 Ebd.

20 Ebd. II, S. 134 § 5.

gabe der Waffen an den Jüngling eben die Übergabe eines Gürtels war. Der Akt hieß *cingulum dare*[21]; von dieser Gürtelausrüstung des jungen Kriegers entwickelte sich die Verleihung der Ritterwürde, die in der Tat auch an Dienstmänner verliehen wurde; letzteres ist nur auf dem Hintergrund des Gefolgschafts-, Antrustionats- und Vasallentumswesens zu verstehen[22].

Kehren wir in die Zeit der Völkerwanderung zurück! Bei den Herulern kommen gewisse Kriegerinstitutionen vor, die uns besonders zu beschäftigen haben. Wir finden unter ihren Kriegern einen Unterschied zwischen δεσπόται (Herren) und den Jünglingen, die δοῦλοι genannt werden. Diese letzte Kriegerklasse kämpft ohne Schild, nur mit einem Mantel bekleidet, d. h. also ohne Brünnen. Sie sind von den Herren abhängig, die ihnen, nachdem sich die Jünglinge im Kampf bewährt haben, die Schilde übergeben[23]. Hier, wie

[21] Vgl. Fehr, *Das Waffenrecht der Bauern im Mittelalter* (*Zeitschr. d. Savigny-Stift. für Rechtsgeschichte* 35/1914), S. 127 ff.: „Die fränkischen Quellen bezeichnen den Träger des Waffenrechts als eine Person, die mit dem *cingulum militare ausgestattet ist.*" Ferner geben die Berichte über die Absetzung Ludwigs des Frommen zu erkennen, daß der König das *cingulum militare* trug und daß ihm dieses entzogen wurde. „In der Relatio Compendiensis von 833 heißt es vom König: *ac deinde cingulum militiae deposuit* ... In den Capitula de poenitentia des Agobard steht noch deutlicher: *deposita arma* ... *Cingulum militare deponere* und *arma deponere* sind also identisch." Das Letzte ist bedeutsam, denn daraus können wir schließen, daß *arma sumere* (Germania 13) soviel wie „den Waffengürtel anlegen" bedeutet, sowie daß *scuto frameaque iuvenem ornare* einem *cingulum dare* entspricht. *Cingulum dare* und *arma dare* sind also identisch. Noch wichtiger ist vielleicht, daß der sog. Ritterschlag von Anfang an eine Bekleidung mit dem Waffengürtel war; vgl. die ausführliche Materialsammlung bei W. Erben, *Schwertleite und Ritterschlag* (*Zeitschr. f. historische Waffenkunde* VIII/1918–20, S. 105 ff., bes. S. 113 f.). Wie Höfler u. a., S. 72 Anm., hervorhebt, „ist es bemerkenswert, daß bei dieser Weihe nicht, wie man wohl erwarten würde, sich alle Aufmerksamkeit auf die Waffe und ihre Übergabe konzentriert, sondern daß des Gürtels immer wieder eigens gedacht wird". Man wird wohl auch Höfler recht geben, wenn er vermutet, „daß der Gürtel nicht bloß ein ‚praktischer' Notbehelf war, ohne den man eben das Schwert nicht tragen konnte, sondern daß dem Gürtel selbst eine eigene Bedeutung innewohnte – eine ‚symbolische' könnte man vielleicht sagen". Vgl. die Darstellungen bei M. Bloch, *La société féodale. Les classes et le gouvernement des hommes*, Paris 1940, S. 46 ff. und Pl. V = hier Abb. 8. Der Vergleich mit dem iranischen Material ist auch in dieser Hinsicht aufschlußreich.

[22] Vgl. M. Bloch, a. a. O., S. 90 ff. An Spezialarbeiten habe ich besonders verglichen F. L. Ganshof, *Étude sur les ministeriales en Flandre et en Lotharingie* (Mém. Acad. royale Belgique, Classe Lettres, 2ᵉ série, XX 1926), und K. Bosl, *Die Reichsministerialität der Salier und Staufer*, I–II, 1950–51.

[23] Vgl. Procopius, *Bell.* II 25; Paulus Diac., *Hist. Langob.* I 20; Jordanes, *Getica* 26; Ammianus Marcellinus XXXI 9,5; Müllenhoff, *Deutsche Altertumsk.* IV 495. Die Ausdrucksweise τριβώνιον ἁδρὸν, ὃ δὴ διεζωσμένοι bei Procopius ist interessant. Wie kleideten sich die jungen Heruler, wenn sie sich zum Kampf stellten? Das Wort τριβώνιον bedeutet ja eigentlich „Mäntelchen", aber nach Paulus Diaconus hatten die Heruler nur die Schamteile bedeckt. Andererseits begegnen wir Darstellungen gefangener, nackter Germanen, die ein Mäntelchen tragen. Ein paar andere Stellen bei den byzantinischen Schriftstellern sind in diesem Zusammenhang von Bedeutung. So sagt z. B. Procopius

in Germania 13, werden also die Waffen nach der eigentlichen Waffenprobe übergeben[24]. Der Umstand, daß die jungen herulischen Krieger δοῦλοι genannt werden, verweist auf die iranischen Institutionen; die wildekstatische Kampfweise mit nacktem Oberkörper erinnert an die Kampfweise der Bündler im Iran und an die „Dienstmänner" im Tukulti-Ninurta-Epos. HÖFLER hat schon betont, daß δοῦλοι hier nicht mit „Sklaven" zu übersetzen ist[25].

Die herulische Kampfesweise stimmt, wie von der früheren Forschung beobachtet worden ist, mit dem überein, was Ynglingasaga Kap. 6 erzählt: „Odin machte, daß seine Männer in der Schlacht ohne Brünnen kämpften und rasend (*galnir*) waren wie Hunde oder Wölfe, in ihre Schilde bissen und stark waren wie Bären oder Stiere; sie töteten die Männer, aber weder Feuer noch Eisen verletzte sie; das nannte man Berserkergang."[26] Mit diesem Text ist die Schilderung Germania 43 zusammenzustellen, in welcher der vandalische Stamm der Harier als *Einherjar* auftritt, also als die geweihten Krieger Odins. Unter den Hariern fällt die schwarze Farbe der Krieger auf[27]. Mit der „wilden Jagd Odins" sind diese wilden Krieger mit Recht schon verglichen worden, das sturmgleiche Heranbrausen Odins und seiner Kämpfer, das die mythische Entsprechung des religiös-soziologischen Phänomens des

VII 14 folgendes von den Sklaveniern: „Wenn sie in den Kampf ziehen, gehen die meisten zu Fuß; sie führen dabei nur Schild und Lanze, Panzer tragen sie nicht. Manche besitzen nicht einmal ein Hemd oder einen Mantel, sondern tragen bloß Beinkleider bis zu den Lenden herauf und werfen sich so auf die Gegner" (Übersetzung von O. VEH, *Prokop Gotenkriege*, München 1966, S. 529).
Die Beobachtung ist hier richtig, aber es ist natürlich, daß der griechische Verfasser nicht wissen kann, ob die so geschilderten Krieger eben eine besondere Gruppe ausmachen oder nicht.
Eine zweite Stelle bei Agathias II 5 betrifft die Franken: „Brustpanzer und Beinschienen sind ihnen unbekannt, die meisten tragen auch keinen Kopfschutz, und nur wenige kämpfen in Helmen. Brust und Rücken sind bis zur Hüfte nackt, von da aus gehen, von Gürteln gehalten, die leinenen oder ledernen Hosen bis zu den Beinen hinunter" (Übersetzung von O. VEH, a. a. O., S. 1181).
Auch in diesem Falle bekommen wir nicht zu wissen, ob diese Art zu kämpfen für eine besondere Gruppe kennzeichnend war oder nicht. Möglich ist natürlich, daß die Bewaffnung, die am Anfang nur für die Elitekrieger kennzeichnend war, sich allmählich mehr und mehr verbreitet, um zuletzt die allgemeine Mode zu werden.

[24] DUMÉZIL, *Horace et les Curiaces*, S. 28 f., hebt hervor, daß die Waffenprobe natürlich von verschiedenen Gruppen vollzogen wird: nämlich von ganz unerfahrenen Jünglingen oder von schon bewährten Kriegern, die eine höhere Stufe erstreben.

[25] *Kultische Geheimbünde der Germanen*, S. 267 f., freilich ohne den Sinn der Bezeichnung richtig zu verstehen. Wertvoll ist seine Zusammenstellung mit Kriegernamen *auf -pér* („Knecht").

[26] Vgl. HÖFLER, a. a. O., S. 197; DUMÉZIL, *Mythes et dieux des Germains*, S. 81 f.

[27] Tacitus sagt: *nigra scuta, tincta corpora; atras ad proelia noctes legunt ipsaque formidine atque umbra feralis exercitus terrorem inferunt, nullo hostium sustinente novum ac velut infernum aspectum* (Kap. 43). Vgl. HÖFLER, a. a. O., S. 166 f., und DUMÉZIL, *Mythes et dieux*, S. 80 f.

Männerbundes darstellt[28]. Die phänomenologische Übereinstimmung mit den Vayu-verehrenden iranischen Kriegern ist offensichtlich[29].

Das gewaltsame, dämonische und finstere Treiben dieser Scharen erfordert zuletzt noch einige Bemerkungen, um die bis ins Detail gehende typologische Übereinstimmung mit den iranischen Institutionen wenigstens in den Hauptzügen zu behandeln. Es ist das Verdienst HÖFLERS, daß er diese Seite der Bündler klar herausgearbeitet hat. Das „Stehl-Recht" der Männerbünde ist z. B. ein eigentümliches Phänomen, das wir sowohl in den germanischen[30] wie in den iranischen Männerbünden[31] antreffen. Die sexuelle Ausgelassenheit gehört ebenfalls sowohl auf germanischem wie auf iranischem Gebiet zum Bild der Männerbünde[32]. Wie wir bereits angedeutet haben, fällt überhaupt das dämonische Treiben dieser Organisationen auf; sie bejahen die finstere Seite ihrer Gottheit, wie es sowohl für die Germanen[33] als auch für die Iranier[34] gilt. Die „Gebundenheit" der Mitglieder wird durch besondere Symbole angedeutet[35].

Es muß den Spezialisten der nordisch-germanischen Geschichte überlassen werden, die Entwicklung der Männerbünde zu Gefolgschaftsinstitutionen und weiter zum Feudalismus näher zu verfolgen[36]. Wichtig ist hier vor allem die Schilderung Saxos von dem dämonischen Treiben der königlichen Gefolgsleute[37]. Hier wollen wir nur die Strukturähnlichkeit mit den iranischen Verhältnissen unterstreichen. Wir finden eine kultisch orientierte männer-

[28] Vgl. besonders HÖFLER, a. a. O., S. 324, wo Odin als Gott der ekstatischen Männerbünde geschildert wird.

[29] Vgl. oben S. 19.

[30] Vgl. HÖFLER, a. a. O., S. 257 ff.; DUMÉZIL, *Mythes et dieux*, S. 87 f.

[31] Vgl. WIDENGREN, *Hochgottglaube*, S. 329 ff.

[32] Vgl. DUMÉZIL, a. a. O., S. 88, und WIKANDER, *Der arische Männerbund*, S. 84 f.; WIDENGREN, *Hochgottglaube*, S. 330, 337 f.

[33] Vgl. die Arbeit von HÖFLER, worin das dämonische Benehmen der Bündler in den Blickpunkt tritt; DUMÉZIL, a. a. O., S. 87 f.

[34] Vgl. WIDENGREN, a. a. O., S. 323 ff.

[35] Tacitus, *Germania* 31; HÖFLER, a. a. O., S. 198 f.; 266 ff.

[36] VON KIENLE a. a. O. ist in eben dieser Hinsicht eine ausgezeichnete Vorarbeit, muß aber in gewisser Hinsicht suppliert werden, wie wir hier verschiedentlich bemerkt haben.

[37] DUMÉZIL, *Mythes et dieux des Germains*, S. 87 f. Wenn wir dieses Benehmen der *contubernales* des Königs näher betrachten, so wie Saxo V 1, 11, es schildert, so fällt auf, daß viele der von ihnen gepflogenen Sitten mit den bei den Initiationsriten üblichen Prüfungen identisch ist. Ist dieser Sachverhalt nicht vielleicht schon früher beobachtet worden? Die *contubernales* des Königs werden aber auch als *milites* bezeichnet, sind also seine Gefolgsleute, die hier das Gebaren der Männerbündler mit Enthusiasmus praktizieren. Was besonders aber die sexuelle Ausgelassenheit der Gefolgsleute anbelangt, so schreibt Saxo diese der Verbindung der 12 Söhne Westmars mit ihrem Führer Grep zu. Diese 12 Söhne sind aber eben eine solche *12-Krieger-Gruppe*, wovon unten S. 54 Anm. 40 die Rede sein wird und die auch als Gefolgsleute von Männerbundscharakter aufzufassen sind, „car ce sont bien des Berserkir" (DUMÉZIL, S. 88). Eigentümlich ist es, daß

bündlerische Organisation, die, religionsgeschichtlich gesehen, die finstere Seite der Gottheit bejaht und auf ein entsprechendes soziologisches Handeln achtet. Die ekstatische Raserei ist ihr kriegerisches Kennzeichen. Wie der Sturmwind stürzen sie mit nacktem Oberkörper und ohne Brünnen kämpfend in den Kampf. Als äußere Merkmale dieser Krieger beobachten wir die schwarze Farbe, besondere Haartracht, Schmucksachen (Ringe), die ihre Gebundenheit andeuten. Die jungen Krieger werden als „Diener" oder „Dienstmänner" bezeichnet, die in einem Abhängigkeitsverhältnis zu den „Herren" stehen.

Die letzte Tatsache leitet uns zur Gefolgschaftsinstitution über. Die jungen Krieger müssen eine Waffenprobe durchmachen, nach der sie ihre Waffen erhalten; dabei kommt, wenigstens hier und da, eine Umgürtung mit dem Waffengürtel in Frage, so daß das Waffenrecht an den Gürtel als Symbol gebunden erscheint. Sie bekommen diesen Gürtel (oder die Waffe) von einem Höherstehenden, treten dann in die Gefolgschaft eines hohen Herrn ein und bleiben ihr Leben lang dessen Gefolgsleute. Die später „Ritterschlag" genannte Handlung ist ursprünglich nichts anderes als die Übergabe des Waffengürtels. Der Gefolgsherr nimmt seinen Gefolgsleuten gegenüber dieselbe Stellung ein, die wir von dem Führer des Männerbundes vermuten können. Er ist ihnen gegenüber aber nicht nur Herr, sondern auch Kamerad, Freund, ja – Bruder. VON KIENLE hat die Aufmerksamkeit auf den Bautastein des Tóki Gormsson gerichtet, wo es heißt:

> Ihrem Bruder haben die Gefolgsleute den Stein auf dem Berge gesetzt.
> (WIMMER I 2 No. 6)[38]

Frode mit 7 Jahren zum König gewählt und der Erziehung Westmars und Kolls überlassen wird, wodurch er aber augenscheinlich nicht in die beste Gesellschaft geriet. Wir streifen hier das Problem der Erziehung unter den Männerbündlern, denn offenbar ist Frode in diesem Fall als Minderjähriger ganz von den Männerbündlern, die sein Gefolge ausmachen, beherrscht; vgl. auch das oben, S. 18 Anm. 42, wie unten, S. 83 ff., darüber Gesagte. Eine *12-Krieger-Gruppe* in Beowulf vv. 2401 ff.

[38] Siehe die Handaufl. L. P. A. WIMMER, *De Danske Runemindesmærker*, Copenhagen & Kristiana 1914, S. 125, die ich benutzt habe. HÖFLER, der VON KIENLES Artikel nicht zu kennen scheint, verweist letztens auf die Hällestad- und Turingesteine, *Upplands Runinskrifter II 2*, Stockholm 1945, S. 138 ff.; vgl. O. HÖFLER, *Österreichische Ak. d. Wiss., Phil. hist. Kl. Anzeiger* 85/1948, Wien 1949, S. 23 Anm. 1.
Der Wortlaut des Hällestadsteines ist wichtig:

sattu drængar	stóðan rúnum
æftir sínu bróður	þér Gorms Tóka
stén á biargi	gingu næstir.

Mit dem Wort *drængr* korrespondiert auf dem zweiten Hällestadstein *hémþegi (heimþegi)*, „Hirdmann, Hjemfælle".
Der Terminus *drængr* bedeutet sowohl Jüngling als auch Diener, Hausdiener (in der modernen Sprache), scheint also dieselbe Doppelbedeutung zu haben, die wir sowohl auf fränkischem als auch auf iranischem Gebiet angetroffen haben.

Über diesen Text sagt VON KIENLE: „Gerade dieser Brauch, die Bezeichnung Bruder auch auf den Führer des Gefolges zu erstrecken, zeigt die enge Bindung, die Gefolgsmann und Gefolgsherrn umschließt, die nach Ausweis der Quellen auch die Zeit des aktiven Dienstes überdauert und eine Bindung für das Leben darstellt ... genauso, wie andererseits der Herr dem Mann unlösbar verbunden ist und ihn nach der nordischen Überlieferung als *vinr, aldavinr*, ‚Freund', ‚Herzensfreund', bezeichnet."[39]

Das „Bruder-Verhältnis" der Kriegerorganisationen hat auch HÖFLER aufgrund des Runensteines von Rök behandelt; ebenfalls ist die eigentümliche Vierteilung der dort genannten Zwanzig-König-Schar analysiert und mit der vierteiligen Anlage der Trelleborg verglichen worden[40]. Wiederum wäre es wohl möglich, einen Vergleich mit der Vierteilung des altpersischen *maidān* und der Heeresversammlung aufzustellen, so wie uns Xenophon diese schildert und die, wie ich glaube, zu Unrecht lediglich als ein Abklatsch spartanischer Einrichtungen angesehen wurde. Ob diese Vierteilung auch etwas mit den von DUMÉZIL behandelten Fällen der Vierteilung indo-germanischer Symbole zu schaffen hat[41], wage ich nicht zu entscheiden.

HÖFLER verweist, um gewisse eigentümliche Beziehungen des bekannten Runensteins von Rök zu erklären, auf einen Bericht bei Saxo VI 2–4 f., in dem dieser erzählt, daß eine Kriegsschar von 12 Brüdern sich in Norwegen auf einer Insel niedergelassen und dort eine Festung gebaut hatte. Diese „Brüder" tragen mit *-biorn* (Bären) zusammengesetzte Namen, und HÖFLER zählt sie darum zu dem skandinavischen Typus der Bärenkrieger (*berserkir*). Er verweist in diesem Zusammenhang auf andere solcher Zwölfergruppen von Bären-, Wolfs- und Hundekriegern. Sogar Habichtkrieger vermeint er wiederfinden zu können und vergleicht die auf dem Vendelhelm abgebildeten Vogelhelmträger[42].

[39] VON KIENLE, Sippe und Bund, S. 288.

[40] Vgl. HÖFLER, *Die Trelleborg auf Seeland und der Runenstein von Rök*, *Österreichische Ak. d. Wiss., Phil. hist. Kl. Anzeiger* 85 1948/1949, S. 9 ff. Schon VON FRIESEN hatte sich dafür ausgesprochen, daß die „Brüder-Gruppen" des Rök-Steines nicht leibliche Brüder, sondern Bruderschaften waren (vgl. HÖFLER, a. a. O., S. 17). Die *Zwölfer-Gruppe* erinnert an die von Xenophon, Cyroupaideia I 2,5, erwähnte *Zwölfer-Gruppe* der altpersischen ἄρχοντες, von denen jeder an der Spitze der zwölf Abteilungen des Volkes stand.

[41] Vgl. DUMÉZIL, *Tarpeia*, Paris 1947, S. 207 ff., wo auch seine früheren Untersuchungen über dieses Thema verzeichnet sind. Gehört hierher auch das vierteilige Heer, das der indische *cakravartin* besitzen soll? Zu dieser Vierteilung des persischen Volkes vgl. Xenophon, Cyroupaideia I 2,3 ff. Wir kommen in anderem Zusammenhang auf diese Fragen zu sprechen.

[42] O. HÖFLER, *Die Trelleborg auf Seeland und der Runenstein von Rök (Österreichische Ak. d. Wiss., Phil. hist. Kl. Anzeiger* 85/1948, Wien 1949), S. 17 ff.

Zur Bezeichnung der geweihten Krieger als „Brüder" verweist HÖFLER ferner auf „das Verhältnis des mythischen Patrons zu seinen Geweihten", das „häufig als das eines ‚Ziehvaters' zu seinem Ziehsohn" bezeichnet wird[43]. Hier stoßen wir wiederum auf eine Parallelerscheinung zu den iranischen Verhältnissen, ein soziologisches Phänomen, das jedoch der Spezialuntersuchung bedarf[44]. (Vgl. Kap. III–IV.)

Eben diese Seite des Gefolgschaftsverhältnisses tritt auf slavischem Gebiet sehr deutlich hervor. So sagt z. B. KUNIK: „Noch immer nennt der Lette und Slave einen (lieben) Freund *draugs* (lit. *draúgas* = *sodalis* [kslv. u. russ.]; serb. *drug, socius, coniux*), ohne sich dessen bewußt zu sein, daß jenes Wort ursprünglich einen ganz konkreten Sinn hatte. *Družina* (generis communis) kam als männlicher Personenname nicht selten vor und vertrat als masc. *maritus,* als fem. *amica,* während es als Kollect. zugleich das Gefolge bezeichnete."[45] Das Gefolge sind also doch eigentlich die „Freunde" des Gefolgsherrn, so wie wir es auf indo-iranischem Gebiet gefunden haben.

Dies bestätigt auch ein Vergleich mit altgriechischen Verhältnissen[46]: „Unter dem König standen Vasallen mit ihren Kontingenten, daneben hatte aber der König wie ein jeder der Vasallen eine Hausmacht, die seine vornehmste und treueste Stütze war. Diese Leute, die θεράποντες oder ἑταῖροι genannt werden, bilden eine Gefolgschaft, die mit dem ‚Hird' der altgermanischen Könige verglichen werden kann. Wie dieser speisten sie, wenigstens sehr oft, am Tische des Königs. Daher wird der Schwager des Hektor, Podes, in einem Atemzug, P 577, ἑταῖρος und φίλος εἰλαπινιστής genannt."[47] „Bei der Beurteilung der homerischen ἑταῖροι darf man nicht vergessen, daß die Bedeutung des Wortes eine allgemeine ist, Freund, Kamerad usw.; es wird sowohl von den Pairs des Königs, wie von den λαοὶ ἑταῖροι verwendet."[48] NILSSON bespricht die Identität von ἑταῖροι und θεράποντες und hebt hervor, daß Patroklos, der so oft der liebste ἑταῖρος des Achill genannt wird, sich selbst θεράπων nennt[49]. NILSSON führt weiter dazu aus: „Die Übersetzung ‚Diener' führt leicht irre." „Θεράποντες und ἑταῖροι bezeichnen dieselben Leute von den beiden verschiedenen Seiten ihrer Stellung." „Die ἑταῖροι bedienen den Fürsten, und θεράπων bedeutet ‚Diener'. Die θεράποντες bilden den den Für-

43 HÖFLER, a. a. O., S. 22 f. Vgl. E. HJÄRNE, *Namn och Bygd* 17/1929, S. 112; im dänischen Gefolgschaftswesen des Mittelalters werden Untergruppen als „Brüder" bezeichnet.

44 Vgl. auch das S. 41 Gesagte.

45 KUNIK bei B. DORN, *Caspia,* Petersburg 1875, S. 372. Vgl. auch A. ECK, *Revue de l'Institut de Sociologie* XVI/1936, S. 104 über die *družina* im allgemeinen.

46 Vgl. oben S. 21 ff., 41 ff.

47 NILSSON, *Das homerische Königtum* (*SBAW* 1927), S. 29.

48 NILSSON, a. a. O., S. 30.

49 NILSSON, a. a. O., S. 31 f.

sten umgebenden Kreis und werden daher seine ἑταῖροι genannt und heißen auch so untereinander. Dadurch wird ihre Stellung klar, sie bilden die für König und Vasallen unerläßliche Hausmacht."[50]

Noch einige Einzelheiten sollen erwähnt werden. So ist der Zusammenhang zwischen Kriegertum und Totenkultus in wenigstens einem Falle greifbar. WENIGER hat nämlich darauf hingewiesen, daß die phokischen Krieger während des Krieges gegen die Thessalier sich die Gesichter weiß tünchten wie die Titanen, wodurch sie sich wie Tote maskierten. Dann stürzten sie sich auf ihre thessalischen Gegner[51].

Ferner ist auf den Waffentanz zu verweisen, den bekanntlich die Kureten (wie die römischen Salier) aufführten. Hier besteht sicherlich ein Zusammenhang[52]. Die griechischen Krieger waren Tänzer.

Der Gürtel, der in unseren Ausführungen eine Rolle spielt, fehlt nicht in der archaischen griechischen Kultur, denn auf Abbildungen der archaischen Krieger sehen wir diese nackt, mit einem Helm geschützt und mit einem Gürtel versehen auftreten[53].

Die römischen Verhältnisse sind besonders aufschlußreich. Sie sind von DUMÉZIL ans Licht gebracht[54] und von ARNOLD für seine Behandlung des Kriegergottes Mars verwendet worden[55].

Zuerst wollen wir hervorheben, daß Romulus, der Vertreter der kriegerischen Reihe der römischen Könige[56], von einem Gefolge wilder Krieger um-

[50] NILSSON, a. a. O., S. 31 f.

[51] Vgl. L. WENIGER, *ARW* IX/1906, S. 201–247. WENIGER hat (wohl als erster) einen Vergleich zwischen dem Totenheer der Harier und dem weißgetünchten Totenheer der Phoker angestellt.

[52] Zum Waffentanz der Kureten vgl. z. B. W. H. ROSCHER, *Ausführliches Lexikon der griechischen und römischen Mythologie,* II, Leipzig 1890–97, Kol. 1611–1614, wo das Material zusammengestellt ist. Die Kureten sind θεοὶ φιλοπαίγμονες ὀρχηστῆρες. Abbildungen in ROSCHER a. a. O., Kol. 1602 f. Den Vergleich mit den Saliern hat schon Dionysios aus Halikarnassos 2,70 angestellt.

[53] Abbildungen archaischer Krieger findet man z. B. bei CYRUS H. GORDON, *Före Bibeln och Homeros* (schwedische Übers. von *Before the Bible*), Stockholm 1964, Abb. 23 zu S. 192, wo sich auch ein Vergleich mit *Gilgamesh* findet (von mir beigesteuert). Herr Lic. phil. Carl Nylander, der sich eben für dieses Problem interessiert hat, war so freundlich, mir die zwei folgenden Hinweise zur Verfügung zu stellen: F. MATZ, *Geschichte der griechischen Kunst,* Frankfurt a. M. 1950, Abb. 29 A, Abb. 67–69; G. Richter, *Kouroi,* London 1960, Abb. 6–8. In sämtlichen diesen Fällen ist der nackte Krieger mit Gürtel versehen. Vgl. hierzu Abb. 1.

[54] Vor allem in *Mitra-Varuna,* Paris 1948. Die Stellen werden unten angeführt. Hinzu treten einzelne Bemerkungen DUMÉZILS in anderen seiner Arbeiten, die hier auch angegeben werden.

[55] Vgl. ARNOLD, *Le mythe de Mars, Cahiers du Sud,* 37/1950, S. 93 ff. Mars korrespondiert mit den Marut (vgl. DUMÉZIL, *L'héritage indo-européen à Rome,* Paris 1949, S. 62).

[56] Vgl. DUMÉZIL, *Mitra-Varuna,* S. 100 f.; *Tarpeia,* S. 196 ff.

geben ist. Das sind die *celeres* (Plutarch, Numa 7)[57]. Der Name bezeichnet sie als schnellaufend und stellt sie in bewußten Gegensatz zu den Vertretern der *gravitas*[58]. Die *celeres* sind aber mit den *luperci* mehr oder weniger identisch, denn der Gefolgsherr der *celeres*, Romulus, ist der erste unter den *luperci*. Diese laufen nackt, aber mit einem Ledergürtel versehen[59], durch die Straßen um den Palatin herum und schlagen die ihnen Begegnenden mit geschnittenen Riemen (*februa*) (Plutarch, Romulus 21)[60]. Durch dieses Schlagen hofften die Frauen, sowohl Fruchtbarkeit wie leichte Entbindung zu bekommen[61]. Die hervorragende Rolle, die die *luperci* für die Fruchtbarkeit spielen, ist also durchaus bezeugt.

Es sind wohl diese nackten Krieger, die von Properz geschildert werden (Georgica II 530–531)[62]:

pecorisque magistris
uelocis iaculi certamina ponit in ulmo
corporaque agresti nudant praedura palestrae

und den Lehrern der Herde
schlägt er Kämpfe mit dem schnellen Speer vor
und sie entblößen kräftige Körper für den ländlichen Kampfplatz.

Solche mit Speer und Schild bewaffneten nackten Krieger werden in der Kunst abgebildet[63].

Es läßt sich mit Gewißheit feststellen, daß das wilde Gefolge der *luperci* sich aus regelmäßigen Kriegern zusammengesetzt hat. Die *luperci* gehören nämlich dem Stand der *equites* an[64]. Als solche werden sie durch einen Ring am Finger ausgezeichnet[65].

[57] Vgl. Dumézil, *Mitra-Varuna*, S. 48.

[58] Vgl. Dumézil, a. a. O., S. 47 f. den Abschnitt *Celeritas et gravitas*.

[59] Vgl. Dumézil, a. a. O., S. 31; Wissowa, *Religion and Kultus der Römer*, Tübingen 1912, S. 209; Dionysios Halicarnassos I 80,1, und Servius, Aen. VIII 663.

[60] Vgl. Dumézil, a. a. O., S. 31 ff.

[61] Vgl. Dumézil, a. a. O., S. 44; Wissowa, a. a. O., S. 210.

[62] Daß die alten Krieger nackt waren, sagt Properz ausdrücklich (Elegien, IV, 1, 27–28):
Nec rudis infestis miles radiabat in armis, miscebant usta praelia nuda sude.
Zu dieser Stelle vgl. Dumézil, *L'héritage*, S. 229 Anm. 12, wo die Stellen angegeben sind, in denen er diesen Text behandelt hat. Sein Interesse ist selbstverständlich ganz anders orientiert als das meinige.

[63] Vgl. Couissin, *Les institutions militaires et navales*, Paris 1931, Fig. 39, und Widengren, *OrSuec* II/1953, S. 97 Abb. 15. Wir erinnern in diesem Zusammenhang an das, was Wiesner, *Klio* 36/1943, S. 60, gesagt hat: „Eine Beschreibung der waffenmäßigen Entwicklung gibt uns Polybios, danach haben die ältesten römischen Reiter einen runden Rindshautschild gehabt, sehr zerbrechliche dünne Lanzen mit nur einer Spitze und einen Gürtel" (vgl. Polybios VI 25, 3 ff.).

[64] Vgl. Wissowa, a. a. O., S. 561 Anm. 4 mit Verweis auf Valerius Maximus II 2, 9.

[65] Vgl. Dumézil, *Mitra-Varuna*, S. 43.

Vom militärischen Gefolge des Romulus heißt es, daß es immer „mit Ruten bewaffnet“ marschiert, ferner, daß es mit Riemen gegürtet war, um diejenigen Leute zu binden, die Romulus zu binden befahl. Das ist nach Plutarch der Ursprung der *lictores* (Romulus 26; Quaestiones Romanae 67). *Celeres, luperci* und *lictores* sind also verwandte Begriffe[66].

Die *lictores* erinnern durch das Umbinden der Riemen auffällig an die *luperci*, die in ihrer Eigenschaft als *equites* einen Ring tragen, wie wir eben erwähnten. Hierdurch erscheinen sie selbst als gebunden[67].

Dieses „Binden“ tritt auch in anderem Zusammenhang auf. Durch das *nexum* band sich ein *humilis* an einen *potens* und akzeptierte eine Stellung als Dienstmann[68]. Solche *nexi* machten eine Kriegerschar aus, die in einem Kriege alle anderen, wie Livius sagt, durch Mut und Leistungen übertrafen: *magna ea manus fuit; neque aliorum magis in Volsco bello uirtus, atque opera enituit.* Dieses Zeugnis wurde schon von Dumézil als eines der spärlichen Indizien eines alten Männerbundes auf italischem Gebiete benutzt[69].

Der Waffentanz der salischen Priester läßt noch in späten Zeiten den alten Tanz der kampfesfrohen Jungmannschaft durchblicken[70].

Schließlich ist ein eigentümlicher Umstand zu erwähnen. Aus der *gens Lucretia* haben sechs Konsuln und Militärtribunen den Namen *Tricipitinus* getragen; nach Usener ist das ein Zeichen dafür, daß sie ein Wesen mit drei Köpfen verehrten. Dies erinnert an den dreiköpfigen Drachen im Iran; aber welche Symbolik hierin steckt und wann überhaupt der Drache dreiköpfig geworden ist, vermag ich nicht zu sagen[71].

Die oben angeführte Gegenüberstellung von θεράπων und ἑταῖρος zeigt eine Übereinstimmung mit den iranischen Verhältnissen. Auf der einen Seite finden wir hier *bandagān* (*bandakān*), auf der anderen Seite *yārān* (*hadiyārān*), *brādarān*. Die Gefolgsleute können sowohl als Dienstmänner wie als Freunde (Helfer) bezeichnet werden.

Noch wichtiger als das griechische Vergleichsmaterial ist wegen der nahen Verwandtschaft natürlich das indische, das schon oben einbezogen wurde.

Zugleich werden aber die Gefolgsleute, wie wir schon gesehen haben, als „Männer“, „Krieger“, ja sogar als „Diener“ bezeichnet[72]. Sie halten sich bei

[66] Vgl. Dumézil, a. a. O., S. 115.
[67] Ebd.
[68] Vgl. Dumézil, a. a. O., S. 122.
[69] Vgl. Dumézil, a. a. O., S. 132.
[70] Zu diesen Waffentanz vgl. Arnold, a. a. O. und Alföldi, *Die Ehrenabzeichen der römischen Ritter*, Neue Deutsche Forschungen zur Alten Geschichte, 2/1952, S. 129 ff.
[71] Vgl. Dumézil, *L'héritage*, S. 209.
[72] Vgl. oben S. 49 ff.

ihrem Herrn auf und bekommen von ihm ihr Lebensgehalt, später auch Verleihung von Gütern. Der Eintritt in das Gefolge ist von einer Zeremonie begleitet, die den Treubund mit feierlichem Eid bestätigt. Hier ist der Übergang zum vollentwickelten Feudalismus schon mit Händen zu greifen.

Wir haben oben gesehen, daß die jungen Krieger im Iran und im Vorderen Orient eine besondere Haartracht trugen. Das ist auch bei den Germanen der Fall gewesen. So berichtet Germania Kap. 31, daß die chattischen Krieger Haar und Bart lang wachsen ließen und diese Tracht, die als geweiht bezeichnet wird, nur nach der Tötung eines Feindes ablegten. Diese gleiche Sitte läßt sich bei einzelnen anderen Germanenvölkern belegen, wie Tacitus ausdrücklich bestätigt[73]. Noch wertvoller als Vergleich ist die Haartracht der Sueber, durch die sich deren freie Krieger (*ingenui*) von den Unfreien (*servi*) unterscheiden. Tacitus betont aber, daß dieselbe Haartracht bei anderen Germanen *unter den Jünglingen* zu finden sei[74]. In diesen beiden Fällen ist besonders der Umstand von Bedeutung, daß sich die germanischen *jungen Krieger*, und zwar als Körperschaft betrachtet, durch eine besondere Haartracht auszeichneten[75].

Much und Höfler haben gezeigt, daß die Langobarden das „Symbol des kriegerischen Hundes gekannt und ihm, wie es scheint, ähnlich hohe Ehren gezollt haben wie Jahrhunderte später das Fürstengeschlecht von Verona", die berühmten Scaliger[76]. Uns interessiert in diesem Zusammenhang besonders, daß der Hund als Wappentier, aber auch als Helmzeichen auftritt[77]. Den religionsgeschichtlichen Hintergrund dieses Brauchtums hat Höfler behandelt, der ohne Mühe dartun konnte, wie gut sich diese Tatsachen in die von ihm und Weiser erschlossenen kriegerischen Männerbünde mit ihren Tiervermum-

[73] Germania 31: *Et aliis Germanorum populis usurpatum raro et privata cuiusque audentia apud Chattos in consensum vertit, ut primum adoleverint, crinem barbamque submittere nec nisi hoste caeso exuere votivum obligatumque virtuti oris habitum.*

[74] Vgl. Tacitus, Germania 38: *insigne gentis obliquare crinem nodoque substringere: sic Suebi a ceteris Germanis, sic Sueborum ingenui a servis separantur; in aliis gentibus, seu cognatione aliqua Sueborum, seu, quod saepe accidit, imitatione, rarum et intra iuventae spatium.*

[75] Vgl. von Kienle, Gemeinschaftsformen, S. 160 ff., wo er die Auffassung von Höfler und Weiser bestreitet, diese Haartracht sei eine besondere „Weihetracht, die für den Bund typisch ist". Man muß von Kienle darin recht geben, daß bei Höfler und Weiser viel disparates Material zusammengetragen ist, aber die Bedeutung der Haartracht ist gesehen.

[76] Vgl. Höfler, *Cangrande von Verona und das Hundsymbol der Langobarden* (*„Brauch und Sinnbild"*, Festschrift Fehrle, Karlsruhe 1940), S. 101 ff.; S. 108 Anm. 32 sind die Untersuchungen Muchs verzeichnet.

[77] Besonders eindrucksvoll ist *„Brauch und Sinnbild"*, Tafel 13, wo man auch die Flügel mit entsprechenden iranischen Bildern vergleichen sollte (vgl. unten S. 150 mit Anm. 2).

mungen einfügten[78]. Die phänomenologische Übereinstimmung mit den iranischen Verhältnissen ist auch in diesem Fall bemerkenswert[79].

Aus den oben vermerkten Angaben des Tacitus wissen wir, daß auf germanischem Gebiet ein Fürst oder Häuptling von einem Gefolge waffentragender Männer umgeben wurde. Die Waffen wurden dem jungen Mann auf dem Thing entweder von einem Fürsten oder von seinem Vater oder von einem anderen Verwandten übergeben. Das bewaffnete Gefolge des Fürsten bestand aus ausgewählten Jünglingen, die innerhalb des „Hirdes" verschiedene Grade innehatten. Tacitus berichtet zwar nicht, wie sich die Zeremonie abspielte, durch die der junge Mann in ein solches Gefolge aufgenommen wurde, aber der Zusammenhang legt die von der jüngeren Forschung geteilte Annahme nahe, daß sich der Waffenübergabe die Zeit als Gefolgsmann anschloß. Tacitus sagt auch nicht, daß die Mitgliedschaft im Gefolge in irgendeiner speziellen Art bezeichnet wurde. Hier kann uns aber die Rechtspraxis der Festlandgermanen während des älteren Mittelalters ein gutes Stück weiter bringen. Wir wissen nämlich, daß das Verleihen der Ritterwürde in zweierlei Weise erfolgen konnte: entweder durch Ritterschlag oder durch Waffenübergabe.

Dieses Übergeben der Waffen geschah auf die Weise, daß ein vornehmer Adliger oder ein Fürst demjenigen, der Ritter werden sollte, Schwert und Gürtel übergab. Die Ausdrücke einer solchen Handlung sind: „den Gürtel geben" oder „gürten" oder ähnliche Wendungen. Diese Wortwahl scheint tatsächlich anzudeuten, daß der Übergabe des Gürtels ein größeres Gewicht zugemessen wurde als man vermuten sollte. Es ist möglich, daß man in dieser Handlung auch eine symbolische Bindung sah; vorläufig vermag ich darüber nichts Konkretes zu sagen.

Auch der Ritterschlag ist sehr aufschlußreich. Er wurde ursprünglich nicht mit dem Schwert, sondern mit der flachen Hand gegen den Hals gegeben und bedeutete, daß derjenige, der den Schlag bekam, durch diesen Akt in eine untergeordnete Stellung zum Verleiher der Ritterschaft geriet. Nach KARL VON AMIRA bedeutete die rechtssymbolische Handlung, daß der zum Ritter Geschlagene jetzt zum unfreien Diener des anderen wurde.

Wir begegnen also sowohl dem Gürtel wie einer jedenfalls symbolischen unfreien Stellung bei dem, der zum Ritter „geschlagen" wurde. Es ist wohl nicht daran zu zweifeln, daß diese Handlung eine Fortsetzung der altgermanischen Zeremonie bildete, die wir zu postulieren haben, wodurch dem Jüngling, der in das Gefolge aufgenommen werden sollte, die Waffen überreicht

[78] Nordisches Hundskriegertum wird von HÖFLER, a. a. O., S. 111–119, behandelt.

[79] Vgl. oben S. 18 und unten S. 150 f.

wurden. Der den Ritterschlag Erteilende hat die Rolle des Gefolgsherrn geerbt; hierdurch kann man die symbolische Übergabe des Gürtels und den ein untergeordnetes, vielleicht unfreies Verhältnis konstituierenden Ritterschlag am leichtesten erklären.

Die beste Entsprechung auf westeuropäischem Gebiet zur Stellung Rustams – zuerst als Dienstmann des Königs und dann, nach der Freilassung aus dessen Dienstmannschaft, als Großvasall mit königlichem Rang – bietet der Fall Markward von Anweilers, der als Regent von Sizilien starb und der nicht vor 1197 freigelassen wurde, nämlich an dem Tag, an dem sein Herrscher ihn zum Herzog von Ravenna und zum Marquis von Ancona machte[80]. Die überragende Persönlichkeit Markward von Anweilers bietet auch in dieser Hinsicht eine eigentümliche Analogie zur epischen Gestalt Rustams, hinter dessen Person wir gewiß eine ursprünglich historische Persönlichkeit sehen müssen – leider ist es indessen unmöglich, hier über bloße Vermutungen hinauszukommen.

Die Keule als Waffe spielt auch unter den germanischen Völkern eine hervorragende Rolle. Folkloristisch-mythisch gesehen ist bemerkenswert, daß in „dem wilden Heer“ immer ein riesiger Keulenträger auftritt, der, laut Ordericus Vitalis, mit einer *maxuca* in der Hand dem dahinbrausenden Zuge vorausschreitet[81].

Dieses wilde Heer ist die mythische Entsprechung zum Männerbund, dessen Mitglieder wohl überhaupt die Keule als ihre Waffe führten[82]. Im nordischen Raum ist die Keule aber offenbar auch eine Waffe des Herrschers gewesen: auf der Bayeux-Tapete hat Wilhelm der Eroberer selbst eine Streitkeule, und ebenso führten viele nordische Helden als Waffe die Keule mit sich[83]. Andererseits ist es wichtig zu vermerken, daß die Keule die spezielle

[80] Vgl. über ihn zuletzt zusammenfassend K. Bosl, *Die Reichsministerialität der Salier und Staufer*, II, Stuttgart 1951, S. 588 ff. mit der Bibliographie S. 590 Anm. 3.

[81] Zu dieser keulenbewaffneten Gestalt vgl. Höfler, *Kultische Geheimbünde*, S. 72 ff., und Ringbom, *Gallehus-hornens bilder* (*Acta Academiae Aboensis Humaniora* XVIII/1949), Fig. 8, 10. Für das Folgende habe ich meine Ausführungen in *OrSuec* II/1953, S. 87 f., benutzt.

[82] Der Heros der bündlerischen Organisationen führt die Keule als Waffe: im Iran Keresāspa und Thraētaona, in Indien Indra, und auf germanischem Gebiet die Gestalt mit der *maxuca*, eine Gestalt, der in Indien ganz deutlich Bhīma entspricht, der an der Spitze des Heeres marschiert (*senāgragaḥ*) (vgl. Dumézil, *Jupiter, Mars, Quirinus* IV, Paris 1948, S. 63).

[83] Vgl. Falk, *Altnordische Waffenkunde*, Kristiania 1914, S. 120: „Wie die Franken und Langobarden bei ihren gerichtlichen Zweikämpfen Kolben benutzten, so bestand in Skandinavien, oder wenigstens auf Island, die Sitte, daß bei dem *kerganga* genannten Zweikampf der angegriffene Teil sich mit einem *kefli* verteidigte.“ Olaus Magnus, *Historia de gentibus septentrionalibus*, V 10, gibt als Titelbild zwei keulentragende Krieger im Zweikampf. Der Nachweis, daß auch die Helden die Keule tragen konnten, findet sich bei Falk, a. a. O., S. 122, wo mehrere Beispiele gegeben werden.

Waffe der Bauern bleiben mußte, die nicht über „das Waffenrecht" verfügten[84]. Die mit nacktem Oberkörper kämpfenden Einzelkämpfer, die auf den römischen Reliefs auftreten, sind wohl als Elitekrieger aufzufassen und also wahrscheinlich dem zweiten, nicht dem dritten Stand zuzurechnen[85]. Ob sie auch Mitglieder einer bündlerischen Organisation waren, bleibt natürlich unsicher. Als Elitekrieger gehörten sie indessen wahrscheinlich einem kriegerischen Bund an.

Unter den Germanen gab es also nackte Krieger, d. h. Krieger, die mit nacktem Oberkörper gegen die Römer kämpften. Sie trugen als Waffe die Keule, die nach den Forschungen Dumézils eigentlich für die Kriegerfunktion der Gesellschaft kennzeichnend ist, die aber in der Geschichte auch deutlich als die Waffe *par excellence* „des Dritten Standes" hervortritt.

Mehrere solcher Darstellungen mit nackten Kriegern – im allgemeinen wohl germanischer und keltischer Herkunft – finden wir auf der Trajanus-Kolonne und auf Sarkophagen. In gewissen Fällen ist die Waffe nicht Keule, sondern Speer — nach Dumézil die Waffe der dritten Gesellschaftsklasse. Peisistratos besaß eine Leibwache, die mit hölzernen Keulen ausgerüstet war (ξύλων γὰρ κορύνας ἔχοντες), Herodot I 59.

Übrigens ist zu vermerken, daß die nackten Krieger auch unter den Kelten zu finden sind. Polybios II 29 erwähnt, daß die Krieger der Kelten ganz nackt kämpften, aber mit reichlichem Goldschmuck, mit Armspangen usw. geziert. Diese Sitte zeugt von einer weitgehenden Übereinstimmung mit unserem indo-iranischen Material.

Für uns ist es wichtig festzustellen, daß die besondere Kampfart, die wir unter iranischen Stämmen seit ältesten Zeiten verfolgen können, auch für die Germanen (und Kelten) belegt ist. Da wir sie auch bei den Griechen und Italikern finden, muß sie als schon indo-germanisch bezeichnet werden. Sie ist wohl als eine archaische Erscheinung aufzufassen; ihr Verschwinden auf iranischem Gebiet setzt offenbar schon ziemlich früh ein; jedenfalls ist sie in den künstlerischen Darstellungen nicht zu belegen.

Wie sind die hier in aller Kürze skizzierten Übereinstimmungen zwischen Männerbund, Gefolgschaftswesen und Feudalismus der indo-iranischen Gesellschaft auf der einen Seite und die entsprechenden Institutionen der indogermanischen Völker auf der anderen Seite zu erklären? Eine eindeutige Er-

[84] Zur Keule als typischer Bauernwaffe vgl. Falk, a. a. O., S. 120 ff.; *Nordisk Kultur*, Bd. XII B, Stockholm 1943, S. 124 f.; Hildebrand, *Sveriges Medeltid*, 2, Stockholm 1884–98, S. 636, Abb. 605. Zum Waffenrecht der deutschen Bauern vgl. Fehr, *Zeitschr. der Savignystiftung f. Rechtsgeschichte*, Germanist. Abt., 35/1914, S. 111–211.

[85] Vgl. die Abbildungen bei P. G. Hamberg, *Studies in Roman Imperial Art*, Uppsala 1945, Tafel 34, 40 = hier Abb. 9–10. Wichtig ist, daß der Krieger Abb. 9 eine Keule als Waffe führt.

klärung ist wohl nur möglich, wenn das gesamte zur Verfügung stehende Material einer sorgfältigen Analyse unterworfen wird. Unsere Absicht bei der skizzenhaften Musterung des indo-germanischen Materials war erstens, auf die phänomenologische Übereinstimmung mit den iranischen Verhältnissen hinzuweisen, um dadurch sozusagen die Gegenprobe der Zuverlässigkeit unserer Analyse der iranischen Einrichtungen und damit verknüpften Vorstellungen zu liefern; zweitens, auf alle besonders auf nordisch-germanischem Gebiet befindlichen Probleme zu verweisen, die durch eine vergleichende Betrachtung einer Lösung nähergebracht werden können. So viel scheint uns jedoch seit den Arbeiten Dumézils schon jetzt deutlich zu sein, daß wir hier vor gemeinsamen indo-germanischen Verhältnissen auf dem Gebiete des Kriegertums stehen.

Kapitel III

Die Erzieherinstitution und die militärisch-soziale Erziehung

1.

Die höheren Klassen unter den nordiranischen, im Kaukasusgebiet wohnenden Osseten (die Tagauren und die Digorier) haben es lange vorgezogen, ihre Kinder nicht im eigenen Hause zu erziehen; gewöhnlich überließen sie ihre Kinder einem ihrer *farsag läg*[1]. Dies geschieht im Kindesalter von sieben oder zwölf Jahren[2]. Wer es also auf sich nahm, ein Kind bei sich zu erziehen, wurde der *atalyk* des Vaters des betreffenden Kindes; er konnte nicht nur einen guten Lohn dafür erhalten, sondern er blieb auch von diesem Moment an einer seiner Vertrauten. Die Erziehung erstreckte sich auf das Reiten, das Tapfer- und Schönrednersein, und – was wichtig, aber sonderbar genug ist – auf das Stehlen[3]. Wenn der Junge Waffendienst leisten konnte, kehrte er zu seinem Vater zurück[4]. Diese Einrichtung der *atalyk*-Institution war (und ist vielleicht immer noch) sehr verbreitet unter den Gebirgsbewohnern des nördlichen Kaukasus (sie befindet sich indessen selbstverständlich heute im Absterben). Man trifft sie unter den Kabarden, den Tataren und den Kalmücken an. Befragt man diese Leute über die Ursache und die Absicht dieser Einrichtung, so antworten sie regelmäßig: „Ein Kind wird am häufigsten im Hause seiner Eltern schlecht erzogen, aber überlaßt es einem Fremden, und es wird ein *djigit.*" Dieses Wort bezeichnet eigentlich einen ausgezeichneten Kavalier, es ist das größte Lob, das ein Bergbewohner einem Manne von vollkommener Tapferkeit spenden kann.

Diese Erklärung besagt, wie KOVALEWSKY mit Recht meint, natürlich nichts[5]. Ferner bemerkt er richtig, daß man die Entstehung der *atalyk*-Einrichtung nur dann erklären kann, wenn man diese Institution mit einigen

[1] Der Terminus *farsag läg* bezeichnet den gemeinen Mann bei den Osseten, vgl. MILLER, *Die Sprache der Osseten*, Straßburg 1903, S. 89.

[2] Vgl. L. J. LUZBETAK, *Marriage and Family in Caucasia*, Wien-Mödling 1951, S. 57.

[3] Vgl. LUZBETAK, S. 57.

[4] Vgl. LUZBETAK, S. 57. „The *atalyk* is perhaps a pre-islamic institution borrowed from the Turco-Mongols", sagt LUZBETAK. Wie es sich damit verhält, werden wir im folgenden sehen.

[5] M. KOVALEWSKY, *Droit coutumier ossétien*, Paris 1893, S. 190.

anderen Äußerungen des gesellschaftlichen Lebens vergleicht und sie durch ethnographische Analogien erhellt. Nach KOVALEWSKY kommt es unter den Bergvölkern im Kaukasus, zumal unter den Osseten, nicht nur vor, daß man seine Kinder Fremden übergibt, um sie erziehen zu lassen, sondern man verbietet sogar seinen Kindern, das wahre Verwandtschaftsverhältnis öffentlich zu enthüllen.

KOVALEWSKY wagt nicht zu entscheiden, ob diese Institution sich unter den Osseten spontan entwickelte oder ob dieses Volk sie von den höheren Klassen der Kabarden entliehen hat. Er ist aber geneigt, die letzte Annahme zu akzeptieren, weil man den Einfluß kennt, den die Kabarden auf die Herausarbeitung der Etikette und der Sitten unter den Nachbarvölkern ausgeübt haben. Er will jedenfalls hervorheben, daß das erste Auftreten der *atalyk*-Institution aus jener fernen Zeit stammt, in der das rechtlich regulierte Vaterverhältnis noch nicht existierte, d. h. in der Epoche des Matriarchates und der Gruppenehe. Als das Matriarchat durch die patriarchalische Familie ersetzt wurde, begann das Ende der Atalykat-Institution. Aber der Meinung KOVALEWSKYS nach steht nichts der Hypothese entgegen, daß diese Institution bei gewissen Völkern beibehalten wurde, um mit der Zeit deren Nachbarn überliefert zu werden, so wie es ihm bei den Osseten als wahrscheinlich vorkommt. Wenn diese Einrichtung noch immer bei ihnen besteht, kommt dies daher, daß, wie er meint, zahlreiche Bürgerkriege eine Zersplitterung unter den mächtigen Familien in Digorien und Tagorien verursacht haben. Sie hegten darum den Wunsch, von ihren Häusern diejenigen zu entfernen, unter deren Schirm es am leichtesten war, zu intrigieren und Verschwörungen anzustiften. Nach KOVALEWSKY bestand nicht ohne Grund in Digorien noch um 1850–60 die Sitte, daß der Sohn eines Häuptlings nie zusammen mit seinen Eltern an einem Herd wohnen durfte, auch dann nicht, wenn er erwachsen war[6].

Der Terminus *atalycestvo* dient, wie KOSVEN in seiner Untersuchung über dieselben gesellschaftlichen Verhältnisse feststellt, zur Bezeichnung einer früher bei einer großen Anzahl kaukasischer Völker – Osseten, Svanen, Tscherkessen, Kabarden, Abkhazen, Balkaren – verbreiteten Sitte, die mit der englischen „fosterage“ korrespondiert und die darin besteht, daß die Eltern ihre Kinder bei einer fremden Familie erziehen lassen. Früher ließ jede Familie ihre Kinder bei einer anderen Familie erziehen und nahm selbst fremde Kinder auf. Diese anfangs in allen Klassen der Gesellschaft ausgeübte Sitte nahm später einen ausgesprochenen Klassencharakter an und wurde nur von Fürsten und Adeligen gepflogen, die ihre Kinder durch die der unteren Klasse angehörigen Familien erziehen ließen.

[6] KOVALEWSKY, a. a. O., S. 189–192.

Zu dieser Deutung fügt Kosven die Beobachtung hinzu, daß bei den kaukasischen Völkern die beschriebene Sitte ziemlich komplex war und einander widersprechende Züge zur Schau stellte. Auf der einen Seite war die Übergabe der Nachkommen an eine fremde Familie ein freiwilliger Akt; auf der anderen Seite behaupteten manche, das Recht für eine solche Erziehung fremder Kinder beanspruchen zu können. Dann und wann wurde das Kind entführt, jedoch mit der Zustimmung seiner Mutter. Hier und da wurde es als ein Vorteil betrachtet, mit der Erziehung eines fremden Kindes beauftragt zu sein, manchmal allerdings auch als eine Obliegenheit. Für die Dauer des Aufenthaltes des Kindes in der fremden Familie war es den Eltern nicht nur untersagt, das Kind zu sehen, sondern auch, sich nach ihm zu erkundigen.

Das Band, das sich zwischen dem Kind und seinem Erzieher knüpfte, war intimer als dasjenige, welches ihn mit seinem Vater vereinte. Manchmal blieb das Kind für die Zukunft in seiner neuen Familie. Der Vater entschädigte den Erzieher für seine Ausgaben, aber dieser gab seinerseits seinem Zögling reiche Gaben; manchmal konnte er ihm sogar sein ganzes Eigentum vermachen.

Gewisse Züge dieser Sitte lassen nach Kosven vermuten, daß es gar nicht die Erziehung an sich war, die das wesentliche Element dieser Einrichtung ausmachte, sondern eine andere Sache. Keine der bisher versuchten Erklärungen, meint Kosven, habe eine annehmbare Deutung der Institution als Ganzheit gesehen oder ihre an sich komplexen und widersprechenden konstitutiven Elemente vorlegen können.

Eine in allen Punkten analoge Institution findet sich, wie Kosven bemerkt, in der Geschichte der Skandinaven, der Kelten Irlands und Galliens sowie unter den schottischen Highlanders. Der kaukasische *atalyk* steht der keltischen Entsprechung ganz nahe. Für alle diese Völker hat die Sitte Deutungen bekommen, die den für die kaukasischen Einrichtungen vorgeschlagenen vollkommen analog sind – aber auch ebensowenig stichhaltig oder einleuchtend.

Nach Kosven bieten sich zwei Aspekte dieser kaukasisch-keltisch-skandinavischen Sitten an. Einerseits konservieren sie Überbleibsel, „survivals“, der Klanherrschaft (Wiederkehr des Kindes zum Klan seiner Mutter), andererseits nehmen sie gewisse Besonderheiten an, die mit den patriarchalisch-feudalen Verhältnissen übereinstimmen: entsprechend mit den auch in moderner Zeit bewahrten alten Sitten wird das Kind außerhalb seiner Familie, allerdings nur für eine bestimmte Zeit, erzogen; wichtig ist vor allem, daß die Familie, der man das Kind anvertraut, sich in einer gewissen subordinierten Stellung dem Vater des Kindes gegenüber befindet (vielleicht auch im Verhältnis alter Verwandtschaft zur Familie des Vaters). Gleichzeitig bekleidet dieses feudalistische Element die Erzieheeinrichtung mit speziellen Zügen der Protektion und Ausbeutung, die für die Leibeigenschaft bezeichnend sind.

Soweit KOSVEN[7]. Es scheint den bisherigen Forschern dieser rätselhaften Institution entgangen zu sein, daß wir auch in den Volkstraditionen der kaukasischen Völker, den sogenannten Sagen von den Narten, Spuren derselben Einrichtung finden. So lesen wir z. B., daß der junge Krym Sultan, der Sohn Uryzmags, sich bei einer bestimmten Gelegenheit im Himmel bei seinem Erzieher, dem himmlischen Schmied Safa, befand[8]. Und vom Weib Uryzmags Satana erfahren wir in einer anderen Erzählung folgendes: Uryzmag begab sich eines Tages auf eine Expedition, wobei er seine schwangere Frau Satana daheim lassen mußte. Bald gebar sie ein Kind, das sie, der Sitte gemäß, zur Erziehung übergab. Zu diesem Zwecke wählte sie ihre eigenen, unterseeischen Eltern (sie selbst stammte nämlich, wie erzählt wird, von dem Geschlecht, das unter dem See wohnte). Auf diese Weise wuchs das Kind bei Don Bettyr, dem Gott der Gewässer, auf[9].

Wenn wir die zur Erklärung der *atalyk*-Institution gegebenen Deutungen näher studieren, sehen wir, daß KOVALEWSKY zuerst die einheimische Erklärung, die er doch verwirft, anführt: ein Kind erhält eine bessere und wirksamere Erziehung in einem fremden Haus als im eigenen Vaterhaus, eine offenbare Nachrationalisierung, über die kein Wort zu verlieren ist[10].

Die von KOVALEWSKY selbst befürwortete Erklärung lautet dahin, daß die Erzieherinstitution auf die Epoche der Menschheitsgeschichte zurückgeht, in der die Vaterschaft als rechtliche Institution noch nicht existierte, sondern Matriarchat und Gruppenehe vorherrschend waren. Die Erzieherinstitution neigte zur Auflösung, als das Matriarchat von der patriarchalischen Familie abgelöst wurde. Sie wurde indessen bei gewissen Völkern bewahrt, die diese Sitte an ihre Nachbarn weitergaben. Auf diese Weise erhielten laut KOVALEWSKY die Osseten die *atalyk*-Institution von ihren Nachbarn, den Kabarden, zumal von deren höheren Klassen der Gesellschaft. Daß die Institution noch besteht, beruht auf den inneren Streitigkeiten der vornehmen Familien. Man wünschte von seinen Besitzungen diejenigen zu entfernen, die unmittelbar oder mittelbar als Stützpunkt solcher Intrigen dienen konnten.

Während KOVALEWSKY den Methoden seiner Zeit entsprechend als Vergleichsmaterial die Polynesier anführt[11], richtet KOSVEN mehr als 40 Jahre später seinen Blick auch auf die Kelten und Germanen, wenn er entsprechende

[7] KOSVEN, *Sovietskaja Etnografia* 1935, No. 2, S. 41–62; *Revue de l'institut de sociologie* XVI/1936, S. 177–178.

[8] G. DUMÉZIL, *Légendes sur les Nartes,* Paris 1931, S. 133.

[9] DUMÉZIEL, a. a. O., S. 32 f.; *Le livre des Héros,* Paris 1965, S. 47.

[10] Es wäre wahrhaft eigentümlich, daß nur die genannten Völker eine solche Beobachtung gemacht hätten, wenn sie wirklich derart evident richtig wäre, wie sie aufgefaßt wird.

[11] KOVALEWSKY, a. a. O., S. 191.

Einrichtungen wiederfinden will[12]. Darin liegt unzweifelhaft ein bedeutender Fortschritt, wenn man bedenkt, daß die Osseten als Nordiranier wie die Kelten und Germanen der indo-germanischen Gruppe angehören.

In dem Versuch KOSVENS, die *atalyk*-Institution zu erklären, sehen wir auch auf andere Weise, daß 50 Jahre ethnologischer Forschung die Methoden unserer Tage, soziologische Forschung zu treiben, nicht unbeeinflußt gelassen haben. Wir hören nichts mehr von Gruppenehe und Matriarchat, zwei Phänomenen, deren Bedeutung man heutzutage nicht mehr die universelle Tragweite zuweist, welcher sie sich früher erfreuen konnten[13]. Aber immer noch begegnet man gewissen charakteristischen Zügen in den Erklärungsversuchen. Obgleich die betreffende Institution nur in den höheren Klassen belegt ist, soll sie ursprünglich in allen Schichten der Gesellschaft verbreitet gewesen sein; die betreffende Entwicklung sei also ein Exempel der Überbleibsel („survivals") einer früheren Klanverfassung mutterrechtlichen Typs, weil nach KOSVEN das Kind zur Familie der Mutter (ursprünglich zum mütterlichen Klan) zurückkehrt. Zugleich aber begegnet man bei KOSVEN einem offenen Blick für die tatsächlich vorhandenen Tendenzen, die man ohne Schwierigkeiten bei dieser *atalyk*-Institution hat feststellen können: den patriarchalisch-feudalen Typus, der das Abhängigkeitsverhältnis des Erziehers vom Vater des Zöglings eindeutig bezeugt.

In diesem Zusammenhang wollen wir aber auch einräumen, daß wir in einem Beispiel aus den Sagen der Narten einen Fall finden, in dem das Kind tatsächlich der Familie der Mutter übergeben wird. Sonst besitze ich keine alten Belege in dieser Richtung. Jedenfalls haben wir hier einen Fall matrilokalen Aufenthaltes des zu erziehenden Kindes. Die neuere ethnologische Forschung hat aber ohne Mühe feststellen können, daß matrilokaler Aufenthalt von matrilinearer Abstammung und überhaupt von dem sogenannten Matriarchat – das ja eigentlich nirgends mit Händen zu greifen ist – ganz unabhängig ist[14]. Dieser Fall besagt also für den wirklichen Ursprung nichts.

Was die uns hier speziell beschäftigenden Osseten anbelangt, können wir vor allem zwei Probleme unterscheiden: die Frage, ob die Erzieherinstitution

[12] KOSVEN, *Sovietskaja Etnografia* 1935, No. 2, S. 55 ff., 62; *Revue de l'institut de sociologie*, S. 177.

[13] R. H. LOWIE, *The History of Ethnological Theory*, New York 1937, S. 40 ff., 52, 59, 81 f., 145 f., 150, 181 f., 190, 203; *Social Organization*, New York 1949, S. 258 ff.; *UCPAE* XVI, S. 29 ff.

[14] Vgl. die oben S. 13 angeführte Literatur und dazu noch die Bemerkungen bei LOWIE, *Primitive Society*, 2nd Ed. New York 1947, S. 191: „The foregoing cases supply the a fortiori basis of the conclusion that a genuine matriarchate is nowhere to be found, though in a few places feminine prerogatives have evolved to a marked degree in certain directions"; ferner bei F. BOAS, *General Anthropology*, New York 1938, die Abteilung „Subsistence", S. 320: „of a true matriarchate there is virtually no example."

bei ihnen übernommen wurde oder sich spontan entwickelte, d. h. gemein-iranisch ist, und ferner die Frage nach dem wirklichen Charakter dieser Institution.

Wir haben schon gesehen, daß die Forschung, wenn es auf das Vergleichsmaterial ankommt, sich von Polynesien bis zu den Kelten und Germanen bewegt hat; ich habe mir erlaubt, darin einen Fortschritt in methodischer Hinsicht zu erkennen. Aber meiner Meinung nach sollte man methodisch gesehen noch weitergehen können. Wenn man sich klarmacht, daß die Osseten ein nordiranisches Volk sind, das viel von den Traditionen und Sitten der ehemaligen Skythen, Sarmaten und Alanen bewahrt hat[15], muß es selbstverständlich die natürlichste Methode sein, daß man sich unter ihren nächsten Stammverwandten umsieht, ob nicht unter ihnen eine entsprechende soziale Einrichtung angetroffen werden kann.

2.

Es scheint darum angebracht, sich zuerst den unmittelbaren Nachbarn der Osseten zuzuwenden, den Armeniern und Georgiern, unter denen schon gewisse, mit den ossetischen Lokaltraditionen verwandte Überlieferungen belegt sind[16]. Zwar sind die Armenier als Volk gesehen nicht als Iranier zu betrachten, aber sie besaßen mehrere Jahrhunderte hindurch einen iranischen und iranisch beeinflußten Feudaladel und standen im lebendigsten Kulturkontakt mit den Iraniern.

Für die armenischen Verhältnisse bietet sich das Geschichtswerk des Pʿawstos Biwzandaçi als eine gute Quelle an. Wir finden bei diesem Verfasser oft Notizen über die sogenannte *dayeak*-Institution. Ein solcher *dayeak* war beauftragt, einen Sohn eines Feudalherrn, zumal den Sohn des Königs, bei sich zu erziehen.

Aus einer Stelle bei Pʿawstos wird deutlich, daß zwei Edelleute aus dem Hause Mamikonian, Artavazd und Vasak, mit der Erziehung des Königssohnes Aršak betraut waren:

> *Zi tʿēpēt ew snuçanēin nokʿa zordin zarkʿayin zAršak, sakayn zçarealkʿ ənd gorc žamanakin tʿolin zsann iwreanç zAršak, ew gnaçin i baç i banakēn arkʿuni.*

> Obgleich sie die den Königssohn Aršak Erziehenden waren, verließen sie dennoch in Zorn gegen das Werk der Zeit ihren Zögling Aršak und gingen weit von dem königlichen Hoflager weg.
> (Pʿawstos Biwzandaçi III 18 Ed. Venedig 1933, S. 58:5 ff. = Lauer, S. 39)

[15] Vgl. Dumézil, *Légendes*, S. 151 ff.
[16] Vgl. Dumézil, a. a. O., S. 167 ff.

Der Terminus für „erziehen" ist in diesem Fall eine Form des Verbums *snanim* („ich werde erzogen"), von der Wurzel *sun-*, und das entsprechende Wort für Zögling heißt *sun*.

In einer anderen Stelle finden wir aber den wirklichen Terminus technicus *dayeak* als ein Synonym für *snuçič* (aus *sun-*) in einem Kontext, der von den Brüdern Wardan (so[!], und nicht: Artavazd) und Vasak sagt, daß sie die Erzieher des *Aršak* gewesen seien:

or dayeakkʿ ew snuçičkʿ ēin tʿagaworin Aršakay.
welche die Ernährer und die Erzieher des Königs Aršak waren.
(Pʿawstos Biwzandaçi IV 11 Ed. Venedig 1933, S. 113:6 = Lauer, S. 78)

Der Terminus *snuçič* findet sich auch z. B. Pʿawstos V 35 Ed. Venedig 1933, S. 239:10, wo es heißt, daß Bat der Erzieher des Königs Varazdat war, der früher sein Zögling (*sun*) gewesen war (S. 239:14). Der Terminus *snuçič* ist indessen ein vollkommen synonymer Ausdruck zu *dayeak*, denn Bat wird auch der *dayeak* des Königs Varazdat genannt (S. 241:10; 242:3; 243:26).

Der General Vasak wird immer als der Ernährer (*dayeak*) des Königs Aršak erwähnt, wie in dem folgenden Passus:

Vasak ... or ēr dayeak tʿagaworin Hayoç Aršakay.
Vasak ... der der Ernährer des Königs Aršak von Armenien war.
(Pʿawstos Biwzandaçi IV 47 Ed. Venedig 1933, S. 164:9 f. v. u. = Lauer, S. 124)

Nach der Flucht des Königs Varazdat aus dem armenischen Land[17] bemächtigte sich der *sparapet* (Generalissimus) Manuēl Mamikonian der Position als Erzieher der Söhne des früheren Königs Pap, nämlich Aršak und Vałaršak, die seine Zöglinge wurden.

Bayç anuankʿ patanekaçn Aršakuneaçn, anun eriçun Aršak, ew krtserun Vałaršak, znosa aṙeal Manuēln sparapetn ibrew zsan snuçanēr.
Aber die Namen der jungen Arsakiden waren: der Name des Älteren Aršak und der des Jüngeren Vałaršak. Diese nahm der *sparapet* Manuēl und erzog sie als Erzieher.
(Pʿawstos Biwzandaçi V 37 Ed. Venedig 1933, S. 247:25–28 = Lauer, S. 196)

Mit der Vertreibung des Königs Varazdat stand im Zusammenhang, daß der König das Amt des *sparapet* seinem Ernährer (*dayeak*) Bat aus dem Hause Saharuni geben wollte. Der bisherige *sparapet* Mušeł wurde deshalb getötet; das hatte aber zur Folge, daß Manuēl Mamikonian den Herrn seines

Hauses Mušeł rächte und den König vertreiben ließ. Bei Pʿawstos lesen wir diese Geschichte V 35 ff. = Ed. Venedig 1933, S. 239 ff. Hier wird (S. 239:10) Bat der *dayeak snuçič tʿagaworin Varazdatay* genannt, „der Ernährer und Erzieher des Königs Varazdat", den man wiederum „seinen Zögling" (*iwrum sanun*) nennt (S. 239:14).

Es gibt natürlich in der großen armenischen Literatur viele Stellen, die von der Erzieherinstitution sprechen. Ohne eine methodische Durchsicht vorgenommen zu haben, wollen wir hier wenigstens aus Moses Xorenaçi einige aufschlußreiche Stellen anführen.

So lesen wir z. B., daß Smbat, der Sohn des Biwrat Bagratuni, der *dayeak* des Artašēs war, dessen Brüder vom König Erwand vernichtet worden waren (II 37 Ed. Vaillant de Florival I S. 240 = Ed. Venedig 1955, S. 264:19 f.).

Die soeben kurz erwähnte Stelle Moses II 37 verdient eine nähere Betrachtung. Smbat, der *dayeak* des Königssohnes Artašēs, begibt sich mit nur wenigen Begleitern, um den nach dem Tod seines Vaters entflohenen Artašēs aufzusuchen, der tatsächlich den mörderischen Anschlägen des neuen Königs Erwand entkommen war. Die Erzählung fährt dann folgendermaßen fort:

> *orum irazgac eɫeal arkʿayin Erwanday, hetayoyzs aṙakʿē. vasn oroy bovandak žamanaks ənd eress leranç ew daštaç aylakerpeal šrǰelov heti handerǰ mankambn, snuçanē i hovuavans ew yandēords, minčew parap gteal žam, ançanē aṙ Dareh arkʿay Parsiç.*
>
> (Moses Xorenaçi II 37, ed. Venedig 1955, S. 265:8–17)

> Davon benachrichtigt, sendet der König Erwand Späher aus. Deswegen während langer Zeit in den Bergen und Ebenen zusammen mit dem Kind in verschiedenen Verkleidungen sich versteckend, zieht er es in Hütten und unter Hirten auf, bis er eine geeignete Gelegenheit findend zu Darius, dem König der Perser, übergeht.
>
> (Vgl. die Übersetzung bei Lauer, *Des Moses von Chorene, Geschichte Groß-Armeniens*, S. 99)

Das Wanderleben unter den Hirten kehrt als ein typischer Zug in den Schilderungen der Erziehung eines jungen Prinzen oft wieder. In anderem Zusammenhang habe ich darauf hingewiesen[17a]. Hier möchte ich nur an die Jugenderlebnisse des Mithradates Eupators erinnern, wo wir zwar nicht ein Hirten-, aber wohl ein Wanderleben als Jäger finden (vgl. unten S. 86).

Nachdem der gerettete Artašēs König geworden war, verlieh er seinem *dayeak* Smbat hohe Ehrenbezeugungen (II 47 Ed. Vaillant de Florival I

[17] Vgl. R. Grousset, Histoire de l'Arménie, Paris 1947, S. 152 ff.
[17a] Vgl. Widengren in: *Hommages à Georges Dumézil*, Brüssel 1960, S. 230 f.

S. 258 f. = Ed. Venedig 1955, S. 284:2–4; vgl. Ed. VAILLANT DE FLORIVAL I S. 266 *dayeak* = II 50 = Ed. Venedig 1955, S. 291:9 f.). Eigentümlich ist die Stelle II 55 Ed. VAILLANT DE FLORIVAL S. 280 = Ed. Venedig 1955, S. 304:14, denn hier wird berichtet, daß Mazan seinen Erzieher Smbat (*ēr snuçeal*) haßte. Moses erzählt, daß die Familie des Zora ausgerottet und nur ein Kind durch seine Ernährer (*dayekaç)* gerettet wurde (III 15 Ed. VAILLANT DE FLORIVAL II S. 34 = Ed. Venedig 1955, S. 455 f.). Ferner sagt er, daß ein Satrap Ota der Erzieher einer Tochter des Xosrov, Xosroviduxt[18], war (*snuçol*) (II 77 Ed. VAILLANT DE FLORIVAL I, S. 330 = Ed. Venedig 1955, S. 355:3–7).

Auch in den späteren Texten finden wir Anspielungen auf dieselbe Einrichtung, wie z. B. Thomas Arçruni, Übers. BROSSET, S. 43: Sahak erklärt dem König Erwand die Ursache seiner Flucht. „Wir dienten", sagte er, „als Ernährer für die Söhne des Sanatruk." In einer anderen Stelle heißt es: „Ašot, der Bruder Vačes, der sehr jung war, wurde von seinen Erziehern weggeführt und Erwand vorgestellt" (BROSSET, S. 44).

Die Worte *dayeak* und *sun* werden auch für die Weiber verwendet, wobei *dayeak* die Ernährerin, manchmal sogar wohl die Amme, und *sun* das ernährte Mädchen bezeichnen (Pʿawstos Biwzandaçi IV 59 Ed. Venedig 1933, S. 185:12, 15 in der Geschichte von der Hinrichtung der Prinzessin Hamazaspuhi).

Dieses Wort *dayeak*, das also sowohl den Ernährer wie die Ernährerin, die Amme, bezeichnet, ist aber ein mitteliranisches Lehnwort im Armenischen[19]. Das entsprechende Pahlaviwort *dāyak* wird uns später begegnen, auch in seiner neupersischen Lautstufe *dāyah*.

Wir fassen zusammen: Es gibt in der armenischen Literatur zwei Worte, *dayeak* und *snuçič*, die sowohl den Ernährer als auch (jedenfalls *dayeak*) die Amme oder Pflegemutter bezeichnen. Die Zöglinge sind sowohl Jungen wie Mädchen, obgleich selbstverständlich beinahe immer die Knaben erwähnt werden. Die Beschaffenheit der historischen Texte bringt es mit sich, daß wir hauptsächlich von dieser Einrichtung in Verbindung mit der Königsfamilie hören. Es fanden sich jedoch auch Belege, die deutlich zeigten, daß dieselbe Institution sich auch unter den Adelsfamilien als Brauchtum fand, wie es ja auch anders nicht zu erwarten war. Der Nährvater war, wie es scheint, niedriger gestellt als sein Zögling und wurde später von diesem geehrt und bevorzugt, was, wie im Falle Bats, politische Verwicklungen mit sich bringen konnte. Der Nährvater setzte sich mit Gefahr des eigenen Lebens für seinen

[18] Der armenische Name Xosroviduxt geht auf die parthische Namensform Xosravēduxt zurück.

[19] Vgl. HORN, *Grundriß*, No. 539; HÜBSCHMANN, *Armenische Grammatik*, No. 78.

Zögling ein. Es wird als etwas Unerhörtes bemerkt, daß die Erzieher ihren königlichen Zögling aus Zorn verlassen. Ebenso wird es als etwas Sonderbares empfunden, daß ein Zögling Mazan seinen Erzieher Smbat haßte. Das Band zwischen beiden, dem Erzieher und dem Zögling, war also anscheinend gewöhnlich ein sehr inniges.

In Georgien, im Südkaukasus, herrschten die gleichen Verhältnisse, wie uns die Chroniken belehren. So heißt es in der „Geschichte Georgiens", daß der Mörder des Königs Xosrov von Armenien, Anak[20], zwei Söhne besaß, die durch ihre Ernährer gerettet wurden (Brosset, *Histoire de la Géorgie*, I S. 17:39). Weiter heißt es dort, daß der König von Persien einen Sohn namens Mihrān von einer Konkubine besaß, den er nach Georgien als König sandte und ihm als Lehrer und Berater seinen Ernährer Mirwanos mitgab (Brosset, a. a. O., S. 18:41)[21].

Aufschlußreich für die georgischen Verhältnisse ist die folgende Stelle. Es heißt, daß der georgische König Vaxtang, der von dem *spaiapet* (< armen. *sparapet* < iran. *spāδapat*) Saiurmag erzogen wurde (Brosset, a. a. O., S. 35:87), seinen Erzieher tief betrauerte, als dieser von den Feinden in einem Hinterhalt getötet wurde (S. 42:116), denn „er war bei ihm erzogen worden". Derselbe König Vaxtang erbaute an dem Ort des Martyriums des Persers Rajden, des Nährvaters seines ersten Weibes, eine Kirche (S. 44:122: *snuçoli ar̃ajin knojn Vaxtʿangay*)[22].

Es ist unnötig zu unterstreichen, daß diese Belege aus den georgischen Verhältnissen sich mit den armenischen völlig decken.

3.

Wir können uns nun dem eigentlichen Iran zuwenden. Hier treffen wir für die Sassanidenzeit in der historischen Literatur auf eindeutige Belege für eine Erzieherinstitution, welche die Königssöhne betrifft. So haben wir den bekannten Fall Bahrām Gōrs, der vom sassanidischen Vasallenfürsten Mundhir, dem Araberkönig in Hīrah, erzogen wurde[23]. Der Erzieher des

[20] Vgl. Grousset, a. a. O., S. 114.

[21] Vgl. Justi in *GrIrPh* II, S. 519. Der betreffende persische König ist der Sassanide Šāpūr I.

[22] Peeters, *AB* XXXIII/1914, S. 300. Vgl. die Übers. S. 308: „Nutricium hunc appellabant et pro magno honore munus eiusmodi principibus optimatibusque suis illi concedebant."

[23] Die von Nöldeke, *Geschichte der Perser und Araber*, S. 90 Anm. 2, gegebene Erklärung seines Aufenthaltes in Hīrah, daß nämlich ein Zerwürfnis mit seinem Vater Yazdagird vorliege, rechnet nicht mit der hier besprochenen Erzieherinstitution und kann darum nur auf bedingte Gültigkeit Anspruch erheben. Daß bestehende soziale Einrichtungen gegebenenfalls auch politisch ausgenutzt wurden, ist selbstverständlich.

jungen Pērōz stammte aus dem mächtigen Adelshaus Mihrān, besiegte den ältesten Sohn Yazdagirds II., Ōhrmizd, den er dann tötete, worauf er Pērōz als König einsetzte. Er wird im armenischen Text *dayeak* genannt (Ełišē Vardapet, ed. Venedig 1861, S. 318:1 f.). Durch Procopius wissen wir ferner, daß Kavād, ein Sohn des Königsbruders Žam, von seinem Erzieher Ādurgundād gerettet wurde, als Xosrau Anōšurvān ihn zu töten versuchte (Procopius, Bell. Pers. I. XXIII 7), wo er sagt:

> Kavād aber, den Sohn Žams, war er nicht imstande zu töten. Denn er wurde noch von dem *kanārang* Ādurgundād ernährt (ἐτρέφετο).

Dieser *kanārang*[24] wird auch I, XXIII 4, der Beschützer (ἐπίτροπος) des Kindes genannt. Es heißt, daß er das Kind ernährt hatte (ἐθρέψατο, I, XXIII 7). Die ganze Geschichte erinnert uns lebhaft an die ähnlichen Vorkommnisse, die wir aus Armenien kennen.

Das Erzieherinstitut ist tatsächlich schon für die älteste Sassanidenzeit in der Königsfamilie belegt, wie die Šāpūrinschrift uns deutlich zeigt[25]:

mp. *Sāsān i vispuhr i pat Parrīkān dāšty* (Z. 60—61)
mp. *Sāsān i vispuhr i pat Kidūkān dāšty.*
Der Prinz Sāsān, von (den) Parrīkān erzogen.
Der Prinz Sāsān, von (den) Kidūkān erzogen.
mparth. *Sāsān vāspuhr čē paty Parrīkān dāšt* (Z. 60—61).
mparth. *ani Sāsān vāspuhr čē paty Kidūkān dāšt.*
Der Prinz Sāsān, von (den) Parrīkān erzogen.
Der andere Prinz Sāsān, von (den) Kidūkān erzogen.

Der griechische Text der Inschrift verwendet in diesen zwei Fällen das Verbum ἀνατρέφειν oder τρέφειν (im Text τράφέντος bzw. ἀνατραφέντος). Die literarischen Überlieferungen über die ältere Sassanidengeschichte bestätigen die Angaben der Šāpūrinschrift. Es wird nämlich erzählt, daß Ardašēr in einem Alter von sieben Jahren von seinem Vater Pāpak dem Erzieher Tīrē übergeben wurde, dessen Stellung als *arkapat* er nach dessen Tod erbte (vgl. Ṭabarī I, S. 815:1 ff.; Ibn al-Aṯīr, I, S. 273 ff.).

Wichtig ist aber, daß wir aus der sassanidischen Zeit die Erziehereinrichtung nicht nur in der königlichen Familie, sondern auch in der höheren Gesellschaft überhaupt kennenlernen. Hier kann man erstens daran erinnern, daß

[24] Zum Titel *kanārang* vgl. Christensen, *L'Iran sous les Sassanides*, S. 107–108 Anm. 3.

[25] Vgl. Maricq, *Classica et Orientalia*, Paris 1965, S. 68 [326] mit Anm. 6, wo er mit Verweis auf das sassanidische Rechtsbuch *Mātiyān i hazār dātastān* deutlich aufzeigt, daß der Ausdruck *PWN (pat) ... dāšty* ein Erzieherverhältnis voraussetzt, wie es ja auch aus der griechischen Fassung der Inschrift deutlich wird.

in Kārnāmak Ardašēr von Pāpak zum Hofe Ardavāns geschickt wird, um dort die abschließende Erziehung zu bekommen. Und Pāpak ist doch – auch im Roman *KN* – nur ein feudaler Kleinfürst in Pārs.

Von besonderer Wichtigkeit ist indessen in dieser Hinsicht die Geschichte von Yazdīn, die sich in den Tagen des Großkönigs Bahrām Gōr abspielte, also in der Mitte des 5. Jh. n. Chr.[26].

> „In den Tagen des Varahrān, des Sohnes des Yazdagird, lebte ein Mann, ein Magier, der ein bedeutender Mann und sehr bekannt war, in der Provinz Balāšfarr, und dessen Name Mihryār war. Er stammte aus einem Flecken, der Dawin hieß, in dem Distrikt von Dīnahwar."

Ein Sohn dieses Mihryār war Yazdīn, der in die Magierschule gegeben wurde, um in der Lehre des Magiertums unterrichtet zu werden.

> „Als Yazdīn wenige Tage in der Schule der Magier gewesen war, verließ er die Schule der Magier, entfloh und kam ins Haus seiner Erzieher. Dort blieb er einige Tage, ohne daß seine Eltern davon wußten."

Dieses „Haus seiner Erzieher" (*bēṯ m^{e}rabb^{e}i̯ānau*) wird im folgenden noch zweimal erwähnt. Yazdin geht mit seinen Erziehern (*m^{e}rabb^{e}i̯ānau*) in die Kirche. Aber auch der Name seines männlichen Erziehers wird berichtet, er heißt Jakob und wird noch zweimal als Erzieher bezeichnet (*m^{e}rabb^{e}i̯ānā*).

Offenbar ist diese Einrichtung als etwas Selbstverständliches vorausgesetzt, denn es wird überhaupt kein Kommentar über das Institut gegeben. Sie muß also als eine normale Einrichtung in der höheren sassanidischen Gesellschaft betrachtet werden.

Wenn wir von der syrischen Literatur sprechen, ist daran zu erinnern, daß im syrischen „Lied von der Perle" schon am Anfang die Erzieher erwähnt werden (v. 1–2)[27]:

> Da ich ein ganz kleines Kind war und in meinem Königreich, dem Haus meines Vaters, wohnte und am Reichtum und an der Pracht meiner Erzieher mich ergötzte.

Aber obgleich der syrische Text der Sassanidenzeit zuzurechnen ist, sind die im Perlenlied geschilderten Verhältnisse deutlich parthisch, und das Lied

[26] Der syrische Text findet sich bei Bedjan, *AMS*, II, S. 560 f., eine französische Übers. von Corluy in *AB* VII, S. 5–44, eine deutsche des Anfangs bei Moberg, *Über einige christliche Legenden in der islamischen Tradition;* Lund 1930, S. 23–26 (der nicht immer den richtigen Sinn der technischen Ausdrücke getroffen hat).

[27] Der Text ist nicht verbesserungsbedürftig; vgl. die deutsche Übers. bei Widengren, *Iranische Geisteswelt*, Baden-Baden 1961, S. 256, wo ich aber die zweite Zeile jetzt richtiger verstehe. Die dort gegebene Übers. ist darum zu korrigieren.

bezeugt darum die Erziehereinrichtung für die königliche Familie der Arsakiden[28]. Wiederum vermerken wir, daß die Erziehereinrichtung offenbar als selbstverständlich vorausgesetzt wird.

Die Märtyrerin Šīrīn, die zur Zeit des Königs Xosrau Anōšurvān lebte, wurde von einer Frau aus der Provinz Pārs erzogen, aber die Erziehung erfolgte nicht in dieser Provinz selbst, sondern in ihrer eigenen Heimat. Es ist darum etwas unsicher, inwieweit die Angabe in ihren Akten die von uns behandelte Erziehung betrifft[28a].

In dem Fārsnāmah finden wir eine Bestätigung unserer Feststellung, daß es in der Sassanidenzeit eine *dāyak*-Institution, besonders unter den Großkönigen, gegeben hat. Von dem letzten, Iran regierenden König Yazdagird lesen wir nämlich folgendes:

Dieser Yazdagird, Sohn von Šahriyār, hatte als einen Ernährer Mihrbān, und um die Zeit, als Šērōē die Verwandten tötete, ließ ihn sein Ernährer flüchten und brachte ihn nach Istaxr in Pārs. Die Großen in Pārs erzogen ihn und pflegten ihn.

(LE STRANGE–NICHOLSON, *The Fársnáma*, S. 111:10–12)

Die Termini für Ernährer und erziehen sind, wie zu erwarten war, *dāyah* und *parvardan*, so daß sich also in diesem Fall die sassanidischen Ausdrücke *dāyak* und *parvartan* ins Neupersische gerettet haben[29]. Im übrigen bemerken wir in dieser Erzählung wie gewöhnlich, daß der Erzieher des fürstlichen Kindes sich verpflichtet fühlt, das Kind vor jeder Gefahr zu schützen und in Sicherheit zu bringen. Diesen Vorgang konnten wir schon bei Procopius in der Überlieferung von Kavād, dem Sohn Žams, entdecken, da ja dieser von seinem Erzieher Ādurgundād gerettet wurde.

Auch in der mythisch-legendären Literatur begegnen wir vielleicht Andeutungen über die Erziehereinrichtung. So heißt es z. B. in der Pahlavierzählung von den Abenteuern Karšāsps (Kərəsāspa):

[28] Vgl. die Zusammenfassung bei WIDENGREN, *Iranische Geisteswelt*, S. 253–255, und meinen Aufsatz in *ZRGG* 4/1952, bes. S. 11–16. Hier ist aber vor allem hinzuzufügen, daß das Lied noch nicht mit Seleukia-Ktesifon als parthischer Hauptstadt rechnet: im Gegenteil, Mesopotamien gehört nicht zum Partherreich, und die Hauptstadt befindet sich im Osten des Reiches.

[28a] Vgl. P. DEVOS, *Sainte Sirin, martyre sous Khosrau 1er Anosarvan*, *AB* LXIV/1946, S. 114 oben.

[29] Die Wurzeln *parvard-* im Mp. und *parvarz-* im Parthischen kommen verschiedentlich auch in den manichäischen Texten vor. So finden wir in *MirM* I *parvardan* und bei MÜLLER, *Doppelblatt*, S. 9:12–14, *parvarāg* in dem Ausdruck „dem Beschützer der Apostel, dem Pfleger der Electi, der Lauteren". Beschützer heißt hier *dastvar*. – Parthisch finden wir *HR* II M 32 V 12 *parvarz* und *MirM* III, Gloss. 60 [905]a *parvarzag*.

*ut Gandarβ *Āxrūrak dōst kašīt, u-š ēt i man žan kašīt, u-š pit ut dāyak i man karšīt.*

Und der Gandarv schleppte meinen Freund Āxrūrak fort, und er schleppte diese meine Frau fort, und er schleppte meinen Vater und meinen Ernährer fort.

(Dēnkart Ed. MADAN, S. 802: = NYBERG, *Oriental Studies Pavry*, S. 341)

In seinem philologischen Kommentar zum Text sagt NYBERG (a. a. O., S. 351), daß „la combination *pit u dāyak* nous montre bien que *dāyak* a ici le sens de ‚mère'". Er übersetzt auch dementsprechend und stützt seine Übersetzung durch einen Hinweis auf den kurdischen Ausdruck *dāīk-u-bāb* „Eltern", wörtlich „Mutter und Vater"[30]. NYBERG hat aber anscheinend in diesem Fall nicht mit dem parthischen Wort *dāyak* gerechnet, das, wie bemerkt wurde, im Armenischen belegt ist. Dasselbe Wort taucht aber auch anderswo im zoroastrischen Schrifttum auf, so in Vidēvdāt, wo es die Ernährerin, d. h. die Amme und Pflegemutter bezeichnet[31]. Im Sogdhischen haben wir das Wort *δ'yh*, das „servante", „(femme) esclave" bedeutet[32]. Die semantische Entwicklung kann man sich folgendermaßen erklären: Ernährerin (in einer untergeordneten Stellung) > Dienstmädchen > Sklavin.

In einem parthischen manichäischen Text lesen wir (mit den Änderungen, die BENVENISTE gegeben hat)[33]:

hrw hry bg'n 'w d'y'd pd ym zhg

Alle drei Götter nährten dieses Kind.

(*MirM* III S. 36 [881] 92–93)

Hier wird nach BENVENISTE das Verbum *dāy-* √ *dā-* verwendet, das ja auch mit dem aus derselben Wurzel *dā-* stammenden Wort *dāyak* zusammenhängt. Zu *dāyak* müssen wir mit HORN[34] eine Wechselform **dāyakān* annehmen, denn wir finden tatsächlich (*Vd.* III 31) ein Abstraktwort *dāyakānīh* als Wechselform zu *dāyakīh*[35].

[30] Vgl. MANN, *Kurdisch-persische Forschungen* IV 3,1, S. 5.

[31] Ed. HOSHANG JAMASP, Bombay 1907, S. 83.

[32] Vgl. z. B. *VJ* Ed. BENVENISTE, Paris 1946, Gloss. S. 109 b. In den Briefen als „höfliche Erniedrigung der Schreiberin", vgl. REICHELT, *Die soghdischen Handschriftenreste des Britischen Museums* II, Heidelberg 1931, Gloss. S. 48 a.
Im christlichen soghdischen Schrifttum korrespondiert der Plural *d'yt* mit *bntyt* (also *dāyak* mit *bandak*) vgl. MÜLLER-LENTZ, *Soghdische Texte*, II, 3:28–29 = S. 24 [525]).

[33] Vgl. BENVENISTE, *JA* 1936, S. 196. Eine andere Erklärung gibt HENNING, *BBB*, S. 108 a: *udāy-* ap. **udāvaya-*, von GHILAIN, *Essai sur la langue parthe*, S. 78, akzeptiert.

[34] *GrIrPh* I 2, S. 178. Er versteht das np. *dāyagān* als Zusammensetzung aus *dāya* + *gān*, aber da phl. *dāyakān* belegt ist, liegt ein direkter Übergang *dāyakān* > *dāyagān* vor.
Das Wort *dāyakānīh* wird von HOSHANG JAMASP, *Vendidad*, Gloss. S. 76 als Plural mit Abstraktendung *-īh* aufgefaßt. Mir ist diese Erklärung unverständlich. Vgl. auch unten S. 79.

[35] Siehe den Apparat in dem Phl. *Vd.*, Ausgabe HOSHANG JAMASP I, S. 83.

Die *Vd.*-Stelle III 31, auf die soeben hingewiesen wurde, verdient eine nähere Betrachtung. Hier wird der Text *satəm paitistanąm hazaŋrəm paitidaranąm* in eigentümlicher Weise glossiert: *patištānīh, čigōn kā pat 50 mart dastyārakīh i apurnāyak kunēnd;* „Wohnstätte, als ob man durch 50 Männer dem minderjährigen Jüngling Erziehung verschaffte", und ferner: *pistānīh, čigōn kē pat 500 žan dāyakānīh i apurnāyak I kunēt:* „Brust, als ob man durch 500 Weiber einem minderjährigen Jüngling Ernähren verschaffte."

Hier werden deutlich zwei Handlungen gegeneinander kontrastiert: *dastyārakīh* (Erziehung), die von den 50 Männern geleistet, und *dāyakānīh* (Ernähren), die von den 500 Weibern gegeben wird. Das Wort *dāyakānīh* kann nicht mit der Wirksamkeit als Amme zusammengestellt werden, denn *apurnāyak* bezeichnet, wie wir später sehen werden, den minderjährigen Jüngling, der doch so gewachsen ist, daß man ihn beinahe auch als jungen Mann bezeichnen kann[36]. Wie die angegebenen Zahlenverhältnisse eigentlich zu erklären sind, bleibt einstweilen unsicher. Soviel ist jedenfalls klar, daß sie in beiden Fällen die Hälfte der im avestischen Text gegebenen Zahlen darstellen, und ferner, daß die Zahl 50 eben eine bestimmte Abteilung von Gefolgsleuten ausmacht, wie wir sogleich im folgenden sehen werden. Ob vielleicht die Weiber irgendwie in derselben Weise eingeteilt waren, so daß 500 als 10 × 50 zu verstehen ist? Ferner muß der Text, um verständlich zu sein, so aufgefaßt werden, daß man mit einer Erziehung seitens einer Körperschaft rechnete, da andernfalls das gewählte Beispiel dem Leser der damaligen Zeit unverständlich gewesen wäre. Daß auch diese Annahme einer korporativen Erziehung zutrifft, werden wir bald sehen[37].

Die Worte *dāyak* und *δāyah* kommen von der Wurzel *dā-*, „ernähren", „säugen". Ernähren kann die Pflegemutter auch durch das Säugen. Die Bedeutung Ernährerin-Amme ist also, wie so oft, eine spätere Spezialisierung eines ursprünglich mehr allgemeinen Ausdrucks. Das altiranische Wort **dāyaka* muß also in dieser Hinsicht sowohl den Ernährer als auch die Ernährerin bezeichnet haben.

[36] Den Vorschlag BARTHOLOMAES in *AirWb* 837 s. v. *paiti-stāna-*, das Pahlaviwort in zwei Worte, *dast* und *hārakih*, aufzulösen, kann man unmöglich gutheißen. Statt dessen empfiehlt es sich, *dastyārakīh* zu lesen, denn erstens müssen *nur mart* und *žan* sich entsprechen, nicht *mart dast* dem bloßen *žan*, zweitens bedeutet *dastiarak* im Armenischen Erzieher, Lehrer (vgl. HÜBSCHMANN, *Arm. Gr.*, S. 135:172); darum würde in solchem Fall die männliche Körperschaft die Erziehung, die weibliche die Ernährung besorgen, was ja besonders gut paßt; drittens fällt auf, daß die vorgeschlagene Lesung **hārakīh* auch darum unsicher ist, weil das Verbum *har-* *nicht* mit einem solchen Wort in der Pahlaviübersetzung wiedergegeben wird.

[37] Vgl. unten S. 82 ff.

Die neupersischen Texte sind hier geeignet, Licht auf die älteren Verhältnisse zu werfen. So ist Rustam in Šāhnāmah der Nährvater des Königssohnes Siyāvuš. Es wird erzählt, daß Rustam sich darüber äußert:

> Er sagte so: Es ist notwendig, daß ich in meinen Armen dieses Kind erziehe, das einem Löwen gleicht, weil es keine Fähigkeit bei deinen Wärtern gibt; es gibt für ihn in der Welt keinen Ernährer wie ich.
>
> (Ed. MACAN I S. 380:25 f. = VULLERS II S. 528:82–83 = Übers. MOHL II S. 159 [etwas abweichend])

Der Terminus für Ernährer ist hier *dāyah* (< *dāyak*) und für erziehen *parvārānīdan*. Die folgende Erzählung schildert die Sorgen Rustams um Siyāvuš. Firdausi gibt uns auch eine Aufzählung der Gaben, die der Nährvater Rustam seinem Zögling Siyāvuš übergibt, als der junge Prinz an den Hof seines Vaters zurückkehrt.

Die Tatsache, daß Rustam der Nährvater (*dāyah*) und Erzieher (*parvardgār*) gewesen ist, wird oft in *ŠN* erwähnt. So wird z. B. von Siyāvuš gesagt:

> Siyāvuš war ein Weltbesitzer und voll von Fähigkeit, Rustam von Zābulistān war sein Ernährer.
>
> (Ed. MACAN II S. 697:23 = Übers. MOHL III S. 131)[38]

Hier findet sich wiederum das Wort *dāyah*. Mit diesem Terminus wechselt aber das Wort *parvarānandah* in *ŠN.*, um den Erzieher zu bezeichnen, z. B., wenn man sich mit den folgenden Worten an Rustam wendet:

> Du bist der Erzieher des Thrones und der Krone.
>
> (Ed. MACAN II S. 648:17 = Übers. MOHL III S. 46 [abweichende Übersetzung])

Sehr bemerkenswert ist der Hinweis, den wir wahrscheinlich in dem zwar neupersisch überlieferten, aber auf parthischer Vorlage aufgebauten Epos Wīs u Rāmīn[39] finden, nämlich daß Wīs u Rāmīn von einer Ernährerin (*dāyagān*) erzogen werden. Und zwar wird Wīs von ihrer Mutter als ganz zartes Kind der „Ernährerin" übergeben, um von dieser erzogen zu werden. HORN (*GrIrPh* I 2, S. 178) will dieses *dāyagān* als „Amme", somit als Singular verstehen, also *dāya-gān* mit Suffix *-gān(dāyakān)*. Warum wird

[38] Zu vergleichen ist Ed. MACAN II S. 691:16 = Übers. MOHL III S. 121:
> In Zābulistan lebte er lange, voll von Fähigkeit. Zu dieser Zeit war er der Ernährer des Siyāvuš.

Auch hier heißt es *dāyah*.

[39] Vgl. oben S. 40.

aber diese „Amme“ später immer *„dāyah“* genannt? War in der parthischen Fassung von (zwei) Ernährern die Rede?

همانَ ساعت که از مادر فروزاد مرورا مادرش با دایگان داد	In demselben Augenblick, in dem sie von der Mutter geboren war, gab ihre Mutter sie zu der Ernährerin.

(Wīs u Rāmīn Ed. MINOVI, S. 37:17; Übers. MASSÉ, S. 32)[40]

Sie bleibt aber bei dieser Erzieherin bis zum Pubertätsalter und wird dort in Xūsistān zusammen mit Rāmīn erzogen.

چنين بپرورد اورا دايگانش	Also wurden sie von ihrer Ernährerin erzogen,
بپرورد ن همی بسپرد جانش	ihre Seele überlieferte sie immer zu dem Erziehen.
بهم بودند انجا ويس ورامين	Zusammen waren dort Wīs und Rāmīn,
چو در يك باغ اذرگون ونسرين	wie in einem Garten Anemone und Wildrose.

(Wīs u Rāmīn Ed. MINOVI, S. 39:1–3; Übers. MASSÉ, S. 33)

Es scheint uns wichtig zu vermerken, daß hier ein Prinz und eine Prinzessin zusammen bei einer (vielleicht ursprünglich zwei) *dāyagān* aufwachsen und erzogen werden.

Wenn wir zu der Karšāsperzählung zurückkehren, sehen wir also, daß das Wort *dāyak* im parthischen Zusammenhang anscheinend immer nur „Ernährer“ bedeutet hat. Die von NYBERG befürwortete Übersetzung „Mutter“ kann man daher vielleicht fallenlassen[41]. Fest steht jedenfalls, daß sowohl in mitteliranischen wie neupersischen epischen Texten, die auf altem Material fußen, das Wort *dāyak* auf eine Nährvaterinstitution (bzw. Pflegemutterinstitution) vom gleichen Typ wie in Armenien und Georgien hindeutet, wofür ja auch etwas anderes zu erwarten keine Ursache vorhanden war.

4.

Wenn wir nun nachprüfen wollen, in welchem Maße die armenischen, georgischen und iranischen Texte uns helfen können, die Probleme zu lösen, die uns die kaukasische und zumal die ossetische Erzieherinstitution aufgeben, so können wir wohl die Resultate folgendermaßen zusammenfassen.

[40] Auch MASSÉ denkt nur an eine „Amme“.

[41] Der kurdische Ausdruck dürfte also ebenso wie die soghdische Bedeutung eine spätere Sonderentwicklung bezeichnen.

Die Erzieherinstitution ist in den armenischen Quellen aus der Zeit der parthischen Dynastie sowie des parthischen Kultureinflusses häufig belegt. Der gewöhnliche Terminus für Ernährer ist ein parthisches Lehnwort. Dasselbe Wort findet in *ŠN* Verwendung, um den Erzieher zu bezeichnen. Die am nächsten liegende Schlußfolgerung dürfte darum wohl die sein, daß die Institution als solche echt iranisch ist. Da dasselbe Wort sowohl den Nährvater wie die Nährmutter bezeichnen kann und im Sogdhischen, einem mittelostiranischen Dialekt, „Dienstmädchen", „Sklavin", bedeutet, scheint es möglich anzunehmen, daß der Terminus ursprünglich einen Erzieher männlichen *oder* weiblichen Geschlechts bezeichnete, einen Erzieher, der im Verhältnis zu der Familie des Zöglings eine subordinierte Stellung einnahm. Die vorhandenen Angaben stimmen mit dieser Schlußfolgerung überein. Der Sohn des Königs wird bei irgendeinem ziemlich abseits lebenden Vasallen erzogen. Ob dasselbe Verhältnis für die Töchter des Feudaladels gültig war, kann nicht mit Bestimmtheit gesagt werden, aber wahrscheinlich verhält es sich doch so, denn – wie gesagt wurde – der parthische Großkönig ist nur ein *primus inter pares*, die Sitten der Adelsklassen hatten auch für die Königsfamilie Gültigkeit. Die recht spärlichen Notizen über die adeligen oder fürstlichen Töchter führen eindeutig in dieselbe Richtung wie die Angaben über die Söhne. Das Band zwischen Erzieher und Zögling ist ein sehr starkes und inniges. Nachdem ein königlicher Zögling den Thron bestiegen hat, versucht er auf jede Weise, seinem Ernährer zu einer hohen Stellung zu verhelfen. Es wird als etwas Aufsehenerregendes empfunden, wenn Erzieher eines Königssohnes im Zorn das königliche Hoflager und damit ihren Zögling verlassen. In diesem Zusammenhang ist besonders zu vermerken, daß der Königssohn zwei Erzieher, zwei Brüder, besitzen kann. Der Einfluß der Ernährerin kommt in der neupersischen Literatur etwas parodistisch in der von der „Amme" gespielten Rolle zum Ausdruck. Was speziell den Pflegevater betrifft, so wird Widerwillen gegen ihn als etwas Unerhörtes genannt. In *ŠN* werden die von dem Erzieher Rustam seinem Zögling gegebenen Gaben erwähnt. Nichts in unseren Texten deutet darauf hin, daß der Erzieher der Familie der mütterlichen Seite angehören muß.

Kehren wir nunmehr zu den Osseten zurück, so sind wir imstande zu behaupten, daß die bei ihnen vorhandene Institution mit vollkommener Sicherheit einheimisch, also iranisch, ist und daß sich sehr wahrscheinlich diese gesellschaftliche Einrichtung mit anderen feudalen Sitten bei den anderen kaukasischen Völkern verbreitet hat, wenn nicht sogar von Parallelentwicklung die Rede sein kann; allerdings erscheint letztere etwas unwahrscheinlich, da wir ziemlich früh einen vollentwickelten Feudalismus in der iranischen Gesellschaft vorfinden, der unter den mehr nomadisierenden Nachbarvölkern nicht begegnet. In der Erzieherinstitution tritt eben der *feudale* Zug stark hervor; er ist offenbar schon für die älteste Zeit konstitutiv, denn von Anfang an, d. h. soweit wir sie zurückverfolgen können, gehört die Erzieherinstitution einer ausgesprochen feudalen Gesellschaft an. Ein mutterrechtlicher Zug ist in den hier angeführten iranischen und armenisch-georgischen Texten nicht zu entdecken, in den ossetischen nur ausnahmsweise ein matrilokaler. Schon jetzt kann man sagen, daß die bisherige Forschung auch den matrilokalen Zug übertrieben hat. Vielleicht sollte man eine kritische Durchsicht des gesamten ossetischen Materials vornehmen. Überhaupt wird man mehr als bisher die ossetischen Einrichtungen gegen den ganzen iranischen Hintergrund sehen müssen. Dieser iranische Hintergrund besteht aber in einer auf Sippenverfassung, aber mit männerbündlerischer Verquickung aufgebauten feudalen Gesellschaft, wie wir bald sehen werden.

5.

Mit alledem sind wir natürlich noch nicht zum Kernproblem angelangt: Wie und warum entstand diese Einrichtung? Wenn im folgenden ein Versuch gemacht wird, zu dem ursprünglichen Sitz im Leben dieser seltsamen Einrichtung vorzustoßen, so wird der Weg selbstverständlich durch zum größten Teil unbekanntes Land führen, und manches muß immer noch unsicher bleiben. Von unseren Schlußfolgerungen und Hypothesen muß durch kommende Forschungen vieles berichtigt werden.

Wir beginnen mit der Feststellung, daß wir auf iranischem Gebiet auch mythisch-legendäre Traditionen besitzen, die davon erzählen, wie Königssöhne fern vom Hof in sehr bescheidener Umgebung erzogen worden sind. Als Typenbeispiel darf wohl die Kyroslegende gelten. Zwar ist diese wahrscheinlich mit Elementen aus der vorderorientalischen Königslegende durchsetzt, aber der Kern ist doch iranisch[42]. Wie Alföldi dargelegt hat, ist Kyros in den Persica des Ktesias nicht wie bei Herodot ein Hirtenknabe königlicher Abstammung, sondern „ein junger Bursche ... aus dem persischen Stamm der Marder, dessen Vater sich wegen seiner Armut durch Räuberei erhält, während seine Mutter eine Ziegenhirtin gewesen ist“[43]. Daß hier bei Ktesias eine gewisse Nachrationalisierung vorliegt, werden wir bald sehen.

[42] In meiner hoffentlich nicht in allzu ferner Zukunft zu publizierenden Arbeit über das iranische Königtum behandelt ein Kapitel diese königliche Geburts- und Erziehungslegende. Vorläufig verweise ich auf meinen Beitrag in der Festschrift Dumézil, *La légende royale de l'Iran antique. Hommages à Georges Dumézil*, S. 225–237.

[43] A. Alföldi, *Königsweihe und Männerbund bei den Achämeniden (Schweiz. Archiv f. Volkskunde* 47/1951), S. 12 f.; vgl. *FGH* Ed. Jacoby II, S. 361:31 ff.

Ktesias hat zwar über gute Traditionen verfügt, aber er hat sie nur teilweise verstanden und sie darum rationalisiert[44].

Kyros lebte nach Herodot I 114 ein Hirtenleben und wurde sogar „der Hirtenknabe" (βουκόλος) genannt, nach Ktesias aber lebte er als Räuber. Ktesias berichtet auch, daß Kyros und seine Genossen von Astyages als „Bettlergesindel" beschimpft wurden[45]. Ebenso sagt Astyages von ihnen: „Wie tapfer sind diese Terebinthenfresser[46]!" Wie ALFÖLDI hervorgehoben hat, stimmen zu diesen Angaben die Nachrichten Strabos über die persische Jugend. Sie wurde unter rauhen Verhältnissen erzogen; die Jünglinge hatten lange Strecken zu durchlaufen, mußten sich im Ertragen von Hitze, Kälte und Regen üben, lernten das Vieh zu hüten und nachts im Freien zu kampieren. Auch an den Genuß von wilden Früchten, Terebinthen, Eicheln und Holzbirnen mußten sich die Jünglinge gewöhnen (Strabo XV 3,18)[47]. ALFÖLDI hat mit Recht auf die dann unmittelbar folgende Bemerkung Strabos über die Jünglinge Nachdruck gelegt: „Diese aber heißen κάρδακες, weil sie vom Stehlen leben; denn κάρδα bedeutet Tapferkeit und Heldenmut" (XV 3,18). Hieraus folgert ALFÖLDI: „Das ist also ein echter Männerbund mit seinem Leben in der Wildnis und mit seiner besonderen Disziplin, und jene Jugendgeschichte des Kyros ist nichts anderes als die Mythisierung dieses Lebensideals[48].

Dies alles ist völlig richtig und als Komplement zu den Forschungen WIKANDERS wichtig. Wir können indessen viel mehr Material beibringen und darum in der Analyse noch weiterkommen. Zuerst wollen wir einige philologische Bemerkungen hinzufügen. Wenn Kyros in der Ktesiasüberlieferung ein „Bürschchen", μειρακίσκος (eine Diminutivbildung von μειράκιον, Jüngling [von 14 bis 20 Jahren]), genannt wird, so ist es wichtig zu vermerken, daß dieses Wort selbst eine Ableitung aus μεῖραξ (Knabe, Jüngling) ist. Dieser Terminus μεῖραξ ist nämlich dasselbe Wort wie die von uns hier behandelten Termini *marya-*, *mairya-*, *marīka* (**maryaka*), *mērak*, und zwar korrespondiert μεῖραξ gen. μείρακος direkt mit *maryaka*[49]. Hinter dem griechi-

[44] F. JACOBY, *PW* 11/1922, Kol. 2032 ff., und HENRY, *Ctésias*, Bruxelles 1947, S. 6 f., sind in dieser Hinsicht etwas zu skeptisch, eben weil sie „das Zuständliche" bei ihrer Beurteilung zu wenig beachten. Vgl. CHRISTENSEN, *Les gestes des rois*, Paris 1936, S. 116 ff.

[45] ALFÖLDI, a. a. O., S. 13; *FGH* II, S. 328:2 ff.

[46] ALFÖLDI, a. a. O., S. 13; *FGH* II, S. 368:16 ff.

[47] Text: καὶ πρὸς καῦμα δὲ καὶ πρὸς ψῦχος καὶ ὄμβρους καὶ χειμάρρων διβάσεις, ὥστ' ἄβροχα φυλάττειν καὶ ὅπλα καὶ ἐσθῆτα, καὶ ποιμάνειν δὲ καὶ ἀγραυλεῖν καὶ καρποῖς ἀγρίοις χρῆσθαι, τερμίνθῳ, δρυοβαλάνοις, ἀχράδι.

[48] ALFÖLDI, a. a. O., S. 15.

[49] BOISACQ, *Dictionnaire étymologique*, S. 621. BOLL, *Kleine Schriften zur Sternkunde des des Altertums*, Leipzig 1950, S. 163 Anm. 2, bestimmt aber μειράκιον als Ausdruck des Knabenalters, was noch besser stimmt. „Jüngling" heißt νεανίας.

schen Wort μειρακίσκος bei Ktesias haben wir also wiederum den alten *terminus technicus* für das Männerbundmitglied angetroffen.

Was die Bezeichnung κάρδακες betrifft, verhält es sich so, daß nach Strabo κάρδακες von κάρδα, d. h. **kārtāka* von *kārta*, mit jüngerer Stufe **kārdāk*(*a*) von *kārd*(*a*) herzuleiten ist. Dieses Wort soll τὸ ἀνδρῶδες καὶ πολεμικόν bedeuten. Nun haben wir nach Polybios V 79,11 das Wort **kārtāka* als einen besoldeten Krieger zu verstehen[50]. Dieses Wort ist offenbar dasselbe Wort, das in *Draxt Āsūrīk* § 18 in Plural als *kārdāgān* auftritt und als „Wanderer" oder „Waldläufer" zu verstehen ist[50a].

Nach diesen vorläufigen Bemerkungen gehen wir zu einem Vergleich mit der von Xenophon in der Cyroupaideia gegebenen Schilderung der Erziehung der persischen Jugend über. Dort wird erzählt, daß es einen „freien Platz" (ἐλευθέρα ἀγορά) gab, wo der Königspalast und die übrigen Regierungsgebäude standen. Dieser Markt war in vier Teile geteilt, ein erster gehörte den Knaben, ein zweiter den Jünglingen, ein dritter den reifen Männern und ein vierter den alten Männern, die keinen Militärdienst mehr zu leisten hatten. Über jede dieser Abteilungen waren 12 Offiziere eingesetzt, denn die Perser waren nach Xenophon in 12 Stämme eingeteilt. Die Knaben gehen bis zum 16. oder 17. Jahr in eine „Schule" (εἰς τὰ διδασκαλεῖα φοιτῶντες), um dort Selbstbeherrschung (σωφροσύνη) zu lernen, d. h. Disziplin und maßvolles Essen und Trinken. Die Knaben essen nicht mit ihren Müttern zusammen, sondern mit ihrem Lehrer (διδάσκαλος), sobald die Befehlshaber es so anordnen. Nachdem die Jungen diese Ausbildung bekommen haben, werden sie mit 16 oder 17 Jahren der Klasse der jungen Männer zugeordnet (Cyroupaideia I 2,3–9). Diese Jungmannschaft bekommt eine gründliche Ausbildung in Jagd und Krieg, wobei sie alle die sportlichen und militärischen Übungen betreiben, die sie als Knaben erlernt haben, z. B. Bogenschießen und Speerwerfen, die auch bei öffentlichen Spielen ausgeübt werden. Der Teil der Jungmannschaft, der nicht auf die Jagd geht, wird zur Garnisonspflicht und zum Polizeidienst verwendet. Auf diese Weise dienen die jungen Männer 10 Jahre und gehen dann in die Klasse der reifen Männer über (I 2,9–12).

Diese ganze Einteilung und Ausbildung gilt aber nur für die Adelsklasse der Perser, die Xenophon οἱ ὁμότιμοι nennt und die 120 000 Mann zählen (I 2,15; II 1,3), die den Kern der Armee ausmachen (I 5,5). Hier sehen wir also die Erziehung innerhalb des Rahmens eines Männerbundes schon auf

[50] Text: οἷς ἅμα συνῆσαν ἀκουτισταὶ Λυδοὶ πεντακόσιοι καὶ Κάρδακες οἱ μετὰ Λυσιμάχου τοῦ Γαλάτου χίλιοι.

[50a] Vgl. Henning, *BSOAS* XIII/1949–50, S. 643 Anm. 2 „Tramps".

dem Weg, feudale Züge anzunehmen, d. h. der aus Feudalherren bestehenden Adelsklasse vorbehalten zu sein. Die angegebene Zahl ist fantastisch übertrieben.

Vergleichen wir die Schilderungen Xenophons und Strabos miteinander, so sehen wir sofort die große Übereinstimmung: die schon mit jungen Jahren einsetzende sportliche und militärische Erziehung, die von besonderen Instrukteuren, „Lehrern“, διδάσκαλοι (sowohl bei Xenophon wie bei Strabo) gehandhabt wird. Über die nähere Einteilung gibt nur Strabo Aufschluß. Er sagt nämlich, daß die Knaben in Abteilungen zu 50 unter dem Befehl eines der Königs- oder Satrapensöhne verteilt wurden (XV 3,18)[51]. Etwas von derselben Einrichtung schimmert wohl auch bei Herodot I 114 durch, wo gesagt wird, daß Kyros von den Knaben zum „König“ erwählt wurde. Die Einteilung gibt im großen und ganzen aber nur Xenophon. Seiner philosophischen Schulung gemäß liefert er mehr eine idealisierte Schilderung, während die von Strabo gegebene unvergleichlich konkreter und lebensnaher gehalten ist. Aber an dem Wirklichkeitscharakter der xenophontischen Schilderung ist nicht zu zweifeln. Der frühere überscharfe Skeptizismus hat sich nach den Untersuchungen Königs und Christensens als falsch erwiesen: Für „das Zuständliche“ ist Xenophon eine authentische und gute Quelle[52].

Eben weil Strabo seinen Bericht realistischer gestaltet hat, bekommen wir bei ihm einige wertvolle Einzelnotizen, nämlich über das „sakrale Stehlrecht“, worauf wir schon früher verwiesen haben[53]. Strabo sagt tatsächlich, daß die Jünglinge κάρδακες genannt werden, weil sie vom Diebstahl leben (ἀπὸ κλοπείας τρεφόμενοι). Nicht nur hier werden wir an den großen Heros der Mithrasmysterien erinnert, der ja der βουκλόπος θεός ist (Porphyrius, De antro nympharum 18). Dieses Stehlrecht ist überhaupt ein stehendes Merkmal der bündlerisch organisierten Jungmannschaft. In diesem Zusammenhang verweisen wir ferner auf die Erziehung der ossetischen Zöglinge bei den Erziehern auch im Stehlen (vgl. oben S. 64). Aber auch ein anderes Detail ist von Wichtigkeit. Strabo sagt, daß die Jünglinge mit Goldschmuck versehen sind (κοσμοῦνται δ᾽ οἱ παῖδες χρυσῷ, τὸ πυρωπὸν τιθεμένων ἐν τιμῇ). Dieser Goldschmuck ist uns schon als eine besondere Auszeichnung sowohl der iranischen Krieger als auch der mythischen Vertreter der indo-iranischen Jung-

[51] Die Fünfzig-Abteilung ist aber eigentümlicherweise als neubabylonische Einrichtung bezeugt, vgl. den Brief *RA* XI/1914, S. 168 R. 9: *amēlu rab 50*^{meš} *ina pānikunu*, Meissner *BuA*, I, S. 104 über die assyrische Fünfzig-Abteilung, vgl. ferner *AD* Vol. 6 s. v. *hanšā*.

[52] Vgl. Christensen a. a. O., S. 122 ff.

[53] Vgl. oben S. 83.

mannschaft, der Maruten[54], begegnet. Auch in diesem Fall bestätigt sich also die Schlußfolgerung, daß bei den Persern eine regelrechte Männerbundorganisation vorliegt.

Das harte Leben der Jünglinge in Wald und Tal schimmert auch in der Schilderung Xenophons durch. Wichtig ist eben seine Angabe, daß die Knaben nicht zu Haus mit ihren Müttern essen dürfen. Sie leben also ganz von der Heimat abgeschnitten und führen oft, wie der Bericht Strabos zeigt, unter Führung ihrer „Lehrer" ein Waldläuferleben im Freien.

Dieser Zug führt uns zur Jugendgeschichte Mithradates Eupators. Von ihm wird bei Justin XXXVII 2 folgendes erzählt: *Puer tutorum insidias passus est, qui eum fero equo impositum equitare jaculari que cogebant: qui conatus quum fefellissent, supra aetatem regente equum Mithridate, veneno eum appetivere. Quod metuens antidota saepius bibit, et ita se adversus insidias exquisitis tutioribus remediis stagnavit, ut ne volens quidem senex veneno mori potuerit. Timens deinde, ne inimici, quod veneno non potuerant, ferro peragerent, venandi studium finxit: quo per septem annos neque urbis neque ruris tecto usus est; sed per silvas vagatus diversis montium regionibus pernoctabat, ignaris omnibus, quibus esset locis, assuetus feras cursu aut fugere aut persequi, cum quibusdam etiam viribus congredi. Quibus rebus et insidias vitavit et corpus ad omnem virtutis patientiam duravit.*

Der legendäre Charakter dieser Schilderung ist schon von REINACH vermerkt worden[55]. Wichtig ist aber der bei ihm fehlende Hinweis, daß die Schilderung der Jugendzeit des großen Mithradates sich ganz in den Rahmen der iranischen Erziehung der Jungmannschaft einfügt: dasselbe harte Training mit militärischer Ausbildung im Reiten und Speerwerfen, dieselbe Übung in der Jagd auf wilde Tiere, das gleiche Leben im Freien, und das alles unter Leitung besonderer *tutores*. Dazu kommt noch die von REINACH aufgestellte Chronologie der Jugendzeit des Mithradates. In seinem zwölften Jahr vaterlos geworden, kehrt er nach sieben Jahren aus diesem Wald- und Bergleben zurück, um, mit etwa 20 Jahren, die Königsmacht zu übernehmen. Dieses Alter ist aber, wie ein Vergleich mit Xenophon und Strabo uns belehrt, eben die Zeit, in welcher der persische Jüngling seine Erziehung abgeschlossen hat; Strabo sagt nämlich, daß die Männer von 20 bis 50 Jahren im Heer dienten (XV 3, 18). Die Jugendzeit wäre demnach mit 20 Jahren beendet. Andererseits stimmt diese Angabe nicht exakt mit den Zeitangaben Xenophons überein, denen zufolge der Jüngling mit 16 oder 17 Jahren zu den jungen Männern gerechnet wird. Doch dürfte man wohl hier mit lokalen Differenzen

[54] Vgl. oben S. 20 Anm. 58.

[55] TH. REINACH, *Mithridate Eupator*, Paris 1980, S. 51: „on ne peut ni accepter ces fables, ni les ignorer."

rechnen können. Nehmen wir aber an, daß Mithradates nicht 12 Jahre alt war, sondern im 12. Jahre stand, und addieren wir 7 Jahre dazu, so bekommen wir ein Alter von 18 Jahren. Ein gewisses Moment der Ungenauigkeit bleibt trotzdem bestehen. Soviel steht jedenfalls fest, daß Mithradates aus seinem Waldleben kurz vor seinem 20. Jahr zurückkehrte, was ja mit dem Abschluß der Jugenderziehung vollkommen übereinstimmt.

In denselben Zusammenhang führen uns auch die mythisch-legendären Erzählungen über die Jugendzeit Farīdūns. Die Mutter Farīdūns übergibt diesen einem Hirten, dem Wächter der Wunderkuh Purrmāyah[56]. Mit der Milch dieser Kuh ernährt der Hirt das Kind drei Jahre lang. Danach nimmt die Mutter das Kind wieder mit sich und übergibt es einem auf einem hohen Berge – Firdausī, sagt Alburz – wohnenden, edlen Mann. Aber als Farīdūn 16 Jahre alt ist, steigt er vom Berg in die Ebene nieder, rächt seinen von Dahāk getöteten Vater und seine ebenso vom Tyrannen ermordete Amme, die Kuh Purrmāyah. Mit Hilfe des Schmiedes Kāvah gelingt ihm dieses Unternehmen. Farīdūn stürzt den Usurpator Dahā, fesselt ihn und besteigt den Thron.

Im ganzen ist es also derselbe Verlauf, nur daß wir bei Firdausi nichts von der harten Erziehung des Knaben hören. Jedenfalls aber erzählt Fārsnāmah (Ed. LE STRANGE – NICHOLSON S. 11:18 f.), daß die Söhne Ǧamšēds nach dem Auftreten des Usurpators Dahāk geflohen waren und sich unter Kuh- und Kleinviehhirten aufhielten (*baʿd az Ǧamšēd farzandān i ō bigurēxtand va dar miyān i šubānān i gāv u gōsfand mī būdand*), bis Farīdūn hervortrat[57].

[56] Zu dieser, von Firdausī gebildeten Namensform vgl. WIKANDER, *Vayu*, S. 169.

[57] Von Farīdūn wird in *Fārsnāmah*, S. 35:17 f. gesagt: *va Afrīdūn az bīm i Dahhāk gurēxtah būd va panhān šudah*, „und Farīdūn war aus Furcht vor Aždahā(k) geflohen und in ein Versteck gegangen". Das Hirtenleben Farīdūns und der anderen Nachkommen Ǧamšēds kehrt in Kārnāmak in der Geschichte der Sassaniden wieder, wo wir I 6–7 lesen: *ut Sāsān šupān i Papāk būt ut hamvār apāk gōspandān but ut hač tōhmak i Dārāy i Dārāyan būt. ut andar dušxvatāyīh i Alaksandar niyākān ō virēk ut nihan-ravišnīh ēstāt ut apāk Kurtān šupānān raft hand*, „und Sasan war ein Hirt des Papek und befand sich dauernd zusammen mit dem Kleinvieh, aber er war aus der Familie Dārās des Dārāsohnes. Und während der schlechten Herrschaft Alexanders waren seine Vorfahren in Verbannung und Versteck gegangen und hatten sich zu kurdischen Hirten begeben". Der Ausdruck *nihān-ravišnīh* wird von NYBERG, *Hilfsbuch* II, S. 158 und 244, als Glosse zu *virēk* aufgefaßt. Dieselbe Annahme kehrt bei MESSINA, *Ayātkār i Žāmāspīk*, Rom 1939, S. 93 Anm. 1, wieder, wo er sich auf zwei Stellen in Bundahišn beruft. Die eine Stelle ed. WESTERGAARD, S. 81:7, hat *100 sāl andar nihānīh būt*, während die entsprechende Stelle ed. ANKLESARIA S. 239:3, lautet: *100 sāl andar virēč būt*. Aufgrund dieser Vergleiche nimmt er an, daß auch Žāmāspīk IV 22 in derselben Weise zu verstehen sei, so daß also auch in diesem Fall *virēk* eine Glosse zu *nihān-ravišnīh* darstelle. Nun scheint es aber sowohl MESSINA wie NYBERG entgangen zu sein, daß K 43 Fol. 262 v Z. 2 f. eben denselben Ausdruck, nämlich *ō virēk ut nihān-ravišnīh*, in Bahman Yašt I 4. bringt. Wenn wir schon beginnen, gegen einen energischen und überall tätigen

Hier ist also das Hirtenleben gut bezeugt, das bei Firdausi etwas poetisch verschleiert ist. Es liegt auf der Hand, daß sich die mythischen und soziologischen Tatsachen entsprechen.

Weiter kommen wir durch eine Untersuchung des Terminus „Schüler" in dem Pahlavitext Bahman Yašt; auf diesen Ausdruck wurde schon früher hingedeutet[58]. Hier heißt es: „und hervor laufen Pišōtan, der Glänzende, zusammen mit 150 gerechten Männern, die die ‚Lehrlinge' Pišōtans sind und die einen Anzug aus schwarzem Zobelpelz ... haben[59]." Die schwarze Farbe des Pelzanzuges deutet auf den bündlerischen Charakter dieser Schar hin, während das Anziehen eines Pelzes anstelle des nackten Auftretens auf eine nördliche Gegend weist. Anzüge mit Zobelpelz werden in ŠN. erwähnt, sind also tatsächlich zur Verwendung gekommen[60]. Die übrigen Stellen in Bahman Yašt III 29, wo die 150 nur „Männer" (*mart*) genannt werden[61], und III 42, wo sie „150 Schüler" (*150 mart i hāvišt*) heißen, bringen nichts Neues. Etwas mehr ergibt eine Parallelstelle in Dēnkart VII 46, in der es heißt[62]: „Er läuft hervor zusammen mit 150 Männern, die starke und hochgewachsene ‚Lehrlinge' sind, die vorwärts zu Pflicht und Gesetz blicken, die breitschultrig und starkarmig sind, sehr haarig, so daß ihr Aussehen rauh ... ist, so daß Dämon und Schlechtigkeit sich davor fürchten." Hier finden wir ein altes Mithraepithet „starkarmig", über dessen Bedeutung als Charakterisierung der Männerbündler wir schon gesprochen haben[63].

Glossator skeptisch zu werden, dann wird die Existenz des Glossierens in allen diesen Fällen wohl durch den Vergleich mit Fārsnāmah S. 35:17 f. einfach unmöglich gemacht, denn niemand dürfte doch wohl bezweifeln, daß *gurēxtah būd va panhān šudah* eben dem Pahlaviausdruck *ō virēk ut nihān-ravišnīh ēstāt* vollkommen entspricht. Offenbar stehen wir in all den hier behandelten Fällen vor einem in festen Wendungen geprägten literarischen *Topos,* in dem der Aufenthalt des Erlöserkönigs im Versteck als die archaische, männerbündlerische Erziehung mit dem Hirtenleben geschildert wird. Nebenbei bemerken wir, daß der Terminus *virēk* parthisch ist, mp. würde **gurēk* > np. *gurē* entsprechen. *In Manual of Pehlevi,* 1964, hat NYBERG nunmehr *nihān-ravišnīh* nicht mehr als Glosse aufgefaßt. Vgl. jetzt auch WIDENGREN, *Unvala Memorial Volume,* Bombay 1964, S. 66 f.

58 Vgl. oben S. 35 Anm. 106.

59 Text: *ut frāč ravēnd Pišōtan i bāmīk apāk 150 mart i ahrav, kē hāvišt i Pišōtan hēnd, pat siyāh samōr ğāmak ... dārēnd.*

60 Vgl. *ŠN* ed. MACAN I S. 163:25, II S. 507:11, III S. 1350:7.

61 Text nach K 43 Fol. 275 r 8 f.

62 Text: *apāk 50 × 3 martān *ravēt i hāvištān i amāvand i buland, frāč nikīrītār ⟨i⟩ kār ut dātastān i frāx^v suft i staßr bāzāi i vas milīh ku-šān dītan staßr ... ku-šān dēv⟨ut⟩ vattarīh hačaš tarsēnd,* ed. MADAN, S. 665:18–22. Ich habe hier mit den Stellen in Bahman Yt. *ravēt* anstatt *raft* eingesetzt. Das Abstraktum *vattarīh* ist als Kollektivum aufzufassen = die Bösewichte.

63 Vgl. oben S. 18 f.

Diese Dēnkartstelle knüpft an die alte Avestaüberlieferung an; es kann wohl keinem Zweifel unterliegen, daß der Pahlaviausdruck *staβr-bāzāi* hier das *uγra.bāzu-* in Avesta wiedergibt[64].

Wir glauben also deutlich gemacht zu haben, daß diese jungen Männer als „Lehrlinge" oder „Schüler" bezeichnet wurden. Ein wichtiges Detail muß unterstrichen werden. Wir haben schon gesehen, daß nach Strabo die Jünglinge in Abteilungen zu 50 eingeteilt waren. Wenn hier Pišōtan als Anführer von 150 „Lehrlingen" auftritt, so sind ihm also 3 × 50 Jünglinge unterstellt, d. h. drei solcher Fünfzigmannschaften; dieser Zug genügt an sich schon, um die Brücke zwischen den Angaben Strabos und den alten iranischen Traditionen zu schlagen.

Die 150 Jünglinge begegnen uns indessen auch in einem recht unerwarteten Zusammenhang. Im „slavischen" Josephus lesen wir nämlich von Jesus: „Es war aber für ihn Gewohnheit, sich mehr vor der Stadt auf dem Ölberge aufzuhalten. Dort aber gewährte er auch den Leuten Heilung. Und es versammelten sich bei ihm 150 von Knechten, aber vom Volk eine Menge" (Josephus, De Bello Judaico, Ed. Istrin, *La prise de Jerusalem,* Paris 1934, S. 150 = II 9,3).

Wie ist diese Notiz zu erklären? Warum versammelten sich um Jesus vom Volk „eine Menge", also eine unbestimmte Zahl, von „Knechten" aber gerade die 150, die sonst in bestimmtem Kontext im Iran auftreten? Und wie ist der Terminus „Knechte" hier zu verstehen? Das altslavische Wort *sluga,* das in diesem Zusammenhang erscheint, bedeutet zwar δοῦλος oder διάκονος, wird aber als „Household" (kollektiv) oder „Retainers" charakterisiert; die verwandten Worte im Irischen und Walisischen haben die Bedeutung von „Heeresmenge" und „Krieger"[65]. Die Etymologie und die aktuelle Bedeutung zeigen, daß δοῦλος hier als *bandak* im Sinn von kriegerischem Männerbündler zu verstehen ist. Der „slavische" Josephus muß in diesem Fall eine iranische Überlieferung aufgegriffen haben; andernfalls werden wir auf große und umstrittene Probleme zurückgeführt[66].

Durch diese Abschweifung können wir feststellen, daß die Anzahl von 150 Knechten als die den Heros umgebenden Krieger in der iranischen Über-

[64] Das Wort *bāzāi* ist parthisch, denn mp. ist die Form *bāδūk,* was im Pahlavi-Psalter belegt ist (vgl. Andreas–Barr, *Bruchstücke einer Pehlevi-Übersetzung der Psalmen,* Berlin 1933, Glossar S. 35 [123]a; dort Literatur).

[65] Vgl. C. D. Buck, *A Dictionary of Selected Synonyms in the Principal Indo-European Languages,* Chicago 1949, S. 1335:6, Irl. *sluag* „host", Wales. *sllu* „army".

[66] Man kann an den eschatologischen Stoff denken, der durch die sog. Orakel des Hystaspes im Westen verbreitet wurde. Auch anderorts bei Josephus kann man solches iranische Material finden. Schwierig ist aber zu sagen, warum eben der (aller Wahrscheinlichkeit nach interpolierte) slavische Josephus solchen Stoff bringt.

lieferung schon früh feststand. Auch die Bahman-Yašt-Stellen lassen übrigens einen avestischen Hintergrund durchschimmern[67]. Das Epitheton *sato.-aēϑrya-* in Yt. 13:97 deutet übrigens auf eine Schar von 100 „Schülern" hin, also 2 × 50-Abteilungen.

Wir kehren zum Terminus „Lehrling" oder „Schüler" zurück. In diesem Zusammenhang ist eine Stelle bei P'awstos ziemlich wichtig, in der es von der Tätigkeit des Patriarchen Nersēs heißt:

> Er schrieb dem ganzen Lande vor, und besonders dem König, allen Großen und allen, die auf Erden Macht haben, ihren Dienstmännern, und Hörigen und „Lehrlingen" Liebe zu erweisen, sie wie ihre Hausgenossen zu lieben und sie nicht mit unwürdigen und übermäßigen Steuern über Gebühr zu belasten, in Erinnerung, daß sie auch einen Herrn im Himmel haben. Ebenso befahl er den Dienstmännern, in rechtem Gehorsam gegen ihren Herrn auszuhalten, denn vom Herrn würde ihnen Lohn zu Teil werden.
> (P'awstos Biwzandaçi IV 4 Ed. Venedig 1933, S. 86:15 ff. —
> Übers. Lauer, S. 59)[68]

Was die Steuern betrifft, von denen hier gesprochen wird, gewinnen wir hier zwei Ausdrücke, die die übermäßigen Steuern angeben, nämlich *anaržan* und *tarapayman*. Beide Termini sind iranische Lehnwörter: *anaržān* und *tarapaimān*[69]. Der zweite Ausdruck stammt aus der Sassanidenzeit, denn die Form ist nicht parthisch, sondern mittelpersisch[70].

In dem angeführten Text stoßen wir auf die folgenden Feudal-Termini: *cařay* (Dienstmann), *irser* (Höriger), und *ašakert*, wovon der dritte wieder ein iranisches Lehnwort ist, das „Schüler" bedeutet[71]. Die beim ersten Anblick in Erstaunen setzende Bemerkung, daß die armenischen Feudalherren „Lehr-

[67] Die syntaktische Konstruktion in den angeführten Stellen ist sehr schwierig, weil das Verbum im Satz zuerst kommt, ein schon von West vermerktes Kennzeichen avestischer Herkunft, da der Pahlavisatz das Verbum am Ende des Satzes bringt, vgl. West, *SBE* V, S. LIII. Vgl. ferner Widengren in: *Festschrift für Wilhelm Eilers*, Wiesbaden 1967, S. 278–287.

[68] Text: *Ew amenayn ašxarhin patuirēr, ew glxovin t'agaworin, ař hasarak amenayn mecamecaçn, ew ameneçun or ok' i veray ənkerin uniçin isxanut'iwn, gut'unelov ənd iwreanç cařays ew ənd irsers ew ənd ašakerts, ew sirel ibrew zəntanis, ew mi anaržans ew aweli tarapaymans harkok' nełel k'an zçaxn yuš ařnelow, zi ew noça tēr goy yerkins: soynpēs ew cařayiç patuirer kal yardarn hnazandut'ean iwreanç teranç zi i teařnē liniçi noça varjk'.*

[69] Weder *anaržan* noch *tarapayman* sind von Hübschmann, *Armenische Grammatik*, registriert worden, dagegen *aržan* und *payman* (vgl. auch *GrIrPh* I 2, S. 37, 71).

[70] Die parthische Form zu *paimān* lautet *patmān* (vgl. Tedesco, *Dialektologie*, S. 196, Hübschmann, *Persische Studien*, S. 193); *patmān* findet sich in juristischer Sprache (*WZKM* 27/1913, S. 359).

[71] Das Wort *ašakert* ist wegen der Psilose parthisch. Zur Etymologie vgl. Bartholomae, *Zum altiranischen Wörterbuch*, S. 38 (später auch Benveniste, *Trans. Phil. Soc.*, 1945, S. 69): *ašākirt* < **hašā.kṛta* (> *hašāgird*).

linge" gehabt haben, erklärt sich durch die Tatsachen, daß es Zöglinge sind, die, wahrscheinlich in größerer Anzahl, den Herren zur Erziehung übergeben worden sind. In diesem Zusammenhang läßt sich etwa auf die Notiz bei Moses Xorenaçi III 22 verweisen, in der erzählt wird, daß die Satrapen ihre Söhne zu Gnel sandten, der sie verschwenderisch ausstattete. Hier werden diese Söhne *zawaks* („Kinder") genannt; es handelt sich dabei wieder um ein iranisches Lehnwort[72]. Angesichts der schon geschilderten harten militärischen Erziehung wäre es wohl verständlich, daß die Erzieher zu Milde gegen ihre „Schüler" und Zöglinge aufgefordert werden. Es ist aber schwer zu verstehen, daß diese „Schüler" besteuert wurden. Hat die anfangs erwähnte Gewohnheit, den Erzieher für seine Ausgaben zu entschädigen, sich zu einer regelrechten Besteuerung entwickelt? An sich wäre natürlich eine solche Entwicklung gar nicht unverständlich, denn auf iranischem Boden hat sich bekanntlich das Steuerwesen aus den „freiwilligen Gaben" entwickelt (Herodot III 89).

Die mp. Entsprechung des parthischen Wortes *ašākirt* (armenisch *ašakert*), nämlich *hašāgird*, tritt in M 95 R 2 in einem Kontext auf, der uns vielleicht erlaubt, einen dem griechischen Wort διδάσκαλος entsprechenden Terminus zu eruieren. Hier wird nämlich *hašāgird* (Schüler) gegen *avistād* (Lehrer, „Meister") kontrastiert[73]. Letzterer ist aber ein Terminus, der im gesellschaftlichen Leben Irans auch während islamischer Zeit eine sehr große Bedeutung bewahrt hat und der sowohl in den weltlichen Korporationen wie in den religiösen Brüderschaften das jeweilige Oberhaupt bezeichnet[74].

Die Zugehörigkeit der armenischen Jünglinge (*ašakertk'*) zu der noch nicht das Waffenrecht besitzenden Altersklasse der Jungmannschaft wurde, wie oben vermerkt, durch eine besondere Haartracht gekennzeichnet[75]; diese Eigenart war wohl auch unter den Parthern im eigentlichen Iran vorherrschend.

Wir wissen, daß im sassanidischen Iran die Magierschüler sich um ihren „Meister" scharten und das Land in Haufen durchzogen, wie eine christliche zeitgenössische Quelle anführt. „Sie ziehen herum in Scharen und Banden,

[72] Das Wort *zawak* ist nicht bei HÜBSCHMANN, *Armenische Grammatik*, als iranisches Lehnwort registriert, aber an dem mitteliranischen Charakter des Wortes ist nicht zu zweifeln; vgl. *pavāk* parthisch gegen *pāk* mittelpersisch (LENTZ, *ZII* 4/1926, S. 266); ebenso ist hier *zavāk* parthisch gegen *zāk* mittelpersisch, in neupersisch *zāq* < *zāγ*, wie in armenisch *jag* (= *dzag*), HÜBSCHMANN, S. 185:362, und syrisch *zāgā*, bewahrt. Das soghdische *zāk* muß dasselbe Wort sein, aber es ist eigentümlich, daß entgegen der Gewohnheit die mittelpersische Lautstufe hier zu finden ist. Kurdisch *zāwah*, *GrIrPh* I 2, S. 259, ist wohl unmöglich hierherzustellen, denn wäre es dann nicht **zawāh* gewesen?

[73] Vgl. unten S. 92.

[74] Vgl. WIDENGREN, *Or Suec* II/1953, S. 61.

[75] Vgl. oben S. 36.

folgen ihren Meistern, schwätzen und streiten in dem Gefasel ihres Irrtums, kreischen und stottern und knirschen mit den Zähnen wie Wildschweine" (*BKV*² 22, S. 204)[76]. Das etwas turbulente Auftreten solcher Haufen wird dadurch gut charakterisiert. Diese Magierscharen treten wahrscheinlich wie etwa die Fünfzigscharen der adeligen Jugend auf. Vielleicht war es so in der Sassanidenzeit, daß jeder *pēšak* (Stand) sein besonderes Erziehungszentrum und seine Erzieher besaß. Wenn wir vorläufig darüber nichts eigentlich Greifbares wissen, so ist doch auf zwei auffällige Titel hinzuweisen, nämlich auf *andarzpat i vāspuhragān* und *mōgān andarzpat*[77]. Sowohl die Fürstensöhne als auch die Magier besaßen also ihre speziellen Erzieher: warum sollte das nicht auch auf die anderen Klassen zutreffen? Ferner vermerken wir, daß in diesem Fall der Lehrer *andarzpat* heißt, übrigens ein parthischer Terminus[78].

Die hier behandelten Verhältnisse spiegeln sich in den gnostischen, manichäischen und mandäischen Texten wider, aber wir behandeln diese Tatsachen in anderem Zusammenhang und verweisen hier nur auf diese[79].

Wichtig ist, daß Dēnkart ed. MADAN, S. 433:17; *ram i hāvišt* erwähnt, also „die Schar von Schülern". Mit diesem Terminus *ram* (Herde, Schar) schlagen wir eine Brücke zu den in einem separaten Teil dieser Untersuchungen behandelten Dingen[80].

6.

Am Ende dieser Ausführungen stellen wir eine vorläufige Übersicht über die Altersklassen der iranischen Jugend zusammen:

1. Bis *5–7 Jahren* ist das Kind der mütterlichen Erziehung unterstellt. BARTHOLOMAE sagt: „bis zur Vollendung (des) fünften Jahres fast allein der Obhut der Frauen im Haus anvertraut[81]." Wir können ferner auf die Angaben von CHRISTENSEN und MAZAHERI verweisen[82]. Die klassischen Autoren geben verschiedene Notizen: Herodot I 136 gibt 5 Jahre als den Einschnitt, so auch Strabo XV 3, 18. Ps. Platon, Alkibiades 121 f., sagt dagegen, daß mit 7 Jahren die Jungen zu reiten und zu jagen anfangen. Ardašēr wird

[76] Der syrische Text bei BEDJAN, *Histoire de Mar Jabhalāhā*, S. 240 f.

[77] Vgl. CHRISTENSEN, *L'Iran*, S. 135.

[78] Das Wort *andarz* ist als parthisch bezeugt.

[79] Vgl. WIDENGREN, *Semitisch-iranische Kulturbegegnung in parthischer Zeit*, Köln-Opladen 1960, S. 58 f.

[80] Vgl. G. WIDENGREN, *Die Begriffe „Populorum ordo" und „Ram" als Ausdrücke der Standesgliederung im Partherreich* (*Festschrift Walter Baetke*, Weimar 1966, S. 380–391).

[81] Vgl. BARTHOLOMAE, *Die Frau im sasanidischen Recht*, Heidelberg 1924, S. 8.

[82] Vgl. CHRISTENSEN, *L'Iran*, S. 416 f.; A. MAZAHERI, *La famille Iranienne aux temps anté-islamiques*, Paris 1938, S. 168 f.

in einem Alter von sieben Jahren seinem Erzieher Tīrē übergeben (vgl. oben S. 74). Bei den Osseten wird das Kind mit 7 (oder 12) Jahren den Erziehern überlassen. Abyātkār i Zarērān § 79 spricht von *Kōtak 7 sālak*. In parthischer Zeit war also vielleicht 7 Jahre das Alter, in dem die Erziehung durch die Frauen aufhörte. Wir gewinnen hier auch den Terminus technicus: *kōtak*, eigtl. „klein". Dieser *kōtak* bekommt eine kriegerische Erziehung, vgl. *PT*, S. 69: *Tīr rōč kōtak ō tīr vistan ut nipart ut haδiyārīh āmōxtan frēst*, „Am Tage Tīr sende den Jungen, um das Pfeilschießen und das Kämpfen und den Dienst als Helfer zu lernen" (NYBERG, *Texte zum mazdayasnischen Kalender*, S. 49 [dort ist der technische Ausdruck *(h)aδiyārīh* etwas ungenau übersetzt], Terminus: *kōtak*).

2. Von 5–7 Jahren bis zu 15 Jahren geht die nächste Altersklasse. Mit 15 Jahren erreicht man eigtl. Volljährigkeit (SACHAU, *Syrische Rechtsbücher* III, S. 133, 137, 151 f. Vgl. auch Pandnāmak § 1, worauf CHRISTENSEN verweist)[83]. Tatsächlich kennzeichnet das Alter von 15 Jahren das Idealalter im Iran. Mit diesem Alter tritt man auch in die zoroastrische Gemeinde ein[84] und zieht Kleid und Gürtel an[85]. Mit der Erreichung dieses Alters ist man immerhin doch nur minderjährig, *apurnāk* oder *apurnāyīk;* dieser Ausdruck gibt, wie bereits gesagt, wahrscheinlich diese Altersklasse an. In *Draxt Āsūrīk* § 46 steht *apurnāk* im Gegensatz zu *mahist* (dem Erwachsenen), in *Žāmāspīk* XVI 18 dagegen *apurnāk* zu *pīr* (Greis). Dasselbe ist bei Firdausi oft der Fall, denn er erwähnt zusammen *burnā u pīr*[86]. Ein Kind, das *apurnāk* genannt wird, lernt den Bagān-Nask auswendig. Auch die geistige Erziehung fängt also mit diesem Alter an[87]. Wir haben schon gesehen, daß die *apurnākān* von Erziehern erzogen wurden und daß diese Erziehung jedenfalls in älteren Zeiten außerhalb des Vaterhauses erfolgte[88]. Strabo weicht insofern ab, als er das 16. oder 17. Jahr als obere Grenze angibt. Ps. Platon dagegen vermerkt (Alkibiades 121 f.), daß mit 14 (2 × 7) Jahren die Kinder den „königlichen Erziehern" überlassen werden. Ardašēr geht mit 15 Jahren zum Großkönig Ardavān, um am Hofe seine Erziehung zu vollenden, *KN* I 24.

[83] Vgl. CHRISTENSEN, a. a. O., S. 417.

[84] Vgl. MAZAHERI, a. a. O., S. 177 und 179 ff.; DUCHESNE-GUILLEMIN, *L'initiation mazdéenne*, in: *Initiation*, ed. BLEEKER, Leiden 1965, S. 112–118, wozu meine Bemerkungen, *ebd.*, S. 303 f., zu vergleichen sind.

[85] Vgl. MAZAHERI, S. 179 ff.

[86] Vgl. WOLFF, *Glossar*, S. 138 a s. v. *burnā*.

[87] Vgl. BAILEY, *Zoroastrian Problems*, Oxford 1943, S. 161: *Aβdīh ut sahīkīh i Sagastān* § 15 = *PT* I, S. 26.

[88] Vgl. oben S. 78 f.

Ein schwieriger Terminus ist *rētak* („Page")[89]. Dieser ist offenbar noch immer klein und hilfsbedürftig, jedenfalls wird damit gerechnet. *MX* XXIX 4 spricht von *rētak i apurnāk ut zan,* und XXXIX 37 wird von *zan ut rētak i apurnāk ut bandak-mart* gesagt, daß man sie als Zeugen nicht akzeptieren kann. Ob der *rētak* im allgemeinen dieser oder der nächstfolgenden Altersklasse zuzurechnen ist, bleibe dahingestellt, auch wenn *AZ* § 95 den *kōtak* Bastwar als einen *rētak* von 10 Jahren bezeichnet[90].

3. Von 15–20 Jahren erfolgt aber eine nochmalige Erziehung. Nach *KN* I 23–24 ist Artaxšēr 15 Jahre alt, als er sich an den Hof Ardavāns begibt, um *naxčīr* (Jagd), *cōβēgān* (Polospiel) zu lernen und *frahangastān* (die Schule) zu besuchen[91]. Die Angabe Ps. Platons stimmt damit so ziemlich überein. Nach Herodot I 136 ist die Erziehung mit 20 Jahren beendet; diese Altersklasse war also schon in achämenidischer Zeit wahrscheinlich dieselbe wie in der sassanidischen. Strabo XV 3, 18 weicht wiederum ab, insofern als er 24 Jahre als die obere Grenze angibt. Aber er sagt dann später XV 3, 19, daß man im Heer von 20 bis zu 50 Jahren dient, was doch voraussetzt, daß die militärische Erziehung in dieser Altersklasse mit 20 Jahren beendet ist.

Hiermit stimmt überein, daß nach Junker, *Schulgespräch* § 41, der Jüngling in der sassandischen Zeit mit 20 Jahren eine Schlußprobe besteht, in diesem Fall die Probe vor den Weisen, Herbads und Dasturen, die die theoretische Erziehung in *frahangastān,* oder wie sie hier heißt: *dipīristān* (§ 5) bzw. *hērpatistān* (§ 25), betrifft; aber man könnte versucht sein, für diese Zeit die von uns früher erwähnte Kriegerprobe als Beendigung der Erziehung des jungen Mannes anzunehmen[92]. Strabo erzählt übrigens, daß sowohl mythische wie geschichtlich-legendäre Elemente der Überlieferung den zu erziehenden Jungen von ihren Lehrern mitgeteilt wurden. Die militärische und geistige Erziehung gingen also schon zu seiner Zeit Hand in Hand[93]. Was die nordiranischen Verhältnisse betrifft, so heißt es für die Osseten ganz un-

[89] Wahrscheinlich < avest. *ra'ti- + ka,* npers. ist die Form *rīdah,* älter *rīdak,* vgl. Wolff, *Glossar,* S. 457a: „A Jüngling, B (junger) Sklave" (vgl. oben S. 24).

[90] Vgl. den Text: *ān dah sālak rētak,* ed. Pagliaro, S. [40] 589, von Benveniste als metrisch anerkannt (*JA* 1932, S. 285).

[91] Über das schwierige Wort *čōβēgān* sagt Nyberg, *Hilfsbuch,* II, S. 45, daß das Wort np. *čōgān* sei. Nun finden wir tatsächlich auch *KN* XVIII 4 die Schreibung *čōgān.* Sie kann indessen natürlich von der np. Sprache beeinflußt sein, aber der Fall verdient doch vermerkt zu werden. Das Wort ist von Bailey, *BSOAS* XXIII/1960, S. 39, erklärt: *čōβagān* = „das mit dem Stock verbundene (Spiel)".

[92] Vgl. oben S. 17 Anm. 36.

[93] Vgl. Strabo XV 3, 18: διδασκάλοις τε λόγων τοῖς σωφρονεστάτοις χρῶνται, οἳ καὶ τὸ μυθῶδες πρὸς τὸ συμφέρον ἀνάγοντες παραπλέκουσι, καὶ μέλους χωρὶς καὶ μετ' ᾠδῆς ἔργα θεῶν τε καὶ ἀνδρῶν τῶν ἀρίστων ἀναδιδόντες.

bestimmt, daß der Jüngling, wenn er die Waffen tragen kann, zu seinem leiblichen Vater zurückkehrt[94].

Es ist nicht möglich, einen bestimmten Ausdruck als Terminus technicus für diese Altersklasse nachzuweisen. Das Wort *yuvān* (Jüngling) wird in Bundahišn ed. ANKLESARIA, S. 18:1 auch auf einen 15jährigen angewandt, ohne daß wir sagen können, ob damit an einen Angehörigen der dritten Altersklasse gedacht wird[95]. Auf Grund entsprechender neupersischer Ausdrücke könnte man sonst versucht sein, einen Terminus wie *yuvān mart* vorauszusetzen (vgl. np. *ǰuvān mard*)[96]. Bei Firdausi kann ein ziemlich herangewachsener Jüngling als *burnā* bezeichnet werden, der sonst *ǰuvān* heißt. Dahāk z. B. wird *ŠN* ed. VULLERS S. 30:132 als *burnā*, ed. VULLERS S. 22:132 aber *ǰuvān* bezeichnet. Mit allem Vorbehalt möchte ich darum das folgende Schema aufstellen:

Von 5–7 bis zu 15 Jahren ist man *kōtak* oder *rētak*.
Von 15 bis zu 20 Jahren ist man *yuvān mart*.
Von 5–7 bis zu 20 Jahren ist man *apurnāk* oder *apurnāyīk*.

[94] Vgl. oben S. 64.
[95] Die Stelle ist sehr unbestimmt formuliert: *u-š pas vāt brihēnīt pat karp i yuvān i 15 sālak*.
[96] Vgl. WOLFF, S. 277b s. v. *ǰuvānmard*.

Kapitel IV

Vergleichsmaterial

Einiges vergleichendes indo-germanisches Material soll hier folgen.

Wohlbekannt und schon von SCHURTZ mit den ethnologischen Tatsachen verglichen, ist die Erziehungseinrichtung unter den Spartanern[1]. NILSSON hat später ausführlich diese spartanischen Einrichtungen mit den entsprechenden unter den schriftlosen Völkern verglichen, eigentümlicherweise aber die unvergleichlich näherliegenden iranischen Entsprechungen offenbar nicht gekannt[2]. Die spartanischen Altersklassen fallen mit den entsprechenden iranischen zusammen. NILSSON, der mehrere Irrtümer der früheren Forschung richtigstellen konnte, hat nämlich gezeigt, daß nach dem vollendeten siebten Jahr die staatliche Erziehung einsetzte. Mit fünfzehn Jahren fängt die nächste Altersklasse, die Ephebie, an. Mit dem 20. Jahr erreicht diese Altersstufe ihr Ende. Diese Altersklassen, die noch in Unterstufen zerfallen, haben ihre Leiter, die als Lehrer dienen, die aber offenbar selbst noch Iranes (Jungen) waren.

In Sparta gab es auch ein Männerhaus, ἀνδρεῖον (später in dieser Bedeutung nur auf Kreta belegt).

Typischerweise ist die ganze Erziehung der Oberaufsicht der Alten unterstellt.

In der athenischen Erziehung des 4. Jahrhunderts ist ein Zug besonders erwähnenswert: Am Ende des ersten Jahres ihrer militärischen Erziehung, an dem die Epheben ihre Waffen bekommen, legen sie eine Art von Fahneneid ab[3]. Das spartanische Material ist darum so wertvoll, weil erstens die Gliederung nach Altersklassen bei den Knaben und Jünglingen sehr scharf durchgeführt wurde, weil zweitens das Stehlrecht noch immer deutlich erkennbar ist und weil drittens unter den jungen Männern offenbar eine gewisse Weibergemeinschaft vorherrschend war. Die militärische Ausbildung tritt natürlich stark hervor.

ALFÖLDI hat schon kurz auf die entsprechenden *latrones Romuli* und auf das Luperkalienfest hingewiesen und beabsichtigt, diesen Vergleich später

[1] H. SCHURTZ, *Altersklassen und Männerbünde*, Berlin 1902, S. 111.

[2] M. P. NILSSON, *Die Grundlagen des spartanischen Lebens*, *Klio* XII/1912, S. 308 ff.

[3] Vgl. z. B. MARROU, *Histoire de l'éducation dans l'antiquité*, 2. Aufl. Paris 1950, S. 153.

näher zu behandeln[4]. Es genügt also, auf diese kommende Behandlung sowie unsere eigene, schon oben angegebene zu verweisen[5].

Die keltischen und skandinavischen Verhältnisse sind, wie wir gesehen haben, schon oft als Vergleich mit den kaukasischen Einrichtungen angeführt worden. Was hier besonders von Wichtigkeit ist, sind die von WEISER und HÖFLER vorgelegten Deutungen der Volsungen als kriegerische Männerbündler, die im Wald die militärische Erziehung betreiben[6]. Hier finden wir also besonders klar das Leben im Freien, das uns mehrmals beschäftigte[7].

ABELS hat ferner auf die große Treue des Sesuald, des Erziehers, *nutricius*, Romualds, des Sohnes des Königs Grimoalds I., hingewiesen. Ohne Bedenken gibt der Erzieher Sesuald sein Leben für seinen Pflegesohn, Paulus Diaconus V 7 ff. Im allgemeinen ist übrigens auf das von ABELS behandelte Wolf-Dietrich-Epos zu verweisen, wo der Held, mit dem charakteristischen Namen Wolf Dietrich, durch seinen Pflegevater Berchtung auch seine kriegerische Erziehung bekommt[7a].

In diesem Zusammenhang ist aber auch auf die Sigurdsage zu verweisen. Sigurd, der im Wald aufwächst, hat mit dem Schmied Verbindung und tötet mit seiner Hilfe den Drachen, gewissermaßen als Probe seiner vollendeten Jugenderziehung. Dieser Zug, der Drachenkampf als die große Mannhaftigkeitsprobe, kehrt im Wolf-Dietrich-Epos wieder[7b]. Dieselbe Verbindung zwischen Zögling und Schmied fanden wir bei den Osseten zwischen Krym Sultan und dem Schmied Safa[8]. Ebenso begegnet uns in der Jugendgeschichte

[4] ALFÖLDI, a. a. O., S. 15.

[5] Vgl. oben S. 56 ff.

[6] Vgl. L. WEISER, *Altgermanische Jünglingsweihen und Männerbünde*, S. 70 f., HÖFLER, *Kultische Geheimbünde*, S. 197 ff.

[7] Vgl. oben S. 71, 83, 86. Auf das Waldleben wies HÖFLER, S. 201, ausdrücklich hin unter Verweis auf THURNWALD in EBERT, *Reallex.* 6, S. 173 ff., und auf das Buch von SCHURTZ. Er vergleicht auch die spartanische *krypteia*.
Eine Übersicht über das skandinavische Material findet sich in *ERE* Vol. 6, S. 106 f. Aus der Übersicht geht deutlich hervor, daß der Pflegevater im allgemeinen eine geringere Stellung als die Eltern des Pflegekindes besaß. Ferner vermerkt man, daß ein Pflegevater Söhne aus verschiedenen Familien zu sich als Zöglinge nehmen kann. Die Erziehung umfaßt sowohl *idrottir* als auch Runenkunde. Der Verbindung zwischen Erzieher und Zögling ist sehr innig. Die Tendenz zur Entwicklung eines Schulsystems ist nicht so stark wie unter den Iraniern, Kelten und Makedonen. Wichtige supplierende Bemerkungen finden sich bei O. HÖFLER, *Germanisches Sakralkönigtum*, I, Tübingen–Münster–Köln 1952, S. 209 ff.

[7a] Vgl. K. ABELS, *Germanische Überlieferung und Zeitgeschichte im Ambraser Wolf Dietrich* (*Wolf Dietrich A*), Goch 1967, S. 38 f. (die Treue Sesualds) und S. 105–108 (Wolf Dietrich als Kind – Berchtung als Erzieher).

[7b] Vgl. ABELS, a. a. O., S. 24 f. für die Erziehung eines jungen Kriegers, besonders Moment 5. Die große Mannhaftigkeitsprobe – der Drachenkampf.

[8] Vgl. oben S. 67.

Farīdūns dieses Bündnis mit dem Schmied, wenn auch der Schmied Kāvah hier nicht als sein Erzieher auftritt[9].

Auf keltischem Gebiet findet man, daß die Söhne zur Erziehung an den Hof eines Fürsten geschickt werden. Dieser Brauch lebt noch im feudalen Europa des Mittelalters fort[10] und kann uns die Erklärung der armenischen Notiz geben, daß die Satrapen ihre Söhne zum königlichen Prinzen Gnel sandten, was augenscheinlich sein Ansehen kennzeichnete[11]. Diese Erzieherinstitution konnte sich beinahe zu einem wirklichen Schulsystem entwickeln[12]. In diesem Fall scheint der vollentwickelte Feudalismus sowohl in Armenien–Iran wie in Europa die alte Einrichtung etwas modifiziert zu haben, offenbar weil die alte Institution zur Erhöhung der Machtstellung des Feudalherrn benutzt werden konnte.

Das irische Material bietet ferner für unser Thema, besonders in der Heldensage, sehr aufschlußreiche und bedeutsame Einzelzüge, die in oft geradezu verblüffender Weise mit den schon aus dem alten Iran bekannten oder hier von uns erstmalig erkannten Verhältnissen übereinstimmen. Aus dem

[9] Vgl. oben S. 87.

[10] Zu den Kelten vgl. G. Grupp, *Kultur der alten Kelten und Germanen*, München 1905, S. 123: „Innerhalb eines Stammes wurden die Kinder möglichst gemeinsam erzogen; die Kinder des Häuptlings kamen in die Familien der Untergebenen, in einem gewissen Alter aber alle zusammen an den Hof des Häuptlings." Zum mittelalterlichen Europa vgl. z. B. M. Bloch, *La société féodale*, Paris 1939, S. 347, der aber auch auf die nordische Sitte hinweist, daß der Untergebene das Kind seines Herrn als Zögling erzieht. Vgl. die bekannte Geschichte von Harald und Aethelstan!
Das Material zur Erzieherinrichtung findet sich hauptsächlich in den folgenden Arbeiten: D'Arbois de Jubainville, *Études sur le droit celtique*, S. 242–253; Joyce, *Social History of Ancient Ireland*, II, London 1903, S. 14–18; Czarnowsky, *Le culte des héros*, Paris 1919, S. 257 f.; *ERE* Vol. 6 „Fosterage", S. 107–109. Ein Hinweis bei Hubert, *Les celtes depuis l'époque de la Tène*, Paris 1932, S. 243 f., verdient hier wörtlich angeführt zu werden. „On réunit aussi souvent les enfants d'un clan sous la garde de personnes qualifiés dans une grande maison, la maison des hommes ... Cette institution qu'on appelle généralement du nom anglo-normand de ⟨fosterage⟩, s'est maintenue en pays celtique: nous trouvons les enfants confiés à des parents nourriciers, à l'égard desquels ils contractent de véritables liens de parenté, attestés par le fait qu'un certain nombre de personnages portent dans l'indication de leur filiation le nom de leur père nourricier et que des obligations juridiques réciproques, comparables à celles de la parenté, le père nourricier à son pupille ... Les exemples d'enfants élevés par la famille maternelle sont nombreux : ... Les exemples d'enfants élevés par les druides et les *filid* sont plus nombreux."

[11] Vgl. Moses Xorenaçi III 22, ed. Venedig 1955, S. 439 über Gnel.

[12] Vgl. Hubert, a. a. O., S. 244: „L'institution tendit à prendre l'aspect de véritables écoles: le druide Cathbad instruit cent élèves en même que Cuchulain." Zum letzten vgl. auch unten S. 99. Die Notiz bei Caesar, *De bello gallico* VI 18, hat vielleicht mit dieser Erziehung, aber in kriegerischem Sinn, zu tun (vgl. Dottin, *Manuel pour servir à l'étude de l'antiquité celtique*, 2 éd. Paris 1915, S. 188).

Zyklos des Heros Sêtanta-Cûchulainn erwähnen wir hier die folgenden Einzelzüge[13]:

1. Der Held wird von Erziehern bis zu seinem siebten Lebensjahr erzogen.

2. Diese Erzieher sind nicht wie sonst ein Pflegevater und eine Pflegemutter, sondern verschiedene Lehrer: Von einem Barden wird er eigentlich erzogen, aber von einem Weisen lernt er die Weisheit, von einem Helden Waffengebrauch und von einem Druiden „die Künste der Götter der Magie". Werden in diesem Fall vielleicht die verschiedene soziale Funktionen kennzeichnenden Fähigkeiten aufgezählt?

3. Im Alter von sieben Jahren verläßt er seine Erzieher, was als ganz anormal empfunden wird; nach unseren bisherigen Ausführungen sollte man erwarten, das der Held bis zu seinem 15. Jahr unter der Pflege seiner Erzieher verblieb. Ist nicht seine Erziehung um eine Altersklasse vorgerückt?

4. Als Sêtanta-Cûchulainn seine Erzieher verläßt, geschieht das dadurch, daß er sich 150 „Jungen" anschließt, die bei dem König erzogen werden. Diese Zahl kennen wir schon aus dem Iran als die Anzahl der „Jünger", die unter ihrem Führer und Lehrer standen. Wir haben bei der Erwähnung dieser Tatsache die Hypothese aufgestellt, daß die Zahl 150 in 3 × 50 zu zerlegen sei. In derselben Weise wären somit die 150 Burschen als 3 × 50-Mannschaften von Jünglingen zu verstehen. Der Druide Cathba hat übrigens eine „Klasse" von 100, also 2 × 50, Schülern.

5. Unsere Schlußfolgerung betreffs der Zahl der Jungmannschaft wird wohl eine Bestätigung in der Tatsache finden, daß die kriegerische Mutter des Helden, Dechtire, nach einer Version der Erzählung mit 50 ihrer Kameraden weggeht und von dem Volk Ulsters gesucht wird.

6. Die Bewaffnung des Heros besteht aus der Hockey-Spielkeule! Die Motivierung scheint eine mythische Nachrationalisierung aus einer Epoche zu sein, in der vergessen war, daß der Held die Keule einfach tragen sollte.

7. Auffallend ist auch, daß der Held mit vier Zeichen auf den Wangen geschminkt ist.

Am makedonischen Königshof finden wir eine Institution, die mit der hier von uns behandelten große Ähnlichkeiten besitzt. Curtius gibt davon eine ziemlich detaillierte Schilderung:

> *Mos erat, ut supra dictum est* (V 1,42), *principibus Macedonum adultos liberos regibus tradere ad munia haud multum servilibus ministeriis abhorrentia. Excubabant, servatis noctium vicibus, proximi foribus eius*

[13] Das Material findet sich bei THURNEYSEN, *Die irische Helden- und Königsage*, Halle 1921, S. 268 ff.; SJOESTEDT, *Dieux et héros des celtes*, Paris 1940, S. 81 ff. Die Erziehung wird speziell von F. ROEDER, *Über die Erziehung der vornehmen angelsächsischen Jugend*, Halle 1910, behandelt (mir nicht zugänglich).

aedis, in qua rex acquiescebat. Per hos pelices introducebantur alio aditu quam quem armati obsidebant. Eidem acceptos ab agasonibus equos, cum rex ascensurus esset, admovebant comitabanturque et venantem et in proeliis, omnibus artibus studiorum liberalium exculti. Praecipuus honor habebatur, quod licebat sedentibus vesci cum rege. Castigandi eos verberibus nulli potestas praeter ipsum erat. Haec cohors velut seminarium ducum praefectorumque apud Macedonas fuit; hinc habuere posteri reges, quorum stirpi post multas aetates Romani opes ademerunt.

(Quintus Curtius VIII 6,2–6)

Was uns in diesem Zusammenhang besonders interessiert, ist der Satz des Schreibers *haec cohors velut seminarium ducum praefectorumque apud Macedonas fuit.* Die leitende Idee der Erziehung kommt hier klar zum Ausdruck. Im übrigen erinnert die Schilderung sehr an die in *Kārnāmak i Artaxšēr i Pāpakān* gezeichneten Zustände. Das intime Verhältnis zwischen diesen Pagen und ihrem königlichen Herrn kommt ja auch auf verschiedene Weise zum Ausdruck, nicht zuletzt dadurch, daß der König über sie als alleiniger *patria potestas* ausübt. Eigentümlich ist, wie sie eine Zwischenstellung zwischen Diener und vertrauten Freunden einnehmen. Dieses wird ja auch richtig von Curtius hervorgehoben in den Worten *ad munia haud multum servilibus ministeriis abhorrentia* einerseits und in *praecipuus honor habebatur, quod licebat sedentibus vesci cum rege* andererseits. Als Jagd- und Kriegskameraden und Gefolgsleute bilden diese Pagen gewissermaßen die Leibwache des makedonischen Herrschers.

Im französischen Frühmittelalter treffen wir in den Heldenepen viele Hinweise auf die von uns hier behandelten Einrichtung der Pflegesohnschaft. „Junge Leute sandte man noch als Kinder an den Hof eines Fürsten, eines Lehnsherrn, eines Freundes oder Verwandten“, sagt SCHUBERT, der das betr. Material untersucht hat[14]. Dieses Kind wird als „Nourri“ des betreffenden Erziehers bezeichnet[15]. Das Verhältnis zwischen Erzieher und Zögling wird als ein sehr inniges geschildert. Der Zögling erscheint oft als Knappe seines Erziehers, falls dieser sein „Seigneur“ ist[16]. Unter den Verwandten wurde der Oheim mütterlicherseits als Erzieher vorgezogen[17]. Dieser Umstand spricht für einen matrilinealen Hintergrund dieser Einrichtung – das muß unbedingt eingeräumt werden[18].

Mit den hier angeführten Tatsachen ist es möglich, eine Brücke einerseits

[14] Vgl. C. SCHUBERT, *Der Pflegesohn im Französischen Heldenepos,* Marburg 1906, S. 9.
[15] Vgl. SCHUBERT, a. a. O., S. 13.
[16] Vgl. SCHUBERT, a. a. O., S. 32 f.
[17] Vgl. SCHUBERT, a. a. O., S. 37 ff.
[18] Vgl. oben S. 68.

zu den aus dem Ambraser Wolf Dietrich hervorgeholten Umständen, andererseits zu den schon von Tacitus erzählten Einrichtungen zu schlagen. Im altfranzösischen Heldenepos wird also auf sehr alte gesellschaftliche Einrichtungen angespielt[19].

Das indo-germanische Material stützt und bestätigt unsere Schlußfolgerungen aus dem iranischen Gebiet, daß die Erziehereinrichtung sich aus der Erziehung der Jungmannschaft (in geringerem Maße der Mädchen) innerhalb eines bündlerischen Rahmens zu einer feudalen Sitte entwickelt hat. Diese alte indo-germanische soziale Einrichtung hat also denselben Weg wie die Gefolgschafts-Institution beschritten und ist ihr selbstverständliches Komplement. Die Erziehereinrichtung bereitet die Jungmannschaft für die Aufnahme in den Kreis der erwachsenen, waffenfähigen Männer vor, und sie kann sich an den Fürstenhöfen zu wirklicher Pagenausbildung und zu Pagencorps entwickeln. Der Übergang vom Altersklassen-System innerhalb des Männerbundes zu mehr oder weniger entwickeltem Feudalismus wird uns auch in dieser Hinsicht auf iranischem Gebiet greifbar.

[19] Die Verbindung mit Tacitus hat schon SCHUBERT notiert, vgl. a. a. O., S. 11.

Kapitel V

Königliche Erbfolge, Königswahl und Landtag

1. *Die achämenidischen Verhältnisse*

Vor allem ist festzustellen, daß es im altpersischen Reich nur eine Familie gab, innerhalb derer sich die Königswürde vererbte. Somit war die Familie der Achämeniden allein thronberechtigt. Nachfolger Cyrus' des Großen wurde dessen ältester Sohn Kambyses (Kambujiya), während der erste der dem Cyrus nach dessen Thronbesteigung geborenen Söhne, Bardiya, in den Verdacht kam, nach dem Thron zu trachten, und darum getötet wurde[1]. Als Kambyses starb, hatte schon der falsche Bardiya, der Magier, die Königsmacht usurpiert. Wie dies geschehen konnte, ist noch unklar[2].

Als der falsche Bardiya bei dem berühmten Zwischenfall am 29. September 522 auf der medischen Burg Sikayahuvati von Darius (Dārayavahuš) und dessen Mitverschworenen ermordet wurde, gründete Darius auf Grund seiner Wahl zum Herrscher eine neue Linie innerhalb der Königsfamilie der Achämeniden. Für den Verlauf der Königswahl, durch die Darius der neue Großkönig des persischen Imperiums wurde, haben wir nur die Angaben Herodots. Daß diese reichlich mit „legendären" Elementen durchsetzt sind, liegt auf der Hand; die meisten, wenn nicht alle Historiker verwerfen sie darum als völlig ungeschichtlich. Darin hat man aber vorschnell geurteilt. Tatsächlich hat ein Teil der älteren Forschung gezeigt, wie es sich tatsächlich mit dieser Königswahl verhalten hat. Nur scheint diese Einsicht unter den Historikern nicht durchgedrungen oder früh verlorengegangen zu sein.

Von entscheidender Bedeutung ist, daß die Königswahl nach einem Interregnum, nämlich nach dem Tod des Kambyses, durch den die herrschende Linie der Königsfamilie ausgelöscht war, erfolgte. Die nähere Klärung der Praxis in einem solchen Fall bedarf aber eines eingehenden Vergleichs mit entsprechenden indischen Gewohnheiten und wird darum in dem dem vergleichenden Material gewidmeten Abschnitt gegeben[3]. Nur soviel können

[1] Herodot III 30; vgl. Nyberg, *Historia Mundi,* III, S. 74. Olmstead, *History of the Persian Empire,* S. 92, erwähnt nicht die Tötung des Bruders, weil sie nicht mit seiner Hypothese, der falsche Smerdis sei tatsächlich der echte gewesen, übereinstimmt.

[2] Herodot III 61; Nyberg, S. 74 f.; Olmstead, S. 92 f. Vgl. Widengren, *Über einige Probleme der altpersischen Geschichte, Festschrift für Leo Brandt,* Köln-Opladen 1968, S. 517 ff.

[3] Vgl. unten Kapitel VI.

wir schon jetzt sagen, daß der Bericht Herodots sich in allen wesentlichen Einzelheiten als durchaus zuverlässig erweist. Wir stellen darum vorläufig fest, daß in diesem Fall, also nach einem Interregnum, der König durch ein Gottesorakel, das Wiehern eines Pferdes, ersehen wurde.

Der Nachfolger des Darius wurde Xerxes (Xšayāršan). Dieser war der Erstgeborene unter den Söhnen, die dem Darius nach der Thronbesteigung geboren waren. Seine Mutter war (Hutaosa) Atossa. Der älteste Sohn überhaupt war Artobazanes (Artabāzana). Gegen diesen wurde aber eingewendet, daß er geboren sei, ehe der Vater den Thron bestiegen hatte, und darüber hinaus, daß seine Mutter sich an Rang nicht mit Atossa, der Tochter des Cyus, messen könne (vgl. Herodot VII 2)[4].

Bezeichnend für die schwankenden Verhältnisse ist aber, daß Bardiya, dessen Stellung analog war, ebensowenig wie Cyrus der Jüngere, der als erster nach der Thronbesteigung des Vaters geboren worden war, ihre Ansprüche geltend zu machen vermochten.

Als Xerxes I. 465 v. Chr. ermordet wurde, hätte man erwarten können, daß sein ältester Sohn, Darius, ihm gefolgt wäre. Auch dieser wurde aber von den Verschwörern aus dem Wege geschafft. Dem jüngsten Sohn, Artaxerxes (Artaxšassa), gelang es schließlich, nach Kampf mit seinem ebenfalls am Leben gelassenen Bruder Hystaspes (Vištāspa), die königliche Macht im Jahre 462 v. Chr. zu ergreifen. Hier triumphiert somit der jüngere Sohn über den älteren[5].

Artaxerxes I. und seine legitime Königin hatten nur einen einzigen Sohn, der, wie es sich ziemte, den Thron unter dem Namen Xerxes II. im Jahre 424 v. Chr. bestieg, nachdem er schon früher als Thronfolger anerkannt worden war. Er wurde aber nach einer Regierung von nur 45 Tagen von einem Halbbruder, Sogdianos (Sugudiyāna), dem Sohn einer Nebenfrau, aus dem Weg geschafft. Ein anderer Halbbruder, Darius II., der Sohn einer weiteren Nebenfrau, verdrängte indessen Sogdianos und ließ ihn am 7. Dezember 424 hinrichten. Zwar versuchte ein weiterer noch lebender Bruder, Arsites (Arsīta), ihm die Macht streitig zu machen; aber auch er wurde besiegt und hingerichtet[6].

Bei der Thronbesteigung des Artaxerxes II. im Jahre 404 gelang es Cyrus

[4] Vgl. Nyberg, S. 98, und Olmstead, S. 214 f., der auf die Inschrift Xerxes, Persepolis F §§ 27–36, hinweist; Herzfeld, *AMI* IV, S. 117; Junge, *Dareios I. König der Perser*, Leipzig 1944, S. 195 Anm. 26.

[5] Vgl. Olmstead, S. 289 f.

[6] Vgl. Nyberg, S. 105 f.; Olmstead, S. 355. Zum Namen des Sogdianos (sic, nicht Secydianos, wie mehrere neuere Forscher schreiben) vgl. Justi, *Iranisches Namenbuch*, S. 305 a. Vielleicht ist es möglich, den Namen Arsites mit *sita-*, *say-*, *Air Wb* 1571, zu verbinden, aber *Ar-* ist schwierig zu deuten.

dem Jüngeren nicht, wie schon gesagt wurde, seine Rechtsansprüche geltend zu machen. In seinem Fall war die Rechtslage dabei dieselbe wie bei der Thronbesteigung Xerxes' I. (vgl. Plutarch, Artaxerxes II 3)[7].

In allen diesen Fällen scheint es regelmäßig so gewesen zu sein, daß der regierende König seinen Nachfolger bestimmte und daß diese Wahl dann irgendwie bestätigt wurde. Die Wahl selbst wurde unter den königlichen Söhnen getroffen, entweder so, daß überhaupt der Erstgeborene gewählt wurde, oder so, daß die Wahl auf den ersten nach der Thronbesteigung geborenen Sohn fiel. Sehr schwierig ist es aber herauszufinden, welches Gremium es war, das die Königswahl bestätigte oder gegebenenfalls selbst besorgte, dies letztere dann, wenn durch die Umstände das übliche Verfahren unmöglich gemacht war[8].

JUNGE denkt sich die Sache offenbar so, daß Cyrus nach der Niederlage des Astyages von den Medern regelrecht zum König gewählt wurde; denn er meint, daß „der iranische Adel einen neuen Führer gewählt hatte"[9]. Was die Bestätigung der Wahl betrifft, so nimmt JUNGE auf Grund von Justin II 10 an, daß ein persischer Adelsrat das Designieren des Xerxes gutgeheißen, daß aber Trogus die Funktion des Adelsrates in diesem Fall nicht verstanden habe[10]. Zu dieser Annahme möchte ich bemerken, daß wir bei Josephus, Antiquitates XI 31, eine Notiz besitzen, die besagt, daß die „Sieben Häuser" (*oikoi*) Darius zum König wählten[11]. Wegen der guten Kenntnisse der irani-

[7] Vgl. NYBERG, S. 108 f.; OLMSTEAD, S. 371 f. COUSIN, *Kyros le Jeune*, S. 49, betont nachdrücklich, daß dieser Fall nicht derselbe sei wie bei Xerxes: „Ou bien, si Parysatis n'avait été épousé qu'après l'arrivée de son époux au trône (et c'était le cas d'Atossa), elle aurait pu prétender que les droits au trône ne comptaient que pour les enfants nés après le couronnement. Mais Artaxerxes et Kyros ont le même père et la même mère mariés avant leur arrivée au pouvoir." Hier scheint indessen COUSIN doch zu übersehen, daß der springende Punkt eben die Geburt *vor* oder *nach* der Krönung des königlichen Vaters ist. Vgl. hierzu unsere Darlegungen unten S. 107 f., 148 f. zusammen mit unserem Vergleich mit den feudalen Monarchien des mittelalterlichen Europas.

[8] Eigentümlicherweise scheint dieses Problem in der älteren Forschung nicht diskutiert worden zu sein. Ed. MEYER, der in seiner *Geschichte des Altertums*, IV, die beste Darstellung der inneren Verhältnisse des Perserreiches gab, hat ebensowenig wie CHRISTENSEN in seiner gehaltvollen Darstellung „Die Iranier", *Müllers Hdb.*, diese Frage untersucht. CHRISTENSEN, S. 258, sagt nur: „Die Würde des Großkönigs war erblich im Achaimenidenhause; eine bestimmte Erbfolge bestand aber nicht. Der König designierte seinen Nachfolger. Nach altem Herkommen hatte der erste dem König nach der Thronbesteigung geborene Sohn ein Anrecht auf die Thronfolge (Her. VII 2), der König war jedoch nicht daran gebunden."

[9] Vgl. JUNGE, S. 20.

[10] Vgl. JUNGE, S. 195 Anm. 26. Er wollte in einer leider nie publizierten Spezialuntersuchung, „Satrapie und Natio II.", die Stellung und Aufgaben des angeblichen Adelsrates näher behandeln. Eigentümlich ist, daß er S. 49 offenbar völlig verkannt hat, daß Darius in aller Form durch ein Gottesurteil zum König gewählt wurde.

[11] Josephus sagt: „die sogenannten Sieben Häuser", οἱ λεγόμενοι ἑπτὰ οἶκοι.

schen Verhältnisse, die Josephus besitzt, scheint uns diese Notiz von Gewicht zu sein. Die führenden Mitglieder dieser sieben Häuser könnte man natürlich als einen Adelsrat bezeichnen. Man fragt sich aber, ob nicht Josephus hier die ihm besonders gut bekannten parthischen Verhältnisse in die achämenidische Zeit hineininterpretiert hat[12]. Dem hohen parthischen Adelsrat werden wir später begegnen. Zudem besagt die Erzählung Herodots über die Thronbesteigung des Darius deutlich, daß seine Wahl durch ein Gottesorakel erfolgte, während seine Mitverschwörer, die Häupter der großen Adelsfamilien, die Wahl nur durch Huldigung bestätigten. Aber in diesem Fall haben wir es, wie bereits bemerkt, mit den besonderen Formen einer Königswahl nach dem Interregnum zu tun.

In der stark „legendären" Schilderung, die Herodot von der bei den Medern vorgenommenen Wahl des Deiokes zum König gibt, bleibt es leider unklar, durch welche Wahlkorporation diese Königswahl getroffen wurde. Wichtig ist jedenfalls, daß hier von einer wirklichen *Wahl* gesprochen wird[13].

Mit diesem Bericht über eine Königswahl der Meder stimmt nun gut zusammen, was Strabo XI 13,11 sagt: „Auch dies ist medische Sitte, den Tapfersten zum König zu wählen, aber nur unter den Bergbewohnern."

Inwieweit diese einschränkende Bemerkung auch für eine frühere Epoche gegenüber derjenigen gilt, der die von Strabo benutzten Quellen zugehören, ist leider unsicher[14]. Als sicher darf aber gelten, daß die erwähnte Sitte, *den tapfersten* Mann zum König zu wählen, darauf hindeutet, daß hier wiederum der Heerbann als Wahlversammlung auftritt. Damit stimmt der allerdings stark „legendäre" Bericht bei Herodot überein, nach dem Deiokes von den Medern zum König *gewählt* wurde[15]. Hier steckt tatsächlich ein Beleg dafür, daß die Meder ihren König durch Wahl erhielten[16].

Es wird oft nicht hinreichend beachtet, daß der Achämenidenstaat eine eigentümliche Mischung von Feudalstaat und Beamtenstaat war[17]. Die feudale Seite wird nicht zuletzt in der militärischen Organisation des Achäme-

[12] Es ist doch auffallend, daß „die sieben Häuser" bei Herodot nicht auftreten. Zu weiteren Schwierigkeiten, die bei der Annahme einer festen 7-Zahl bestehen, vgl. How-Wells, *A Commentary on Herodotus*, I., S. 276.

[13] Vgl. Herodot I 97–98, wo als das wählende Subjekt das medische Volk erwähnt wird (οἱ Μῆδοι), die sich versammelten (συνελέχθησαν) (I 97).

[14] Natürlich bleibt es unsicher, inwieweit die Meder Strabos sich mit den alten Medern decken.

[15] Vgl. für den realen Hintergrund How-Wells, I, S. 104 *ad* I 96.

[16] Aber man muß zugeben, daß man mit keiner anderen Prozedur rechnen kann, wenn es sich um eine gesetzlich einwandfreie Einführung des Königtums handelt.

[17] Junge hat indessen in seiner von Begabung zeugenden, aber von Naivitäten und vorgefaßten Meinungen (zumal in Rassenfragen) geradezu strotzenden Arbeit das Phänomen klar gesehen. Vgl. auch Schaeder, *Das persische Weltreich*, S. 20 f., wo freilich

nidenreiches erkennbar[18]. Was speziell den Heerbann betrifft, so fehlt es nicht an Angaben, welche die maßgebende Rolle, die er gespielt hat, klar herausstellen. Wir hören nämlich durch Herodot, daß Cyrus, als er den Aufruhr gegen die Meder vorbereitete, die Perser zu einer Volksversammlung (ἁλίη) zusammenrief, um vor ihr mit Reden gegen die Meder aufzutreten (Herodot I 125), bekommen aber später zu wissen, daß es sich hier um ihr Heer (στρατός) handelte (I 126)[19]. Cyrus wendet sich also an das Volk in Waffen, an die als Heerbann einberufenen persischen Stämme. Tatsächlich kennen wir aus den altpersischen Inschriften den Terminus für diese Heeresversammlung, nämlich *kāra-*, ein Wort, das sowohl „Volk" als „Heer" bedeutet[20]. Dieser Sprachgebrauch verbürgt die Authentizität der uns von Herodot überlieferten Angaben. Wir haben an anderer Stelle die Tatsachen betrachtet, die für *kāra-* als Terminus technicus für die Heeresversammlung bei den alten Iraniern sprechen[21]. Vorerst haben wir eine andere Nachricht zu berücksichtigen. Nach ihr wurde Cyrus d. J. zum „*karanos* der Truppen, die sich in (der) Kastellos (ebene) versammeln", ernannt (Xenophon, Hellenika I 4,3)[22].

Es darf angenommen werden, daß *karanos* mit dem apers. Wort *kāra-* zusammenhängt, und zwar wird man als die iranische Vorlage des Wortes **kārana-* voraussetzen können[23]. Dieses Wort würde somit denjenigen bezeichnen, der den Befehl über *kāra-* führt. Nun wissen wir außerdem, daß die Truppen des Befehlsgebietes eines solchen *karanos* einmal im Jahr sich versammelten und gemustert wurden. Der griechische Terminus für eine solche Versammlung und Musterung ist σύλλογος, derselbe Ausdruck, dem wir später im Ostiran als Terminus des feudalen Landtages begegnen werden[24]. Es gibt aber zwei besondere iranische Wörter für „Musterung", nämlich **handaisa-* und **hama-spāda-*[25], und eben darum kann man sich fragen, welcher Ausdruck als iranische Entsprechung zu σύλλογος anzusehen ist. Wir

auch ganz sonderbare Meinungen vorgeführt werden, und Bengtson, Gnomon 18/1942, S. 213 f. Eine erste Untersuchung der feudalen Elemente erfolgte durch Widengren, Recherches sur le féodalisme iranien, *OrSuec* V/1956, S. 79–182.

18 Vgl. Widengren, S. 148–170.

19 Das Wort ἁλίη bedeutet im griechischen Kontext eben „Volksversammlung", vgl. die Hinweise bei Liddell-Scott, *Lexicon.*

20 Vgl. Kent, *Old Persian,* S. 179 b; Hinz, *Altpersischer Wortschatz,* S. 100; Brandenstein-Mayrhofer, *Handbuch des Altpersischen,* Wiesbaden 1964, S. 129.

21 Vgl. Widengren, *Populorum ordo* und *ram,* in der *Festschrift Walter Baetke,* Weimar 1966, S. 388 ff.

22 Vgl. auch Widengren, S. 154 f.

23 Ein Wort **kārana-* ist zwar nicht belegt, aber wie bekannt, sind viele apers. Verwaltungstermini nur aus den klassischen Texten und den Keilschriftdokumenten rekonstruierbar.

24 Vgl. unten S. 115.

25 Vgl. Widengren, S. 153–157.

vermuten, daß **hama-spāda* in diesem Fall vorzuziehen sei, da **handaisa* auch die militärische Musterung im allgemeinen zu bezeichnen scheint[26]. Vorläufig nehmen wir also an, daß **hama-spāda* die Heeresversammlung in ihrer Tätigkeit angibt, während dieser Heerbann als Korporation mit dem Wort *kāra* angegeben wird.

Das spärliche Material der Achämenidenzeit läßt nicht zu, daß wir etwas über die altpersische Sukzessionsordnung auch nur mit annähernder Sicherheit angeben könnten. Es wird gesagt, daß der Herrscher, falls er in den Krieg ziehe, einen Nachfolger zu bestimmen habe (Herodot VII 2)[27]. Auf diese Weise würde gewissermaßen die Wahl des Nachfolgers aktualisiert geworden sein. Dagegen bekommen wir in diesem Fall nicht den Eindruck, daß Darius I. (denn um ihn handelt es sich) gezwungen gewesen wäre, einen Nachfolger zu bestimmen, falls er nicht ins Feld gezogen wäre. Hier sagt eine andere Quelle in klaren Worten, daß die Wahlversammlung aus den waffenfähigen Männern bestand: „die waffentragenden Männer zogen Artaxes, den älteren seiner Söhne, als König vor“ (Dio Cassius XLIX 39)[28].

Im Fall Artaxerxes' II. erhält man durch die Lektüre Plutarchs den Eindruck, daß Darius II. durch ein förmliches Testament seinen ältesten Sohn Aršak (mit späterem Thronnamen Artaxerxes) zum präsumtiven Herrscher verordnet habe[29]. Allerdings drückt sich Plutarch wenig deutlich aus, wenn er sagt: „Der ältere wurde als König *anerkannt*“ (Artaxerxes II 3). Justin dagegen gibt V 11 an, daß Darius durch eine testamentarische Verordnung dem Artaxerxes die Königsmacht überließ, *„regnum Artaxerxi ... testamento legavit“*. Wenn wir diese beiden Nachrichten zusammenstellen, bekommen wir den Eindruck, daß Darius II. durch ein Testament seinen ältesten Sohn als Thronfolger einsetzte und daß diese Verordnung gutgeheißen wurde. Von welcher Korporation aber? Hier bietet sich selbstverständlich eigentlich nur die Heeresversammlung an. Da aber die Angaben aus achämenidischer Zeit

[26] Vgl. WIDENGREN, S. 154: **hama-spāda* entspricht σύλλογος, **handaisa* dagegen ἐξέτασις, vgl. S. 157. Doch ist diese Lösung mit Vorbehalt zu geben.

[27] Die Korrektheit dieser Angabe wird bestritten: „Die Regelung der Thronfolge hat mit dem Feldzug nichts zu tun“ (HAUSSIG, in *Herodot, Historien,* Übers. A. HORNEFFER, 2. Aufl., Stuttgart 1959, S. 722 *ad loc*).

[28] Die Angabe bei Dio Cassius lautet folgendermaßen: οἱ τὰ ὅπλα ἔχοντες Ἀρτάξην τὴν πρεσβύτερον τῶν παίδων αὐτοῦ βασιλέα ἀνθείλοντο.

[29] Dieses Problem wird anscheinend in der Forschung nicht diskutiert. Was COUSIN, *Kyros le Jeune en Asie Mineure,* Nancy 1904, darüber zu sagen hat, beschränkt sich auf allgemeine Überlegungen über evtl. Prinzipien. COUSIN verneint aber, daß irgendein Prinzip existiert hat, das die Wahl des Nachfolgers diktierte, „le Roi n'obéit qu'à son bon plaisir“. Daß diese Schlußfolgerung unmöglich richtig sein kann, werden wir später finden. Die Formulierung CHRISTENSENS (oben S. 104) ist, wenn auch nicht korrekt, doch richtiger.

nicht ausreichend sind, um diese Frage zu lösen, müssen wir das gesamte iranische Material überblicken, um eine eindeutige Antwort geben zu können.

2. *Die parthischen Verhältnisse*

Auch im Partherreich haben wir nur mit einer königlichen Familie zu rechnen, die arsakidische, aus der die Herrscher genommen werden. Sonst sind die Verhältnisse während dieser Epoche noch bunter, besonders gegen das Ende der Machtausübung der parthischen Königsfamilie. Zwar sagt Justin XLI 5, daß nach der Sitte der älteste der königlichen Söhne der Nachfolger des Vaters wurde, doch stimmt diese Angabe mit dem wirklichen Verlauf nicht immer überein, wie schon seit langem hervorgehoben worden ist[30]. Phrahates (Frahāt) I. starb um 171 v. Chr.; ihm folgte sein Bruder Mithradates (Mitradāt) nach, obgleich er selbst mehrere Söhne besaß[31]. Artabanus II. (Ardavān), König um 128 v. Chr., wurde Nachfolger seines Brudersohnes Phrahates' II. (Justin XLII 2,1)[32]. Möglich ist, daß Phrahates II. keine Söhne besaß, wenn auch eine solche Annahme im Hinblick auf iranische Verhältnisse ziemlich unglaublich erscheint (vgl. Strabo XV 17,753; Clemens, Paidagogos I 7,55). Während der Mitte des ersten nachchristlichen Jahrhunderts werden die Verhältnisse zeitweise beinahe chaotisch: verschiedene Thronprätendenten prägen ihre eigenen Münzen. Die näheren Umstände sind immer noch ziemlich undurchsichtig.

Zu diesen Usurpatoren gehört gewiß Sinatruces (Sanatruk), der 77 v. Chr. König wurde[33]. Das tyrannische Regiment Phrahates' IV., der von seinem Vater zum Nachfolger und Mitregenten ernannt worden war, rief eine offene Empörung hervor, durch welche Tiridates II. (Tīradāt) um 30 v. Chr. die Macht ergriff[34]. Es gelang dem blutgierigen Phrahates zwar, die Oberhand wieder zu gewinnen, aber er wurde schließlich von seinem jüngsten Sohn umgebracht, der als Phrahates V. auf den Thron kam[35]. Nach kurzer Regierung um den Anfang der neuen Zeitrechnung wurde er aber vertrieben und durch einen älteren Bruder, Orodes III. (Hurōd), ersetzt, der selbst um 6 n. Chr.

[30] Justin XLI 5: *relictis duobus filiis ... quorum maior Phrahates more gentis heres regni.* Vgl. Spiegel, *Iranische Altertumskunde*, I., S. 603 f.

[31] Justi, *Geschichte Irans*, S. 485; Debevoise, *A Political History of Parhia*, S. 19; Gutschmid, *Geschichte Irans*, S. 44; Rawlinson, *Sixth Great Oriental Monarchy*, S. 67.

[32] Justi, S. 489; Debevoise, S. 37; Gutschmid, S. 78; Rawlinson, S. 111.

[33] Justi, S. 498; Debevoise, S. 52; Gutschmid, S. 82; Rawlinson, S. 138 mit Anm. 2–3 und S. 139.

[34] Justi, S. 501 f.; Debevoise, S. 135; Gutschmid, S. 102; Rawlinson, S. 208.

[35] Justi, S. 503; Debevoise, S. 147; Gutschmid, S. 116 f.; Rawlinson, S. 214 f.

getötet wurde[36]. Nachdem dieser ermordet war, wurde wiederum ein Nachkomme Phrahates' IV. als König aus Rom geholt, Vonones (Vonōn), dessen Regierung aber von kurzer Dauer war[37]. Das Mißfallen an den unparthischen Sitten dieses Herrschers führte zu einer neuen Empörung, wobei die Aufrührer Artabanus III., der nur mütterlicherseits von den Arsakiden stammte, um 10 n. Chr. auf den Thron beriefen[38]. Damit war man also so weit gegangen, daß man sich einen Nebenzweig der Herrscherfamilie zur neuen Königsfamilie erwählte[39].

Welche Körperschaft hat nun die Wahl des Großkönigs in ihren Händen gehabt? Zur Beantwortung dieser Frage liefert uns Justin XLII 4,1 eine wichtige Notiz, in der er sagt: *igitur Mithridates rex Parthorum post bellum Armeniae propter crudelitatem a senatu Parthico regno pellitur.* Dieser *senatus* ist es also, der das Recht besaß, den Herrscher abzusetzen. Sicherlich ist es darum nicht ein Zufall, wenn Justin (d. h. seine Vorlage Pompeius Trogus) solche Wendungen gebraucht wie: *Arsaces quaesito simul constitutoque rege* (XLI 5); *in huius locum Artabanus, patruus eius, rex substituitur* (XLII 2,1); *rex statueretur* (XLII 4); *post necem Mithridates Parthorum regis, Phrahates filius eius, rex constituitur* (XLII 1,1); *ne esset qui nominari rex posset* (XLII 5). Wir sehen hier Verba verwendet wie *constituere, substituere, statuere* und *nominare.* Solche Ausdrücke scheinen auf das Wählen, Einsetzen und Proklamieren eines Königs hinzudeuten. Einerseits hat also der *senatus* das Recht, den Herrscher abzusetzen, *pellere,* andererseits ist er berechtigt, den neuen Herrscher zu wählen und einzusetzen, denn wir müssen in den angeführten Zitaten als gedachtes Subjekt *senatus* annehmen.

Auf der anderen Seite besitzt der Herrscher immer noch, wie während der achämenidischen Periode, bei der Wahl seines Nachfolgers zum König eine Mitbestimmung. Das scheint aus den schon erwähnten Umständen beim Tod Phrahates' I. und bei der Thronbesteigung Mithradates' hervorzugehen. Aus den Angaben Justins sehen wir, daß nach der parthischen Sitte der älteste der Söhne seinem Vater im Amt nachfolgte. Besonders deutlich ist seine Aussage XLI 5: *relictis duobus filiis Mithridate et Phrahate: quorum maior Phrahates*

[36] JUSTI, S. 503; DEBEVOISE, S. 151; GUTSCHMID, S. 118; RAWLINSON, S. 221.

[37] JUSTI, S. 503; DEBEVOISE, S. 151; GUTSCHMID, S. 118; RAWLINSON, S. 221 f.

[38] JUSTI, S. 503; DEBEVOISE, S. 152; GUTSCHMID, S. 118; RAWLINSON, S. 223 f.; KAHRSTEDT, *Artabanos III. und seine Erben,* S. 11f.

[39] JUSTI, S. 503, und die in der vorigen Anm. gegebenen Hinweise. Für die folgende Zeit habe ich nicht das ganze Material durchsehen können und lasse es hier beiseite. Die Verhältnisse sind tatsächlich sehr undurchsichtig, weil zu den meisten Umstürzen die literarischen Quellen fehlen und wir nur auf die Münzen angewiesen sind. Aber deutlich ist, daß der Feudaladel – zumindest in den wenigen zur Verfügung stehenden Quellen – die führende Rolle spielt, vgl. z. B. die Worte *vocante nobilitate* bei der Rückkehr des Gotarzes (Tacitus, Annales XI 10).

more gentis heres regni. Dieses war also herrschender Brauch innerhalb des parthischen Volkes[40]. Phrahates I. übergeht indessen seine Söhne, *quibus praeteritis, fratri ... Mithridate ... reliquit imperium,* XLI 5. Der Grund für die Bevorzugung des Bruders gegenüber seinen Söhnen wird auch angegeben. Dieser war nämlich ein *insignis virtutis vir,* und der König hielt es für seine Pflicht, *plus regio quam patrio deberi nomini ..., potiusque patriae quam liberis consulendum.* Die Sorge um das Wohl des Reiches trieb ihn also, einen Verwandten, der geeigneter als seine eigenen Söhne zum Herrscher war, zum Nachfolger zu bestimmen.

Auch eine andere Stelle ist in diesem Zusammenhang von Bedeutung. Nach dem Weggang seines Sohnes Pacorus, der gegen die Römer gefallen war, mußte der bejahrte Orodes einen Nachfolger wählen. *Post longum deinde luctum alia sollicitudo miserandum senem invadit, quem ex numero triginta filiorum in locum Pacori regem destinet* (XLII 4)[41]. Seine Wahl fiel unglücklich aus, insofern als der designierte Nachfolger Phrahates' (IV.) von Justin als *sceleratissimus omnium* bezeichnet wird. Offenbar hatte der König freie Hand, welchen dieser dreißig Söhne er zu wählen oder ob er sie alle zu überspringen wünschte, wie Phrahates I. es getan hatte.

Das Bild der Sukzessionsordnung, das uns Justin vermittelt, ist somit das folgende: Der König designiert während seiner Lebenszeit seinen Nachfolger, dessen Wahl von der Wahlversammlung (*senatus*) anscheinend bestätigt wird. Sie ist späterhin berechtigt, diesen abzusetzen, und kann darum selbstverständlich in einem solchen Fall auch aus eigener Intitiative einen neuen König direkt wählen. Die Sukzession ist immer auf ein bestimmtes Herrscherhaus, das arsakidische, begrenzt, aber innerhalb dieser Familie besitzt man die Freiheit, den Geeignetsten zu wählen. Recht auf den Thron besitzt also das königliche Haus als solches, nicht aber eine einzelne Person.

Justin läßt sich über die Zusammensetzung und über die sonstigen Befugnisse des *senatus* nicht näher aus. Hier kommt uns Strabo zu Hilfe, auch wenn

[40] Es ist in diesem Fall kaum möglich, *gens* anders als Bezeichnung für das Volk aufzufassen, denn *gens* bezeichnet bei fremden Völkern eben die *natio;* vgl. den Ausdruck „*nationes ac gentes*" u. ä. bei Cicero.

[41] Die Zahl 30 ist etwas verdächtig, weil sie eine mythische Bedeutung besitzt, die sich in dem den König umgebenden Gefolge widerspiegeln kann. Vgl. die Verhältnisse im alten Israel, worüber Näheres in meiner Vorrede zu der schwedischen Aufl. von Cyrus A. Gordon, *Before the Bible,* auf den S. 8–10 kurz erwähnt wird. Es wäre also verlockend, hier in der Vorlage anstatt an *filii* an φίλοι zu denken, denn „die Freunde des Königs" sind ja eine wohlbekannte Einrichtung; vgl. Bikerman, *Institutions des Seleucides,* S. 40 f., zu den seleukidischen Verhältnissen, und Reinach, *Mithridate Eupator,* S. 252 f., zu den Verhältnissen im Reich Pontus. Sicher wäre es noch besser, an die βασιλικοὶ παῖδες zu denken, die das nächste Gefolge des Königs ausmachten. Für den iranischen und allgemein indo-germanischen Hintergrund vgl. oben Kap. I.–II.

uns seine Angaben gewisse Probleme bieten. Er sagt nämlich XI 9,3 C 515, daß es *zwei* Wahlversammlungen im Partherreich gegeben habe, teils ein aus „den Verwandten" des Königs bestehendes *synédrion,* teils ein aus „Weisen und Magiern" bestehendes *synédrion.* Zu den Verwandten gehören offenbar alle Mitglieder des königlichen Hauses, zweitens die Großvasallen mit ihren Familienmitgliedern aus den großen Häusern. Diese Familien betrachteten sich nämlich als Nebenlinien des Königshauses[42]. Die zweite Körperschaft, Weisen und Magier, könnte man sich aus den Priestern, Richtern und Schreibern zusammengesetzt denken. Wir hätten dann erstens die Großvasallen und den Adel, zweitens die Richter und Schreiber, drittens die Priester. Andererseits wäre es wohl möglich, „Weise und Magier" als eine Umschreibung des Begriffs „Priester" zu denken, weil wir jedenfalls aus sassanidischer Zeit wissen, daß die Magier auch als Richter fungierten. Es scheint also unsicher zu sein, was eigentlich mit der Bezeichnung „Weise" gemeint ist. Diese zweite Körperschaft soll, wie man annimmt, zwar einen allgemein beratenden Charakter, aber doch auch das Recht gehabt haben, an der Königswahl beteiligt zu sein. Man hält es für möglich, daß die in der Wahlversammlung der Verwandten vorgenommene Wahl in der Versammlung der Weisen und Magier eine feierliche Bestätigung erfahren habe[43]. Dies ist an sich eine Vermutung, die sich gut verteidigen läßt, wenn man nicht sonstiges Material aus der parthischen Periode anführt. Bisher ist dies nicht geschehen, und man ist, wie es scheint, bei der erwähnten Annahme stehengeblieben.

Indessen gibt es gewisse armenische Texte, die geeignet sind, Licht auf die Geschichte und Zusammensetzung der parthischen Wahlversammlung zu werfen. Das Interessanteste ist aber vor allem, daß die armenischen Texte uns das Vorhandensein verschiedener Wahlkörperschaften zeigen.

Am eindeutigsten läßt sich die Wahlversammlung bestimmen: sie besteht lediglich aus dem Heerbann. Sie setzt sich also aus den zum Heeresdienst verpflichteten Adeligen, vielleicht auch aus deren Gefolgsmännern, zusammen. Wir finden eine solche Wahlversammlung einberufen, um einen Katholikos zu wählen. Man hat gewiß den Eindruck, daß eine solche Wahlkörperschaft eher für eine Königswahl als für die Wahl eines geistlichen Oberhauptes geeignet ist und daß eine schon bestehende Wahlkörperschaft der Wahl des

[42] Eine andere Möglichkeit wäre aber, συγγενεῖς in uneigentlichem Sinn als Ehrenbezeichnung aufzufassen. Es würde sich dann um die Inhaber der Ehrenämter am Hof handeln, die eben in der vorigen Anmerkung erwähnten „Freunde" und „die Verwandten". Reinach, S. 253 Anm. 1, verweist auf diese Möglichkeit, ohne die andere zu erwähnen. Christensen, *L'Iran sous les Sassanides,* S. 20, faßt dagegen die Bezeichnung ganz wörtlich auf, ohne die zweite Deutung zu diskutieren. Strabo XI 9,3 und Justin XLI 2,2 besagen nicht, was Christensen aus ihnen herauslesen will.

[43] So Christensen, S. 20 Anm. 4.

höchsten kirchlichen Amtsträgers angepaßt wurde. Die Truppen, aus den adeligen Reitern (*azatk'*) bestehend, machen in diesem Fall eine Art von Herrentag aus, der „Reichsversammlung" genannt wird[44]. Die instruktivste Stelle in diesem Zusammenhang ist wohl P'awstos Biwzandaçi IV 3[45].

[44] Die speziellen Ausdrücke, die in den Texten benutzt werden, sind *ašxarhažołov* (vgl. die folgende Anm.) und *ašxarhaxorh* (vgl. P'awstos, ed. Venedig 1933, S. 81:14). Das erste Glied des Kompositums ist das mir. Wort *xšahr* > *ašxarh*, vgl. Hübschmann, *Armenische Grammatik*, S. 101:36.

[45] Text: *Apa i mi žołov kuteçan ar-ark'ayn Aršak mecameck', nahapetk' azgaç azgaç, tohmaç tohmaç, gndiç ew drošuç teark', amenayn satrapk', naxarark' ew azatk', petk' ew išxank', zoravark' ew sahmanapahk'.*

(P'awstos Biwzandaçi, ed. Venedig 1933, S. 77:18–22)

Dann versammelten sich bei dem König Aršak zu einer Versammlung die Großen und die Familienoberhäupter der verschiedenen Geschlechter und Sippen, die Kommandeure der Regimenter und Kompagnien, alle Satrapen, Naxarars und Adligen, Herren und Befehlshaber, Truppenführer und Markgrafen.

Vgl. Lauer, *Des Faustus von Byzanz Geschichte Armeniens*, S. 51.

Die nähere Analyse der aufgezählten Stände können wir hier nicht geben. Es genügt festzustellen, daß wir es an dieser Stelle mit den verschiedenen Gruppen zu tun haben, die sämtlich eine militärische Bedeutung besaßen. Daß diese Versammlung *atean* genannt wurde, geht aus der folgenden Stelle hervor:

ar hasarak ateann zbołok barjeal, ałałakēin et'ē Nersēs liçi mer hoviw.

(P'awstos Biwzandaçi, ed. Venedig 1933, S. 79: 7–9)

Da erhob die ganze Versammlung einen Protest, und sie riefen: „Nerses soll unser Hirt werden".

Dieser Terminus *atean* ist aber reichlich unbestimmt; den wirklichen Terminus technicus finden wir etwas früher, wo wir lesen:

Apa yakanē yanuanē isk xndreçin ašxarhažołov zork'n bazmut'ean zayn, or anuaneal koč̣ēr Nersēs.

(P'awstos Biwzandaçi, ed. Venedig 1933, S. 78:4–6)

Dann verlangte aber mit Bezug auf Ursprung und Namen die Reichsversammlung, die Truppen aus der Volksmenge, denjenigen, der Nersēs genannt wurde.

Hier sehen wir also deutlich, daß *ašxarhažołov* der Name dieser aus dem armenischen Heer bestehenden Versammlung ist.

Eine interessante Stelle findet sich bei Moses Xorenaçi, in der er über die Wahl des Königs Aršam folgendes mitteilt:

I k'sanerordi ami i katarumn awurç t'agaworut'eann Aršēzi žołoveal zork Hayoç hramanaw norin t'agaworeçuçin 'i veray ink'eanc zArjam, or ew Aršam, ordi Artašisi ełbor Tigranay, hayr Abgaru.

(Moses Xorenaçi II 24, ed. Venedig 1955, S. 222)

Im zwanzigsten Jahr, bei der Vollendung der Tage des Königtums des Aršēz, machten die Truppen Armeniens, auf seinem Befehl hin versammelt, Arjam, der auch Aršam (heißt), den Sohn des Artašēs, Bruder des Tigranes, Vater des Abgar, zum König über sich selbst.

Der geschichtliche Wert dieser Notiz (die tatsächlich ziemlich verworren ist, vgl. Justi, *Iranisches Namenbuch*, S. 29 b s. v. Aršam 11; Duval, *L'Histoire d'Édesse*, S. 46; Grousset, *Histoire d'Arménie*, S. 104) braucht uns hier nicht zu beschäftigen. Wichtig ist für uns in diesem Zusammenhang vor allem „das Zuständliche" der von Moses gegebenen Schilderung: die Truppen konstituieren sich als Heeresversammlung und wählen den neuen König. Hinter dem etwas unbestimmten Ausdruck, den wir an einer anderen Stelle finden, hat man sich wohl denselben Hergang zu denken:

Eine etwas andere Zusammensetzung zeigt die durch Provinzstatthalter, Richter und Vertreter des Bauernstandes vergrößerte „Reichsversammlung“, die Pʻawstos III 21; IV 51 erwähnt[46]. Es wird in solchen Fällen hervorgehoben, daß es sich um „alle Männer im Lande Armenien“ handele. Ein technischer Name scheint nicht vorzuliegen; weil aber hervorgehoben wird, daß die Versammlung die ganze Bevölkerung umfaßt, sollte vermerkt werden, daß es einen zusammenfassenden Ausdruck „alle Adelige und Bauern“ im Armenischen gibt: *amenayn azatkʻ ew šinakankʻ* (Pʻawstos V 30)[47].

Der dritte Typus ist die in christlicher Zeit durch die Bischöfe vermehrte Reichsversammlung (Pʻawstos IV 4)[48]. Diese Körperschaft steht – was als ein wichtiger Umstand zu bemerken ist – wie die aus dem Heerbann bestehende unter dem unmittelbaren Vorsitz des Königs. Was diesen dritten Typus betrifft (den mit den Bischöfen vermehrten Heerbann), kann man sich wohl

ew i meṙaneln Sanatrkoy, miabaneal tʻagaworeçuçin zna aṙanç yazgē Bagratuneaç linel tʻagadir.

(Moses Xorenaçi II 37, ed. Venedig 1955, S. 264)

Beim Tod des Sanatruk machten sie einstimmig ihn (d. h. Erwand) zum König, ohne daß die Familie Bagratūni als „Kronaufsetzer“, *tʻagadir* (< * tāgadīr) agierte.

46 Text: *Apa aṙawel žołoveçan i mi žołov miabanutʻeann mardik ašxarhin Hayastan erkrin, naxararkʻ, mecameckʻ, awagkʻ, kusakalkʻ, ašxarhakalkʻ, azatkʻ, zoragluxkʻ, dataworkʻ, petkʻ, išxankʻ. bayç i zoravaraçn, ayl ew i šinakanaç angam ṙamik mardkann.*

(Pʻawstos Biwzandaçi, ed. Venedig 1933, S. 64:21–25)

Dann versammelten sich zu einer einstimmigen Versammlung die Männer des Staates vom Land Armenien, die *naxarar-s*, die Großen, die Notabeln, die Provinzstatthalter, die Landesstatthalter, die Adligen, die Truppenchefs, die Richter, die Herren, die Befehlshaber. Aber abgesehen von den Truppenführern gab es auch von den Bauern eine Zusammenkunft solcher Männer, die *ṙamik* sind.

Vgl. LAUER, *Des Faustus von Byzanz Geschichte Armeniens*, S. 45

Der Terminus *ṙamik*, in seinem Verhältnis zu dem Wort *šinakan* (Bauern), ist oft diskutiert worden, vgl. zuletzt meinen Beitrag in der Festschrift BAETKE. Ich gehe hier auf diesen Terminus nicht ein, sondern hebe nur den iranischen Ursprung des Wortes hervor, mir. *ramīk*. Mir ist hier aber vor allem wichtig, den repräsentativen Charakter dieses „Reichstages“ zu betonen, der ja wirklich eine „Reichsversammlung“ (*ašxarhažołov*) darstellt.

Es ist wichtig, für den iranischen Hintergrund der armenischen Verhältnisse, solche Termini zu vermerken wie *azatkʻ* und *šinakankʻ*, die iranische Lehnworte sind: < *āzātān* und < **šēnakān*, vgl. HÜBSCHMANN, S. 91:2 und 213:480. Außer Pʻawstos V 30, ed. Venedig 1933, S. 231:20–21, vgl. auch S. 261:8–9; Ełišē Vardapet, ed. Venedig 1861, S. 84:24–25 und S. 101:12–13, steht *āzāt* im Gegensatz zu *gełšuk vštaçeal*, „den leidenden Dorfbewohner“; S. 305:11–12: *amenayn bazmutʻiwn azataç ew šinakanaç*. Interessant ist S. 118:14–15, wo unter den Alanen zwischen den *naxararaç* und *amenayn šinakanaç* ein Unterschied gemacht wird. An dieser Stelle heißt es, daß die Satrapen (*naxararkʻ*) von den Bauern (*šinakankʻ*) begleitet werden. Die *naxarar*-s gehören ja zu den *azatkʻ*. Dies ist nur eine ziemlich zufällige Auswahl von relevanten Stellen. Die Stelle Pʻawstos IV 51 findet sich ed. Venedig 1933, S. 167:26 ff.

47 Der Text findet sich ed. Venedig 1933, S. 231:20 f.

48 Der Text findet sich ed. Venedig 1933, S. 81:7 ff.

fragen, ob in vorchristlicher Zeit die Führenden der Magier- und Priesterschaft im allgemeinen nicht Mitglieder dieser Körperschaft waren – anstatt der späteren Bischöfe[49].

Der zweite Typus, eine allgemeine Reichsversammlung, die nicht einen Herrentag, sondern einen wirklichen Reichstag vertrat, scheint tatsächlich einberufen worden zu sein, sooft ein König fehlte oder nicht imstande war, seine Befugnisse als regierender Herrscher auszuüben. Allerdings sind die Verhältnisse nicht so sicher, daß wir sie in diese allgemeine Formulierung umsetzen können[50].

Zusammenfassend kann man über die parthischen Verhältnisse sagen, daß das Wahlkönigtum gut bezeugt ist. Inwieweit es eine größere Rolle als das Erbkönigtum gespielt hat, bleibt indessen unsicher. Wahrscheinlich war es immer so, daß ein starker Herrscher es vermochte, den von ihm bevorzugten Anwärter (im allgemeinen einen seiner Söhne) als Nachfolger von der Wahlversammlung anerkennen zu lassen. Die Wahlversammlung dürfte normalerweise ein adeliger Landtag gewesen sein, in dem besonders die parthischen Großen, die *megistánes,* die entscheidende Rolle spielten[51]. Nur bei besonderen Gelegenheiten, in einer sehr schwierigen Lage, wurde ein wirklicher Reichstag einberufen, in dem die drei Stände vertreten waren.

Wir haben oben gesehen, daß die Bevölkerung Armeniens in Adelige, *azatkʿ* (iranisch *āzātān*), und Nicht-Adelige, *šinakankʿ* (iranisch **šēnakān*), das gemeine Volk, zerfällt[52]. Diese Zweiteilung stimmt gut zu den bei Tacitus überlieferten Mitteilungen, denn hier wird zwischen den Adeligen oder der Nobilität und dem gemeinen Volk ein prinzipieller Unterschied gemacht. So sagt Tacitus, daß die Tyrannei des Gotarzes unduldsam gewesen sei – sowohl dem gemeinen Volk wie den Adeligen gegenüber, *adversus dominationem Gotarzis nobilitati plebique iuxta intolerandam* (Annales XII 10).

[49] Interessant ist, daß in christlicher Zeit die hohen geistlichen Würdenträger von Anfang an eine Stellung als Feudalherren innegehabt haben, vgl. KHERUMIAN, *Vostan* I/1948–49, S. 21 f. Die Kirche und ihre Diener wurden in das feudale System einbezogen. Hier ist wohl die Kirche die Erbin der alten Religion.

[50] In meinen zusammenfassenden Bemerkungen unten habe ich mich darum mehr unbestimmter Wendungen bedient. Dieser Punkt sollte mit Hilfe einer erschöpfenden Behandlung des vorhandenen Materials untersucht werden, wozu hier leider nicht die Zeit genügte.

[51] Die parthischen *megistánes* werden in der klassischen Literatur oft als bedeutender politischer Faktor erwähnt. So sagt z. B. Josephus, Antiquitates XX 3, 1–3, daß die *megistánes* es waren, die Artabanus III. absetzten. Darunter ist wohl der adelige Landtag zu verstehen. Das Perlenlied in Acta Thomae spricht auch von den *megistánes,* ed. BONNET, S. 220:20 ff., vgl. auch S. 110:10 f. Ebenso Sueton, Caligula 7 *„et convictu megistanum abstinuisse"*. Vgl. im allgemeinen PAULY-WISSOWA, *Realencyklopädie* XV, 330 f.

[52] Vgl. oben S. 113.

Dagegen ist die Angabe in Annales VI 42, wo zwischen *primores* und *plebs* unterschieden wird, kaum verwertbar, weil Tacitus hier die Verhältnisse in Seleucia behandelt. Immerhin ist die dort vorhandene Zweiteilung bemerkenswert, weil die *primores* einen *senatus* mit 300 Mitgliedern bilden. Das stimmt gut zu den sonstigen parthischen Verhältnissen. Möglich wäre also, daß Seleucia nach dem Muster des parthischen Staates und nicht wie eine griechische Polis verwaltet wurde, wie man bisher im allgemeinen anzunehmen scheint[53].

3. Die ost- und nordiranischen Verhältnisse

Über die Verhältnisse im Ostiran sind wir wie gewöhnlich ziemlich schlecht unterrichtet. Es steht aber mehr Material zur Verfügung, als man nach den bisherigen Angaben vermuten könnte.

Schon Arrian IV 1,5 erzählt, daß man im fernen Ostiran eine Art von Landtagsinstitution besessen habe. Diesen Landtag nennt er *sýllogos*[54]. Zu diesem Landtag habe sich der Feudaladel versammelt[55]. Diese wertvollen, wenn auch spärlichen Nachrichten lassen sich glücklicherweise durch anderweitiges Material vermehren. Am wichtigsten erscheint uns vor allem die Schilderung eines ostiranischen Landtags, die von *Nihāyatu'l-Irab* gegeben wird. Die Episode betrifft in diesem Fall die heroische Epoche, in der Zarathustra und König Vištāspa lebten und wirkten. Ihr Zeitgenosse ist nach dieser Erzählung der große Held Rustam, der als Großvasall des Vištāspa und zugleich als Unterkönig über Sīstān bezeichnet wird. Rustam würde demgemäß nach sassanidischer Anschauung der höchsten Rangklasse des Feudaladels, den *šahrdārān*, angehört haben[56].

[53] Über die Verfassung in Seleucia vgl. Streck, *Seleucia und Ktesiphon*, Leipzig 1917, S. 10 f.; Honigmann, *PW*, Suppl. IV 1109 f.

[54] Vgl. ferner Altheim, *Weltgeschichte Asiens*, I., S. 170 mit Anm. 421. Zum Begriff σύλλογος vgl. Widengren, Recherches sur le féodalisme iranien, *OrSuec* V/1956, S. 153 f. Der Text bei Arrian lautet: εἴτε καὶ λόγον ἐπὶ τῇ ἀποστάσει διδόντες, ὅτι ἐς ἕνα ξύλλογον ἐπηγγέλκει 'Αλέξανδρος ξυνελθεῖν τοὺς ὑπάρχους τῆς χώρας ἐκείνης εἰς Ζαρίασπα, τὴν μεγίστην πόλιν, ὡς ἐπ' ἀγαθῷ οὐδενὶ τοῦ ξυλλόγου γιγνομένου.

[55] Die Arrianstelle spricht von den Unterstatthaltern (ὕπαρχοι) des Landes (χώρα). Dieses Wort bezeichnet als griechischer Terminus eine kleine Satrapie, vgl. Widengren, a. a. O., S. 140 ff., und Tarn, Selucid-Parthian Studies, *Proceedings British Academy* XVI, S. 32 f. Die ὕπαρχοι sind die Statthalter der ὑπαρχίαι, vgl. Widengren, a. a. O., S. 128, 142 zur Gleichung χώρα = *'aṯrā* S. 126 f. (= *xšaϑr*). Die Skepsis bei Daffina, *L'immigrazione dei Saka*, Rom 1967, S. 89 Anm. 3, ist mir unverständlich. Leider ist die Terminologie ziemlich locker, aber das Dokument Dura Parchment Nr. X aus dem Jahr 121 n. Chr. zeigt doch, daß im Partherreich die Hyparchie die kleinste Verwaltungseinheit war.

[56] Zur Rangklasse der *šahrdārān* vgl. Christensen, *L'Iran sous les Sassanides*, S. 100 ff. und zur Stellung Rustams diese Arbeit, Kap. I, S. 22 f. Der entscheidende Textabschnitt

Als es zu den Ohren Rustams kam, daß Vištāspa die Religion seiner Väter verlassen habe und die ihm von Zarahtustra verkündigte und angebotene Religion angenommen habe, wurde er von heftigem Zorn ergriffen. Die Schilderung sagt hierüber:

> Und als die Nachricht zu ihm kam, daß Bištāsf die Religion seiner Väter im Austausch gegen die Magierreligion verlassen habe, wozu Zarādušt ihn eingeladen habe, wurde er hierüber von heftigem Zorn ergriffen und sagte: „Er hat die Religion unserer Väter verlassen, die der letzte von uns von dem ersten von uns ererbt hat, und hat eine Neigung zur Religion Zarāduštś, des Lügners".
> Danach entschied er sich für dessen Absetzung und versammelte die Großen des Volkes in seinem Reich und erzählte ihnen, was der König getan habe, indem er den Glauben seiner Väter verlassen und einen anderen Glauben angenommen habe, und proklamierte ihnen dessen Absetzung. Und sie unterstützten ihn hierin und annullierten seinen Treueid zu Bištāsf und zu dessen Sohn Isfendiyād.
> (*JRAS* 1900, S. 207 [Übersetzung] = Ms. Mus. Brit. Bibl. Taylor 23, 298 Fol. 44 b Z. 11–16)[57]

bei Ibn al-Balxī, ed. Le Strange-Nicholson, S. 43, findet sich indessen in meiner Textsammlung *Iranische Geisteswelt*, Baden-Baden 1961, S. 303 f., übersetzt. Die Folgerungen sind in meinem populären schwedischen Buch *Ryttarfolken från öster*, Stockholm 1960, S. 57–71, gezogen, worauf ich hier verweisen kann.

[57] Der Text in Kitāb siyar al-mulūk, Mus. Brit. Bibl. Taylor 23, 298 Fol. 44 b Z. 11–16 = Brit. Mus. Or. 4894 Fol. 58 a letzte Z. – 58 b Z. 6:

فلما بلغه ان بشتاسف ترك دين اباه الى ما
زرادشت دعاه اليه من دين المجوسية غضب
لذلك غضبا شديدا وقال ترك دين ابا ينا
الذى توارثه اخرنا عن اولنا وصبا الى دين
زرادشت الكافر ثم عزم على خلعه فجمع عظما
اهل مملكته واعلمهم الذى احدثه الملك عن
ترك دين ابايه ودخول فى عيره من الاديان
وابان لهم خلعه فساعدوه على ذلك وخلّعوا
طاعته بشتاسف وابنه اسفندياد

Die Parallelversion bei Dīnawarī gibt nur eine verkürzte Darstellung, sagt aber ausdrücklich, daß eine Versammlung in Sīstān stattfand[58]. Den sassanidischen Nachrichten entsprechend stellen wir also fest, daß diese beiden Quellen sich über iranische Verhältnisse als sehr gut unterrichtet zeigen und daß man in ihnen Angaben antrifft, die in der arabischen Literatur sonst nicht zur Hand sind. Dadurch werden die Resultate bestätigt, die eben in anderem Zusammenhang über das Verhältnis dieser beiden Texte zu der verlorengegangenen Pahlaviliteratur gewonnen worden sind[59].

Dieses bedeutsame Resultat läßt sich wahrscheinlich durch einige andere Tatsachen aus dem soghdischen Sprachgebiet ergänzen. Wir finden nämlich im Soghdischen einen interessanten Terminus: *anvāzak,* Versammlung[60]. Laut *VJ* 64, 1 a–4 a, besteht ein solcher *anvāzak* aus den lokalen Fürsten, den ekklesiastischen Würdenträgern, Astrologen und Wahrsagern[61]. Diese werden einberufen, um den Sohn des Königs, offenbar als dessen Nachfolger, zu proklamieren, wenn auch der Text nicht davon spricht. Die Proklamation

Kurz vorher lesen wir die folgende Notiz:

فلما بلغ رستم ان بشتاسف قد اسن تجهز
فى اثنا عشر الف رجل من اهل سجسيان
فسارفى ...

Einige terminologische Bemerkungen mögen hier folgen: Rustam versammelt die *'uẓamā'u ahli mamlakatihi.* Dieser Terminus entspricht der dritten Rangklasse im Sassanidenreich (*vazurgān*); vgl. über sie CHRISTENSEN, a. a. O., S. 111, der sie als die hohen Verwaltungsbeamten betrachtet, was ja hier gut stimmt. Die Termini für „absetzen" und „Absetzung" sind *ḫalla'a* und *ḫal'un.*

58 Vgl. die Ed. von GUIRGASS, S. 27:17 ff. Rustam war der Statthalter von Siǧistān und Xorāsān; seine Reaktion wird genauso wie in Nihāyat geschildert: „Dann versammelte er die Leute von Siǧistān und proklamierte ihnen die Absetzung des Bištāsf, und sie gaben bekannt, daß sie ihm den Gehorsam verweigerten." Ein interessanter Ausdruck ist hier *'aẓhara 'iṣyānahu,* „den Ungehorsam gegen ihn bekanntgeben". Sonst ist zu bemerken, daß die *'uẓamā'* verschwunden und durch den wenig präzisen Ausdruck *'ahl* ersetzt worden sind. Eigentümlicherweise verwendet Dīnawarī das Verbum *zayyana* für „proklamieren", während Nihāyat *'abāna* hat. In dem Passus Ms. Brit. Bibl. Taylor 23.298 Fol. 44 b wird einige Zeilen früher gesagt, daß Rustam sich mit 12 000 Mann von dem *'ahl Siǧistān* versah (für den Text vgl. oben Anm. 57 Ende).

59 Vgl. CHRISTENSEN, a. a. O., S. 71, doch ist zu bemerken, daß man sich von der Übereinstimmung zwischen diesen zwei Quellen bisher ganz übertriebene Vorstellungen machte, vgl. einstweilen WIDENGREN, *OrSuec* I/1952, S. 88 f., und *Iranica Antica* I/1961, S. 152.

60 Dieses Wort stimmt mit dem neupers. *hanbāz* überein, vgl. ferner über das Wort *anvāzak, BBB,* S. 79 *ad* 649, wo HENNING verschiedene Stellen angegeben hat. Ergänzungen unten in Anm. 62–63.

61 Der Text 3 a erwähnt „die großen Könige und die ganze Versammlung, *'yw RBkth ywt'wth ZY 'yw 'ngtk 'nwz'k.*

des Königssohnes findet jedenfalls in einem solchen im königlichen Palast versammelten *anvāzak* statt.

Die anderen Textstellen, in denen das Wort sich findet, sind wenig ergiebig, was damit zusammenhängt, daß wir nur wenige nicht-religiöse soghdische Texte besitzen. Der Terminus hat in den buddhistischen und christlichen Quellen offenbar den ganz allgemeinen Sinn von „Versammlung", „umgebende Schar", doch bezeichnet er wahrscheinlich besonders die den Fürsten umgebende Versammlung[62]. In den buddhistischen Texten ist es selbstverständlich, daß der Terminus speziell die aus Mönchen und Asketen bestehende, Buddha umgebende Versammlung meint[63].

Eine terminologische Entsprechung des von Arrian erwähnten ostiranischen *sýllogos* würde also in *anvāzak* vorliegen können, der somit den Landtag von dem Typus angeben könnte, der von Rustam zur Absetzung des Königs einberufen wurde. Daneben bestehen indessen auch andere Möglichkeiten[64].

Natürlich würde man behaupten können, daß der in VJ erwähnte *anvāzak* als in einem buddhistischen Milieu beheimatet nicht ostiranische, sondern indische Verhältnisse ins Auge fasse. Dagegen ist erstens einzuwenden, daß wir auch in einem anderen Fall in eben dieser Jātakaübersetzung direkt lokale ostiranische Details antreffen, die keine Entsprechung in der indischen Vorlage finden[65]. Wir haben es anscheinend in dieser Literaturgattung mit einer „Iranisierung" des Lokalkolorits von derselben Art wie im Gebiet der buddhistischen Kunst zu tun, in der die lokale ostiranische Einwirkung sich manchmal recht deutlich bemerkbar macht[66]. Zweitens, und das ist das Wich-

[62] Vgl. *TS* 7: 86, ed. BENVENISTE, S. 97: „Eintritt und Versammlung in der Nicht-Existenz." Hier hat das Wort anscheinend die allgemeine Bedeutung von „versammeln". *TS* 7:173, ed. BENVENISTE, S. 101: „befinden sich in der Versammlung der Herren der Wohltaten." Üblich ist natürlich das Vorkommen des Wortes in dem Ausdruck ‚die große Versammlung' (= *mahāsamgha*), *TS 2:942,* 1096, 1106, 1221, 1229, 5:3, 86; 6:81; 8:26. Der Terminus wird auch ganz allgemein für eine Versammlung von Mönchen oder sogar von göttlichen Geschöpfen verwendet, *TS* 7:17; 8:24–25; 9:144.

[63] Vgl. u. a. *TS* 7:86, 173. Gewöhnlich kommt das Wort im Ausdruck „die große Versammlung" vor: *TS* 7:17. Ferner kennen die soghdischen Briefe diesen Terminus, vgl. REICHELT, *Die soghdischen Handschriftenreste*, II, Heidelberg 1931, Briefe II 52; III 9.

[64] Der in *VJ* 64:1 a–4 a erwähnte *anvāzak* besteht ja aus sowohl weltlichen wie geistlichen Würdenträgern und entspricht also *nicht* dem von Rustam einberufenen Landtag. Übrigens bemerkt man auch den Terminus *'ngm'n* (HANSEN, *Berliner soghdische Texte*, S. 13:236) in dem Ausdruck *'rmy 'ngm'n*, also etwa „Volksversammlung". HANSEN übersetzt „vor allem Volke".

[65] Vgl. die Rolle, die die Begriffe *prn* und *prnxwntk*, „Glücksglanz", „voll Glücksglanz", in dem Text spielen. Das sind die dem bekannten iranischen *xvarnah* entsprechenden ostiranischen Bezeichnungen, vgl. WIDENGREN, *Die Religionen Irans*, S. 332.

[66] Vgl. das Benehmen der Trauernden an der Bahre Buddhas, VON LE COQ, *Die buddhistische Spätantike in Mittelasien, Neue Bildwerke*, II, Berlin 1928, S. 81, und *Bilderatlas zur Kunst und Kulturgeschichte Mittelasiens*, Berlin 1925, Fig. 230.

tigste, ist aber festzustellen, daß wir in dem betreffenden Fall konstatieren können, daß die Proklamation des Königssohnes vor der anwesenden Versammlung einer Vorlage in der Paliversion entbehrt[67].

In einer soghdischen Tierfabel treffen wir folgende Wendungen an, von denen wir annehmen können, daß sie den entsprechenden Verhältnissen des wirklichen Lebens entnommen sind:

> „Wer soll jetzt der richtige König für uns sein?"
> „Es gibt keinen besseren als dich!"
> „Alle haben nun einmütig Eure Herrlichkeit als souveränen König gutgeheißen und stehen eben im Begriff, Euch als König zu proklamieren."
>
> (*BSOAS* XI/1945, S. 474)[68]

Wenn unsere Vermutung richtig ist, wäre also der entsprechende Verlauf folgender: Erstens muß die Wahlversammlung einen Kandidaten als Großkönig gutheißen; danach wird zweitens dieser als Herrscher proklamiert. Leider haben wir aber in diesem Fall keine Garantie dafür, daß die betreffende Tierfabel auch einheimisch ostiranisch ist und nicht etwa aus einem indischen Original übersetzt worden ist. Jedenfalls stimmt der angenommene Verlauf ganz gut zu dem, was wir sonst kennen, so daß dieser Text wenigstens hypothetisch zur Vervollständigung des soghdischen Materials verwertet werden darf.

Auf etwas sicherem Boden befinden wir uns in einem anderen Fall, wobei wir aber das soghdische Sprachgebiet verlassen und uns auf das sakische Gebiet hinüberwagen – jedoch nicht in sprachlicher Hinsicht, denn der Text ist mittelindisch überliefert. Wir wissen nun dank diesem – übrigens auch in anderer Hinsicht für die feudalen Verhältnisse interessanten – Text, daß unter den sogenannten indo-skythischen Saken in Nordwestindien ein Lehnsherr seine in Ungnade geratenen Vasallen bekämpft, daß diese aber seine Hauptstadt, Ujjayini, erobern, ihn gefangennehmen und absetzen. Danach setzen sie – nachdem sie sich zur Wahlkorporation konstituiert haben, wie man wohl auf Grund der anderen ostiranischen Analogien vermuten darf – einen anderen *šāh* (*shâhi*) als Großkönig ein[69]. Hier ist vor allem das Recht der Großvasallen von Bedeutung, den König ab- und einzusetzen, was gut zu den aus dem Ostiran eruierten Verhältnissen stimmt.

Was die Erbfolge unter diesen sakischen Stämmen betrifft, sind allerlei

[67] Vgl. Cowell-Rouse, *Jātaka*, VI, S. 246 ff.

[68] Die Ausdrücke für „König" und „souveräner König" sind *γwβw* bzw. *γwβw ryz-kry*, vgl. Henning, *BSOAS* XI/1945, S. 475 Anm. a („der seinen Willen durchsetzt", „der nach Gutdünken handelt").

[69] Der Terminus für den „Großkönig" ist *sāhānusāhī*, für den Landesherrn *sāhi*, vgl. H. Jacobi, *Das Kâlakâcârya-Kathânakam*, *ZDMG* XXXIV/1880, S. 284–286.

interessante Hypothesen darüber aufgestellt worden, die sich aber ausschließlich auf das auch anders zu interpretierende numismatische Material stützen, so daß hier leider immer noch alles unsicher bleibt[70].

Die Situation, in der Rustam den Feudaladel zu einem Landtag einberuft und feierlich die Absetzung des Großkönigs proklamiert, erinnert teils an die Funktionen des parthischen Landtages, teils an das Geschehen, als Bahrām Čōbēn vor dem von ihm versammelten Heerbann durch eine feierliche Proklamationsformel die Absetzung Hormizds IV. verkündet. Daß wir uns auch in dem Fall Rustams in parthischer Zeit bewegen, geht daraus hervor, daß der neueren Forschung der Nachweis gelungen ist, daß Vištāspa in der sakistanischen Lokaltradition, die in die epische Literatur übergegangen ist, nur ein Deckname für Vologeses (Vālaxš) I. (um 50–80 n. Chr.) ist[71]. Die Übereinstimmung ist also keine Zufälligkeit, doch dürfen wir wohl annehmen, daß eine lokale Färbung der Tradition mitspielt.

Bei aller Zurückhaltung angesichts der Unzulänglichkeit des Materials möchten wir doch sagen, daß wir im Ostiran in parthischer Zeit auf eine Einberufung eines Landtags treffen, sowohl wenn es darauf ankommt, einen König abzusetzen, als auch wahrscheinlich dann, wenn es sich um die Proklamation des neuen Königs handelt. In diese Richtung ist die Notiz von der Proklamation des Königssohnes in einer großen Versammlung von Würdenträgern zu deuten. Wir wissen, daß eine feierliche Absetzungsformel zur Verwendung kam, darum wohl auch eine bestimmte Einsetzungsformel. Die Zusammensetzung dieses Landtags bleibt unsicher. Daß die Vasallen zu einer solchen Versammlung einberufen wurden, wissen wir schon. Aber die Notiz aus VJ legt die Annahme nahe, daß auch kirchliche Beamte dazu gehörten, ebenso wie es im parthischen, aber christlichen Armenien der Fall war[72]. Dieser ostiranische Landtag, σύλλογος, hat Vorläufer in der Achämenidenzeit, wie es aus den Angaben bei *Arrian* ersichtlich ist. Es liegt darum die Annahme nahe, daß seine Funktionen damals dieselben waren.

Das spärliche ostiranische Material findet gewissermaßen eine Bestätigung aus nordiranischer Gegend, nämlich unter den Skythen, die man wegen ihrer

[70] Vgl. Herzfeld, *AMI* IV/1932, S. 94 ff. Seine bestechenden Hypothesen erscheinen mir immer noch unsicher.
Ghirsman, *Les Chionites-Hephtalites,* hat nach Chavannes, *Voyage de Song Yun* (*BEFEO* III/1903), 402, die Aufmerksamkeit auf das Verhältnis gerichtet, daß laut dieser chinesischen Quelle unter den Chioniten-Hephtaliten das Königtum nicht streng erblich war, sondern daß dem toten König ein Bruder *oder* Sohn nachfolgte, „pourvu qu'il en fut capable". Die Kombinationen Herzfelds gehen aber viel weiter.

[71] Vgl. Herzfeld, a. a. O., S. 114, der auf Markwart, *ZDMG* XLIX/1895, S. 628 ff., Bezug nimmt.

[72] Vgl. oben S. 113 f.

Verwandtschaft mit den Saken auch zu den Ostiraniern rechnen kann und eigentlich aus dem Ostiran stammen. Von einer Königswahl unter den Skythen wissen wir zwar sehr wenig, aber Herodot hat uns immerhin eine wertvolle Angabe überliefert. Er erzählt nämlich, daß die Skythen statt ihres Königs Skyles[73] dessen Bruder Oktamasades (Uktamasāda[74]) zu ihrem Führer wählten und gegen Skyles Aufruhr machten, der damit endete, daß Skyles zuletzt getötet wurde (Herodot IV 80). Ein bedeutsames Detail ist zu verzeichnen. Die Ursache der Absetzung des Skyles lag nach der von Herodot wiedergegebenen Tradition nicht nur darin, daß der König an der griechischen Lebensweise Gefallen bekam, sondern auch und vor allem darin, daß er sich in die Dionysosmysterien einweihen ließ. Den hervorragendsten Skythen wurde Gelegenheit gegeben, ihren König zu beobachten, als er als eingeweihter Myste in Ekstase den Gott verehrte. Dieses wurde von ihnen als ein großes Unglück betrachtet: „Sie gingen weg und verkündeten dem ganzen Heer, was sie gesehen hatten" (Herodot IV 79). Wir wollen die Ausdrucksweise beobachten. Die führenden Skythen erzählen der Heeresversammlung, was sie bemerkt haben. Dann folgt bei Herodot die Notiz von der Absetzung des Skyles und der Wahl eines neuen Königs, seines Bruders Oktamasades. Aus diesen Nachrichten können wir rekonstruieren, daß die Heeresversammlung der Skythen ihren König sowohl wählt als absetzt, wobei man sich aber – wenn wir diese einzige Angabe, die wir besitzen, verallgemeinern dürfen – bei der Königswahl an eine bestimmte königliche Familie hält. Das Recht, in diesem Fall zu generalisieren, dürfte wohl in der Ähnlichkeit mit den ostiranischen und allgemein iranischen Verhältnissen liegen, bleibt aber selbstverständlich etwas unsicher. Ein kleiner Unterschied zwischen den skythischen und den ostiranischen Verhältnissen könnte allerdings darin bestehen, daß Herodot von dem skythischen Heer spricht, während die Nachrichten aus dem Ostiran nur einen aus Vasallen bestehenden Landtag betreffen. Aber die Differenz dürfte mehr scheinbar als wirklich sein, denn es ist selbstverständlich, daß die Vasallen bei einer solchen Gelegenheit von ihrem bewaffneten Gefolge begleitet wurden und daß somit auch von einer Musterung des feudalen Heerbanns die Rede ist. Tatsächlich begegnen wir auch dem Terminus *sýllogos* in achämenidischer Zeit als der Bezeichnung einer solchen Musterung der Streitkräfte einer Provinz[75], wie schon gesagt wurde[76].

[73] Der Name Skyles erinnert an die indo-skythischen Namen, die auf *-ula* enden, z. B. Kujula. Für die Deutung des Namens Skyles gibt Justi, *Iranisches Namenbuch,* S. 305 a, kein Material.

[74] Der Name Oktamasades wird bei Justi, S. 232 a, als „dessen Größe genannt wird" gedeutet, also etwa **ukta-masāda.*

[75] Vgl. Widengren, *Recherches sur le féodalisme iranien,* S. 153 f.

[76] Vgl. oben S. 106.

4. *Die sassanidischen Verhältnisse*

a) Wenn wir zu den Verhältnissen des Sassanidenreiches übergehen, so ist zunächst darauf hinzuweisen, daß nach Ṭabarī folgende Herrscher ihre Nachfolger persönlich bestimmt haben[77]:

Artaxšēr I.
Šāpūr I.
Šāpūr II.
Kavād
Xosrau I.

Man muß diese Könige zu den größten und mächtigsten Herrschern des Sassanidenreiches rechnen. Augenscheinlich verhält es sich so, daß dann eine festere Sukzessionsordnung der Wahlversammlung gegenüber gesichert wird, wenn die Königsgewalt wegen der persönlichen Eigenschaften ihres Inhabers gefestigt ist.

Daß eine solche Wahlversammlung, die einen König zu wählen hatte, auch in sassanidischer Zeit existiert hat, läßt sich mit klaren Belegstellen sichern.

Wir vermerken, daß bei der Geburt Šāpūrs II. eine Wahlkörperschaft zusammentritt, um das neugeborene Knäblein (nach der Überlieferung) zum König zu bestimmen. Es wird nämlich bei Dīnawarī, S. 49:14–17, gesagt, daß die Großen (*al-ʿuẓamāʾ*) sich darüber einig wurden, daß sie, wenn das später geborene Kind ein Knabe sei, ihn Šāpūr nennen und über das Reich setzen würden, aber daß sie sich, falls es ein Mädchen sei, dann einen Mann des königlichen Hauses wählen (*ʾiḫtāru*) und über sich zum König machen würden[78]. Nun wissen wir schon längst, daß der arabische Terminus *al-ʿuẓamāʾ* den mittelpersischen Ausdruck *vazurgān* wiedergibt, womit auf eine bestimmte Rangklasse innerhalb des Adels hingezielt wird[79].

Es könnte scheinen, als ob in diesem Fall die Großen die einzig Agierenden gewesen seien; aber Fārsnāmah gibt eine etwas andere Darstellung. Diese Quelle spricht nämlich S. 66:11–12 von *laškar* (Heer) und von *raʿīyah* als handelnden Körperschaften. Was wird mit diesen Ausdrücken angegeben? Hinter *laškar* steht gewiß das mp. Wort *spāh*, dem parthischen *(i)spāδ* entsprechend. Aber welcher Terminus verbirgt sich hinter dem arabischen Wort

[77] Vgl. Nöldeke, *Geschichte der Perser und Araber zur Zeit der Sassaniden*, S. 30, 45, 68, 146 f.

[78] Vgl. Christensen, *L'Iran sous les Sassanides*, S. 233 f., über die Thronwirren nach dem Tod Hormizds II. Tatsächlich gelang es Ādur Narseh, einem Sohn Hormizds, den Thron zu besteigen, aber schon nach einigen Monaten wurde er von den Magnaten abgesetzt.

[79] Vgl. Christensen, S. 110 f.

ra'īyah? Dieses Wort bedeutet eigentlich „Herde", dann Untertanen[80]. Vergleichen wir diese Bezeichnungen mit den parthischen Termini aus Armenien, dürfte es möglich sein, zu einem einigermaßen sicheren Resultat zu gelangen. Das Wort (*spāh-*) *laškar* steht anscheinend als eine allgemeine Bezeichnung des Heerbanns und entspricht vielleicht dem armenischen Begriff „Reichsversammlung". Den Sinn des Wortes *ra'īyah* können wir durch gewisse Überlegungen gewinnen. Der Heerbann bestand in Armenien nur aus den parthischen Adeligen und ihren Gefolgsleuten, folglich aus dem Adel (*azatk'*). Wir haben schon festgestellt, daß dem *azatk'* als der einen Hälfte der Bevölkerung die *šinakan*(*k'*) als die andere gegenübergestellt werden, so daß also *azatk'* und *šinakank'* zusammen das ganze armenische Volk darstellen. Unter den *šinakan* finden wir aber im Zusammenhang mit der Einberufung eines allgemeinen Reichstages „die Versammlung der Männer, die *ṙamik* sind", erwähnt[81]. Dieses Wort ist wie *šinakan* ein iranisches Lehnwort und bedeutet „wer dem *ram* angehört"[82]. Den Terminus *ram* wiederum finden wir mehrmals in parthischen Texten. Er wird in den manichäischen Quellen von der ganzen manichäischen Gemeinde als Mani unterstellt verwendet. Das ist „die Herde", die der gute Hirt Mani bei seinem Tode verläßt[83]. Der Terminus hat nämlich die wortgetreue Bedeutung „Herde"[84]. In Armenien gibt indessen das Wort *ṙamik* denjenigen an, der einer gewissen Gruppe innerhalb der *šinakan* angehört; man hat aus gutem Grund die Bauern auf dem königlichen Besitz dahinter vermutet[85].

Im Mittelpersischen scheint nicht *ram*, sondern *ramak* der Terminus für „Herde" zu sein[86]. Es liegt daher nahe, als mp. Entsprechung des arabischen Wortes *ra'īyah* den Terminus *ramak* einzusetzen. Dieser Ausdruck würde also diejenigen bezeichnen, die **ramīkān* sind, dem *ram*(*ak*) angehören, im Gegensatz zu denen, die *āzātān* sind. Da aber in sassanidischer Zeit andere Vertreter der nichtadeligen Bevölkerung an der Seite der Bauern erscheinen[87], kann man vielleicht sagen, daß der Terminus *ramak* „das arbeitende Volk" bezeichnet, eine soziale Schicht, der wir auch fernerhin begegnen werden. Interessant ist es zu vermerken, daß auch diese **ramīkān* eine bestimmte

[80] Vgl. unten S. 132 f., die dort angeführte Stelle aus dem Tansarbrief und unten S. 124, die Stelle aus Fārsnāmah.

[81] Vgl. oben S. 113 Anm. 46.

[82] Vgl. darüber meinen Beitrag *Ordo populorum* und *ram*, in der *Festschrift Baetke*.

[83] Vgl. *Mir M.* III, S. 16 [861] = T II D 79 R 18–19.

[84] Vgl. darüber den Beitrag in der *Festschrift Baetke*, S. 382.

[85] Sie sind darum *freie* Bauern, vgl. ADONTZ, *L'aspect iranien du servage*, S. 150.

[86] Vgl. darüber *Festschrift Baetke*, S. 382 f.

[87] Vgl. unten S. 133.

militärische Funktion gehabt haben, sowohl im parthischen Armenien als auch im sassanidischen Iran[88].

Wenn die Notiz in Fārsnāmah korrekt ist, würden wir also hier eine Angabe besitzen, die besagt, daß nicht nur der adelige Heerbann als Herrentag, sondern eine ganze Volksrepräsentation mit breiter Zusammensetzung bei der sassanidischen Königswahl als Wahlkörperschaft auftreten konnte (Fārsnāmah, S. 66:11–12).

Dieses möglicherweise zutreffende Resultat weicht derart stark vom Standpunkt der bisherigen Forschung ab, daß wir uns umsehen müssen, um bestätigendes Material zu finden. Wir stoßen auf eine ähnliche Notiz, wenn erzählt wird, daß nach dem Tod Yazdagirds I. ein Reichstag zusammenkam, der den sassanidischen Prinzen Xosrau unter Übergehung der Söhne des verstorbenen Herrschers zum König wählte. Die Ausdrücke in den betreffenden arabischen und neupersischen Quellen sind einer näheren Betrachtung wert. Fārsnāmah sagt nämlich, S. 75:14–17[89]:

> Und als Yazdagird hingeschieden war, waren sein eigenes Heer (*laškar*) und Volk (*ra'īyah*) seiner müde geworden und sagten: „Sein Sohn ist unter Arabern erzogen und kennt nicht die persische Bildung". Und sie setzten als Herrscher einen anderen ein, dessen Name Xosrau war, von den Nachkommen des Ardašēr, des Pāpaksohnes.

Die außerordentlich wohlinformierte Notiz bei Dīnawarī[90] verdient auch in *extenso* angeführt zu werden:

> Und die Großen (*'uẓamā'*) in Fārs verpflichteten sich gegenseitig, keinen der Söhne Yazdaǧirds zum König zu machen, auf Grund dessen, was sein Leben ihnen an Bösem gegeben hatte. Unter ihnen befanden sich Bistām, der Iṣbahbad von al-Sawād, dessen Rang *hazāraft* genannt wurde, und Yazdǧušnas, der *fādōsfān* al-Zawābī, und Fīrak, dessen Rang Mihrān genannt wurde, und Ǧōdarz, der Heeresschreiber, und Ǵušnasādurbīš, der Steuerschreiber, und Fanāxusrav, der mit den Almosen des Königtums Beauftragte, und andere als diese aus den adeligen Familien und Häusern. Sie versammelten sich und wählten einen Mann aus der Familie des Ardašīr ibn Bābakān, der Xusrav genannt wurde, und machten ihn zum König über sich.
>
> (al-Dīnawarī, S. 57:2–8)

[88] Vgl. darüber ADONTZ, S. 151, und WIDENGREN, *Baetke-Festschrift,* S. 382, 386–388.
[89] Wir stellen hier den Gebrauch des Wortes *ra'īyah* fest.
[90] Diese Notiz wird von CHRISTENSEN, S. 518 ff., in einem ausführlichen Exkurs diskutiert. CHRISTENSEN interessiert sich indessen nur für die Bezeichnung der Würdenträger, die hier gegeben wird.

Die Namen und Titel, die in diesem Text erwähnt werden, lassen sich folgendermaßen ordnen:

Vistahm, der *spāhpat* von Babylonien, mit dem Ehrentitel *hazārapat*
Yazdgušnasp, der *pādgōspān*
Pīrak, aus dem Hause Mihrān
Gōdarz, der Heeresschreiber
Gušnaspādurvēš, der Grundsteuerschreiber
Panāhxosrau, der mit den frommen Stiftungen Beauftragte, *ruvānagān dipēr*[91]

Später werden hier (S. 57:11) „die Großen und die Adeligen" erwähnt.

Aus Ṭabarī kennen wir einen langen Bericht des Verlaufes, der teilweise mit legendenhaften Elementen durchsetzt ist, der aber auch einige wichtige Notizen enthält, die verdienen, angeführt zu werden.

Ein Teil der „Großen und die Mitglieder der (adeligen) Häuser" trafen eine Übereinkunft, keinen der Nachkommen Yazdagirds zum König zu machen (Ṭabarī, S. 858:4–5). Ihre Meinung stimmte mit der des Volkes überein, und man machte Xosrau zum König (S. 858:9). „Die Großen und die Mitglieder der (adeligen) Häuser" ergreifen auch in der folgenden Zeit die Initiative. Sie senden einen Brief zum Nährvater des Bahrām, dem arabischen Fürsten von Hīrah, Mundhir (S. 859:4–5). Der Überbringer des Briefes mahnt Mundhir, nach der Residenzstadt Ktesifon zu ziehen und dort die erwähnten Gruppen zu versammeln (S. 859:16–17). Mundhir gehorcht dem Rat, und dort angelangt, veranstaltet er eine Volksversammlung („er versammelte das Volk"), wobei vor ihm „die Großen und die Mitglieder der (adeligen) Häuser" auftreten und das schlechte Regiment Yazdagirds schildern (S. 860:3 ff.). In der Fortsetzung ist es indessen „das Volk" (*al-qaum*), das handelnd auftritt (S. 860:19). Es ist das Volk (*al-qaum*), das antwortet: „Wir haben Xosrau für die Regierung des Reiches gewählt" (S. 861:10–11). – Dann folgt die bekannte, rein legendenhafte Schilderung, wie Bahrām Gōr sein Anrecht auf die Krone dadurch beweist, daß er die Löwen mit seiner Keule tötet[92]. Ihm huldigen alle Anwesenden mit Xosrau selbst an der Spitze. Dann treten die Großen und die Mitglieder der (adeligen) Häuser samt den Statthaltern und Wesiren zu Mundhir und bitten ihn, ihr Fürsprecher bei Bahrām zu sein (S. 861:19 ff.).

Ehe wir einen Vergleich der verschiedenen Berichte über diesen Verlauf anstellen, müssen wir feststellen, welche mittelpersischen Ausdrücke sich

[91] Die Namen und Bezeichnungen der Würden habe ich hier in ihrer mpers. Form gegeben und verweise im übrigen auf Christensen.

[92] Vgl. Ṭabarī, S. 861:10 ff., und Nöldeke, S. 95 ff.

hinter den arabischen Bezeichnungen verbergen. Ṭabarī gibt die eindeutigsten Termini; es ist darum angemessen, den Anfang mit ihm zu machen. Wir wissen schon lange, daß *ahl al-buyūtāt* („die Mitglieder der [adeligen] Häuser") den *vāspuhrān* entspricht[93] und daß der Terminus für „die Großen" (*al-ʿuẓamāʾ*), wie schon früher vermerkt wurde, soviel wie *vazurgān* bedeutet[94]. Dieses Wort bezeichnet die dritte sassanidische Rangklasse des Adels, während *vāspuhrān* die zweite ausmacht[95].

Dīnawarī wiederum erwähnt *ahl al-šaraf* und *ahl al-bait*. Daß der letzte Ausdruck *ahl al-buyūtāt* entspricht, ist selbstverständlich, da der arabische Ausdruck dem aramäischen Ideogramm für *vāspuhr* äquivalent ist, während der gewöhnlichere arabische Ausdruck *ahl al-buyūtāt* der aramäischen Pluralschreibung entspricht[96]. Ebenso offenbar entspricht *ahl al-šaraf* dem sonst in der arabischen Literatur auftauchenden *al-ašrāf*. Dieser Terminus ist die arabische Übersetzung des Namens der vierten und niedrigsten Rangklasse, die *āzātān*[97].

In Ṭabarī treten folglich auf:	In Dīnawarī treten auf:
vāspuhrān und *vazurgān*	*vāspuhrān* und *āzātān*

Ein großer Widerspruch liegt nicht vor, wenn überhaupt mit einem solchen zu rechnen ist. Die Gruppe der „Großen" (*vazurgān*) ist unter dem „Adel" im weitesten Sinn (*āzātān*) mit einbegriffen. Dies geht u. a. aus den armenischen Verhältnissen hervor, nach denen die ganze Bevölkerung in zwei Gruppen, die Adeligen (*āzātān*) und die Bauern (**šēnakān*), eingeteilt wird. Wir verweisen ferner auf den Sprachgebrauch im Julianosroman, in dem „Große" und „Adelige" tatsächlich austauschbare Benennungen sind[98]. Man kann ferner vermuten, daß der Sprachgebrauch des Dīnawarī nicht ganz fest ist, denn wir finden, daß er im Zusammenhang mit der Königswahl beim Tod Yazdagirds auch *al-ʿuẓamāʾ* zusammen mit *al-ašrāf* erwähnt (S. 57:12). Diese *al-ʿuẓamāʾ* kommen auch S. 49:14–17 bei der Königswahl Šāpūrs II. vor. Sie entsprechen den mp. *vazurgān*, was bedeutet, daß Dīnawarī, wenn auch mehr beiläufig, die *vazurgān*, und also alle drei Rangklassen, erwähnt, somit den ganzen Adel außer der höchsten Rangklasse, den Großvasallen, die man als Könige betrachtete und die *šahrdārān* genannt wurden[99].

Ṭabarī und Dīnawarī stimmen also darin überein, daß die drei Adels-

[93] Vgl. Christensen, S. 110.
[94] Vgl. oben S. 122 Anm. 79.
[95] Vgl. Christensen, S. 103–110.
[96] Zu dem aramäischen Ideogramm vgl. Frahang i Pahlavīk, Kap. XII 3: *bar baitā*.
[97] Vgl. Christensen, S. 111, mit Hinweis auf Nöldeke, S. 71 Anm. 1.
[98] Vgl. unten S. 140.
[99] Vgl. Christensen, S. 101 ff.

gruppen *vāspuhrān, vazurgān* und *āzātān* bei dieser Gelegenheit als Wahlversammlung auftreten. Diese Wahlkörperschaft erklärte die Söhne Yazdagirds der Krone verlustig und wählte ein anderes Mitglied des königlichen Hauses, Xosrau, zum Herrscher.

Aber Fārsnāmah gibt auch jetzt eine andere Darstellung des Verlaufes. Diese Quelle spricht wiederum vom Heer und Volk, d. h., wie unsere frühere Darlegung gezeigt hat, sie nennt als Wahlversammlung *teils* den adeligen Heerbann, *teils* das nichtadelige, arbeitende Volk. Eigentümlich genug, steht Fārsnāmah in dieser Hinsicht als Quelle nicht isoliert da. Tatsächlich stimmt nämlich diese Notiz mit einer Stelle in dem Bericht bei Ṭabarī überein. Die Darstellung bei Ṭabarī ist nämlich, wie oft bei diesem Historiker, aus verschiedenen Notizen und Überlieferungen zusammengesetzt.

Ṭabarī erzählt also, daß die Großen und Fürsten (= *vazurgān* und *vāspuhrān*) eine Übereinkunft mit „dem Volke" *(al-ʿāmmah)* trafen (S. 858:9)[100]. Dieser Terminus *al-ʿāmmah* stimmt mit dem in Fārsnāmah gebotenen Wort *raʿīyah* recht gut überein. Hinter diesen beiden Bezeichnungen wäre also der Terminus zu vermuten, mit dem man im sassanidischen Iran den nichtadeligen Teil der Bevölkerung bezeichnet hat, vielleicht so etwas wie *ramak,* was in der parthischen Periode *ram* entsprochen hat, der wohl ursprünglich im parthischen Armenien verwendeten Bezeichnung (vgl. oben).

Aber wir stellen auch fest, daß Ṭabarī in seiner Schilderung des Verlaufs einen anderen Terminus verwendet, der jene Wahlversammlung bezeichnet, die Vertreter des ganzen iranischen Volkes, also sowohl Adel als auch Nichtadel, in sich einschließt. Diese Körperschaft nennt er *al-qaum* („das Volk"), d. h. aber das Volk überhaupt im Unterschied von *al-ʿāmmah,* einer Bezeichnung des „gemeinen" Volkes. Es ist äußerst schwierig zu entscheiden, welche mp. Bezeichnung dem arabischen Wort *al-qaum* entspricht. Wenn man eine Vermutung wagen will, könnte man vielleicht an *martōmān* („die Menschen") denken[101].

Die Wahlversammlung, die beim Tod Yazdagirds einberufen wurde, würde also sowohl den Adel wie das nichtadelige, gemeine Volk umfaßt haben, d. h., sie würde ein Reichstag von dem selten vorkommenden Typus gewesen sein, den wir in dem von parthischen Einrichtungen geprägten Armenien angetroffen haben. Die Quellen geben ausdrücklich an, daß diese

[100] Vgl. NÖLDEKE, S. 91 Anm. 5, der aber über unbestimmte Vermutungen nicht hinauskommt.

[101] In der Pahlaviliteratur scheint bisweilen *martōmān* eine zusammenfassende Bezeichnung für die Bewohner Irans zu sein. Vgl. auch unten S. 141 die Stelle aus Fārsnāmah, nach der die npers. Form *mardomān* die Volksversammlung vertritt.

Körperschaft den neuen König gewählt habe. Dīnawarī wie Ṭabarī sind in diesem Punkt völlig eindeutig. So sagt Dīnawarī, S. 58:7: „Sie kamen zusammen und wählten", Ṭabarī, S. 856:10–11: „Das Volk, *al-qaum*, sagte: ‚was uns betrifft, haben wir den Xosrau zum König gewählt'." Der Terminus dieses allgemeinen Reichstages ist das arabische *al-qaum*, wie wir feststellten, während das persische Wort nicht bekannt ist.

Wir mustern das übrige Material durch und kommen zum Tod des Pērōz. Nach dem Tod dieses Herrschers traten nach dem armenischen Geschichtsschreiber Lazar Pʿarpeçi die persischen Edelleute, die nach der Niederlage übriggeblieben waren, bei Zarmihr, dem führenden Großen zu dieser Zeit im Iran, zusammen. Sie überlegten, wer der Würdigste sei, die königliche Würde zu empfangen. Nachdem man während mehrerer Tage Rat gepflegt hatte, entschied man sich einhellig für Vālaxš[102].

Bei der Absetzung Hormizds IV. geht alles ziemlich tumultuarisch vor sich, wie immer bei Revolutionen, nicht zuletzt im Iran. Einerseits treten die in der Reichsarmee unter dem Befehl des Bahrām Čōbēn stehenden Truppen

[102] Ich lasse hier einen Auszug und ein Referat aus der ausführlichen Schilderung bei Lazar Pʿarpeçi folgen. Es wird von dem persischen Magnaten Hazāravuxt (d. h. Zarmihr) erzählt, daß er bei der Kunde von der Niederlage und dem Tod des Königs Pērōz sich von Iberien, wo er sich befand, nach Persien begab. Die Erzählung fährt dann fort:

> Und am Königshof angelangt, versammelten sich die von den Großen der Iranier Übriggebliebenen bei ihm, der Sohn des einen und der Bruder eines anderen, nachdem sie sich, glücklich gerettet, gefunden hatten: überlegend, welchen sie sich als für das Königtum Würdigen denken könnten. Und nachdem sie viele Tage überlegt hatten, entschieden sie sich mit Akklamation für Valarš, der der Bruder des Königs Pērōz war, wie für einen wohltätigen und wohlwollenden Mann. Und als alle bei Valarš sich versammelt hatten, fing Hazāravuxt zu reden an:
> *ew haseal i duṙn žołovēin aṙ nma mnaçordkʿ Areaç awaganwoyn, urumn ordi ew ayloy ełbayr, əst giwtiç apreloç i žamun: Xorhurd i mēǰ aṙeal, tʿē zo aržani tʿagaworutʿean nmaneçuçanel karasçen. ew xorheal zays i bazum awurs hastatēin miabanutʿeamb zirsn i veray Vałaršu, or ēr ełbayr tʿagaworin Perozi, orpēs i veray aṙn barerari ew hezoy: ew žołovealkʿ amenekʿean aṙ Vałarš sksanēr xosel Hazarawuxt.*
> (Lazar Pʿarpeçi, ed. Tiflis, S. 157:22–28)

In dieser Rede hält „der Königsmacher" (als welchen wir Hazāravuxt bezeichnen können) dem neuen König einen Fürstenspiegel vor. Dann wird dem König der Treueeid gegeben; schließlich wird er auf seinen Thron gesetzt.

Die ganze Handlung bei dieser Königswahl können wir folgendermaßen zusammenfassen:

1. Eine Adelsversammlung wird einberufen und tritt beim Vorsitzenden zusammen.
2. Überlegung.
3. Entschluß.
4. Die Wahlversammlung tritt bei dem ausersehenen Anwärter zusammen.
5. Der Vorsitzende ergreift das Wort und hält eine Rede.
6. Diese Rede enthält einen Fürstenspiegel.
7. Dem neuen König wird der Treueid geleistet.
8. Der neue König wird auf den Thron gesetzt.

Procopius I 4–5 begeht einige Irrtümer, bestätigt aber den allgemeinen Vorgang.

als „Heeresversammlung" auf und erklären Hormizd für abgesetzt (Ṭabarī, S. 993:8; Sebeos, S. 31:7 ff., Übers. Macler, S. 12)[103], worauf sie gegen die Reichshauptstadt marschieren. Andererseits greifen sehr aktiv gewisse hohe Beamte und Offiziere ebenso wie andere Mitglieder des hohen Adels in das Geschehen ein.

So huldigen in der Provinz Ādhurbaiǧān gewissen Marzbane und Spāhbads dem Xosrau Aparwēz als König, dem Sohn Hormizds (Ṭabarī, S. 993: 11–12). Dieser befand sich dort mit gewissen Truppen[104]. Zugleich treten in der Reichshauptstadt „die Großen und Adeligen", d. h. *vazurgān* und *āzātān*, sehr energisch auf, befreien die Gefangenen, darunter auch Bindōē, den Onkel Xosraus, und veranstalten zusammen mit gewissen Truppenteilen eine Straßenrevolution. Sie dringen in den königlichen Palast ein, erklären Hormizd für abgesetzt, fesseln und blenden ihn (Ṭabarī, S. 993:13–14)[105]. Hier arbeiten also verschiedene Interessengruppen und Körperschaften mitein-

[103] Als handelnde Person tritt das Heer auf, denn es heißt:

> Die Truppen faßten den Entschluß, nicht mehr Hormizd anzuerkennen, setzten Vahram als ihren König ein, schworen ihm den Eid gemäß ihrem Gesetz, *zVahram nstuçin t'agawor iwreanç erdumn knk'eçin əst awrini iwreanç.*

Und ferner:

> Dann beschlossen sie, ihren König Hormizd zu töten und das sassanidische Haus zu vernichten und Vahram auf den Thron zu setzen, *zi spançen zt'agaworn iwreanç zOrmizd ew barjçen ztunn Sasanakan ew hastatesçen zVahram yat'or t'agawo-rut'eann.*
>
> (Sebeos, ed. Tiflis, S. 48:11 ff.)

[104] Vgl. Nöldeke, S. 273.

[105] Die Erzählung bei Dīnawarī ist viel ausführlicher und mag darum hier angeführt werden:

> Nachdem Yazdāngušnasp hingerichtet worden war, verbreitete sich die Kunde hiervon:
>
> Und zu denen, die sich am königlichen Hofe von Großen und Edlen und Marzubanen befanden, gelangte die Kunde von der Hinrichtung Yazdāngušnasps, der unter ihnen ein Großer gewesen war, und sie gingen, einer zum anderen, und entschlossen sich, den König abzusetzen und dessen Sohn Kisrā zum König zu machen. Und diejenigen, die ihnen dazu geraten und sie darauf geführt hatten, waren Bindōē und Bistām, zwei Onkel des Kisrā mütterlicherseits, die im Gefängnis waren. Und sie sandten eine Botschaft zu den Großen: „Macht euch selbst los von dem Sohn des Türken" (sie meinten aber den König Hormizd).
>
> (Dann folgt die Erzählung davon, wie die Gefangenen aus dem Kerker befreit wurden und wie der Aufstand in der Reichshauptstadt um sich griff.)
>
> Und sie alle marschierten, bis sie Bindōē und Bistām aus dem Gefängnis herausgeführt hatten, ebenso wie alle, die dort waren. Danach marschierten sie zum König Hormizd und stürzten ihn vom Thron herab und nahmen seine Krone und seinen Gürtel und sein Schwert und Gewand (*qabā*) und sandten sie zu Kisrā, der sich in Adhurbaiǧān befand. Und als dieses zu ihm gelangte, marschierte er und rückte heran, bis er nach al-Madā'in herunterkam. Und er trat in den Iwān ein und die Großen versammelten sich bei ihm und er stand unter ihnen und sprach.
>
> (al-Dīnawarī, S. 87:15 – S. 88)

ander, die alle ein gemeinsames Ziel haben, die Absetzung Hormizds, aber sonst zwei verschiedene Ziele verfolgen: *erstens* die Heeresversammlung der großen Feldarmee, die den Hormizd für abgesetzt erklärt und dem Reichsfeldherrn Bahrām als Großkönig huldigt; *zweitens* die Adelsversammlung, „der Herrentag", der in der Hauptstadt zusammentritt und sich mit verschiedenen Elementen der Stadtbevölkerung und der Garnison verbindet, und *drittens* einige der höchsten zivilen und militärischen Beamten in der Provinz Ādhurbaiğān.

Die eigentliche Rolle der Heeresversammlung ist bei Ṭabarī etwas verwischt, denn S. 999:7 wird es nicht deutlich, daß dem Bahrām dank des Anschlusses des Heeres als König gehuldigt wird. Dies ist indessen selbstverständlich und wird in anderen Quellen klar festgestellt, die Bahrām mit seinen höheren Offizieren ratschlagen lassen, ob er auf die Krone Anspruch erheben solle oder nicht[106].

Eine interessante Einzelheit ist in dem Bericht über die Absetzung Hormizds durch die Heeresversammlung bewahrt (bei Dīnawarī, S. 85:15–17). Man ruft: „Hormizd ist nicht König und Yazdān Gušnasp ist nicht *wazīr*!" Es kann wohl kein Zweifel darüber sein, daß hier eine alte, authentische Formel vorliegt[107]. Bei der Zusammenkunft der Körperschaft erklären somit die Anwesenden in einer feierlichen Proklamation, daß der Herrscher abgesetzt sei. Und wenn sein Wesir mißfällt, wird auch er in die Absetzungsformel mit einbegriffen. Gleich wie die Wahl eines Königs durch eine Proklamation mit akklamatorischem Charakter erfolgt, z. B. „Šērōē ist König!"[108], erfolgt ebenso die Absetzung des Herrschers durch eine gemeinsame Proklamation seitens der Wahlversammlung, in diesem Fall des Heerbanns. Dieser Vorgang stimmt mit dem, was wir aus dem parthischen Armenien und aus Ostiran wissen, überein[109].

Eine zweite interessante Einzelheit finden wir bei Theophylact Simocatta IV 3, 15 ff., bewahrt: Hormizd, der abgesetzt und gefangengenommen worden ist, sucht sich in der Adelsversammlung durch eine Rede zu rechtfertigen, wird aber abgewiesen und geblendet, dazu werden noch seine Frau und sein kleiner Sohn in seiner Anwesenheit getötet – ein schauerliches Schauspiel, das zeigt, wie bei aller Form der sassanidischen Gesellschaft die alte Grausamkeit fortlebte. Die hier agierende Adelsversammlung wird teils *ksýllogos* (IV

106 Vgl. Christensen, *Romanen om Bahrâm Tchōbīn*, Kopenhagen 1907, S. 46 f.

107 Diese Stelle lautet vollständig wie folgt: „Wir wollen sagen wie die ersten von unseren Dissidenten sagten: ‚Ardašīr ist nicht König und Yazdān ist nicht wazīr.' Wir wollen auch sagen" usw.

108 Vgl. Ṭabarī, S. 1042:14; Nöldeke, S. 357: eigtl. „Kavād ist *šāhānšah*" (Kavād war sein Hauptname).

109 Vgl. oben S. 116, 120.

3,15; IV 6,1), teils *ekklesía* genannt. Von diesen Benennungen kennen wir schon den Namen *ksýllogos*. Ich erwähne in diesem Zusammenhang einen dritten Namen, die Bezeichnung der Versammlung der Großvasallen, *sýnqletos*, bei Johannes von Ephesus (Übers. S. 439 = VI 29 [vgl. S. 409]).

Gegen das Ende der Regierung Xosrau Aparvēz' hatte Xosrau gewisse Befehlshaber nach einer schweren Niederlage gegen die Byzantiner abgesetzt und sie einkerkern lassen. Diese Maßnahmen erweckten aber eine lebhafte Opposition:

> Als die Leute des Reiches dieses sahen, sandten sie sich gegenseitig Botschaften zu und entschlossen sich, Kisrā abzusetzen und seinen Sohn zum König zu machen, nämlich Šērōē ibn Kisrā. Sie setzten ihn ab und machten Šērōē zum König und kerkerten Kisrā in einem der Häuser des Palastes ein.
>
> (al-Dīnawarī, S. 111:16–19)

Als agierende Partei werden hier *ahl al-mamlakah*, die Leute des Reiches, erwähnt. Unmittelbar vorher war aber im Text von der Fesselung gewisser *'uẓamā'u ǧunūdin* und *marāzibah* (pl. von *marzubān*) die Rede. Die Vermutung scheint darum nicht zu kühn zu sein, daß solche Kreise hinter der Revolution standen, die Šērōē zum Thron führten. Als „die Leute des Reiches" würden wir dann die Großen und die höchsten Befehlshaber zu sehen haben.

b) Wir müssen uns jetzt fragen: Wie stimmt das hier erarbeitete Resultat mit der Schilderung überein, die in dem bekannten Tansarbrief von einer regulären Königswahl gegeben wird? Diesem Aktenstück zufolge geschah die Wahl auf folgende Weise:

Der König schrieb mit eigener Hand drei Botschaften, die er je einer zuverlässigen Person, die sein volles Vertrauen besaß, anvertraute. Die erste überlieferte er dem *mōbadān mōbad*, die zweite dem *dibērān mahišt*, die dritte dem *Ērān-spāhbad*. Man kann sich nicht vorstellen, daß die königliche Botschaft etwas anderes als allgemeine Betrachtungen enthielt, nämlich Beobachtungen über den Charakter und die Fähigkeit der betreffenden Anwärter, über den Zustand des Staates usw. Dagegen kann man sich wohl nicht vorstellen, daß der königliche Brief eine bestimmte Entscheidung für einen gewissen Kandidaten enthalten habe, denn dann wäre für eine Überlegung und eine Wahl unter den drei hohen Reichsbeamten kein Platz mehr gewesen[110].

[110] Vgl. Christensen, *L'Iran*, S. 263, der auf diese Bemerkung von Darmesteter in seiner Ausgabe des Tansarbriefes hinweist.

Wenn die Welt den *šāhānšāh* verliert, soll der *mōradān mōbad* zusammen mit den zwei anderen Personen berufen werden. Sie sollen zusammentreten, um zu überlegen, und die Botschaften öffnen und über die Wahl ratschlagen, die unter den Kindern des Königs zu treffen sei. Wenn die Meinung des *mōbadān mōbad* mit derjenigen der zwei anderen übereinstimmt, soll man den Leuten darüber Nachricht geben. Wenn es eine Meinungsverschiedenheit gibt, soll man darüber nichts nach außen kundgeben, und niemand soll etwas über die Schriftstücke und über die Meinung und die Worte des *mōbadān mōbad* erfahren, bis dieser eine geheime Überlegung mit den *hērbadān*, den *dēndārān* und den Frommen gehabt hat. Sie sollen Gebete murmeln. Die besseren Leute sollen sich hinten aufhalten, das Amen sagend, sich hinwerfend und die Hände in Unterwürfigkeit erhebend. Dies Verhalten soll am Abendgebet enden, und man soll gläubig hinnehmen, was Gott dem Herzen des Großmōbads eingeben wird. In derselben Nacht soll man die Krone und den Thron in den großen Saal des Palastes hineinführen. Die hohen Beamten sollen ihre Plätze einnehmen. Dann soll der Großmōbad, von den *hērbadān*, den Großen und den Ministern begleitet, sich zur Versammlung der königlichen Prinzen begeben. Sie sollen sich alle vor die Prinzen hinstellen und sagen: „Wir haben vor dem Allerhöchsten überlegt. Er hat geruht, uns zu leiten und uns zu inspirieren, und hat uns über das, was gut ist, unterrichtet." Dann soll der Großmōbad mit lauter Stimme rufen: „Die Engel sind für N. N., Sohn des N. N., als König einig. Nehmt ihn auch an, Ihr Geschöpfe, und es sei Euch eine gute Neuheit!" Man hebt dann den königlichen Prinzen auf und setzt ihn auf den königlichen Thron, man setzt ihm die Krone auf das Haupt. Danach, ihn an die Hand fassend, sagt man zu ihm: „Nimmst du von Gott die Religion des Zarathustra entgegen, die Vištāsp, der Sohn des Lōhrāsp, befestigt hat, und die Ardašīr, der Sohn des Pābag, wiederbelebt hat?" Der Prinz antwortet bejahend und sagt: „Wenn es Gott wohlgefällig ist, werde ich dem Volke das Gute tun." Die Palastleute und die Garde verbleiben bei ihm, und die Menge kehrt zu ihren Beschäftigungen und ihren Geschäften zurück[111].

Wir sehen, daß die Königswahl nach dieser Schilderung von dem *mōbadān mōbad* ganz beherrscht sein soll, denn er behält im Tansarbrief die Entscheidung in seiner Hand. Die Wahlversammlung besteht hier aus Vertretern der Priester, Schreiber und Krieger. Von diesen Gruppen kann man natürlich die Schreiber als eine Differenzierung aus dem Priesterstand betrachten. Sie sind im Sassanidenreich die Vertreter der von Strabo erwähnten „Weisen",

[111] Vgl. Christensen, S. 264. Meine Übersetzung folgt der dort gegebenen, etwas freien Übersetzung.

die ja ein Bestandteil der parthischen Wahlkörperschaft ausmachten (oben S. III). Die Bauern aber werden nicht mehr aufgeführt. Der Tansarbrief räumt ihnen überhaupt kein Recht der Mitbestimmung ein. Von den drei alten Ständen kommen also hier nur die beiden höheren in Frage.

Wir müssen einräumen, daß der Bauernstand als solcher während der Sassanidenzeit wenig hervortritt. Aber wir finden doch in den Berichten über die große Wahlversammlung beim Tod Yazdagirds I. und der Thronbesteigung Bahrām Gōrs Spuren einer Beteiligung der „gemeinen Leute" im Zusammenhang mit der Königswahl. Man nennt sie „die Leute", wohl in etwas abschätziger Bedeutung; sie dürften nicht nur die Bauern (*vāstryōšān*), sondern auch die übrigen „arbeitenden" Klassen umfaßt haben, wie die Handwerker (*hutuxšān*), die von den arabischen und neupersischen Quellen unter Bezeichnungen wie *ʿāmmah* und *raʿīyah* zusammengefaßt werden. Darum ist es deutlich, daß der Tansarbrief in diesem Punkt nicht die Verhältnisse, die teils bei der Wahl Šāpūrs II., teils bei der Wahl Bahrām Gōrs bestanden, wiedergibt. Nach dem letzterwähnten Zeitpunkt, um 420 n. Chr., herrscht aber in den Quellen ein auffallendes Schweigen über „den dritten Stand"; das Schweigen des Tansarbriefes über eine etwaige Rolle des dritten Standes bei der Königswahl *kann* darum ganz gut den tatsächlichen Verhältnissen während der beiden letzten hundert Jahre des Sassanidenreiches entsprochen haben.

Diese Hinweise führen uns zum Problem der Datierung des Tansarbriefes. Die allgemein vorherrschende Meinung dürfte augenblicklich darin bestehen, daß der eigentliche Inhalt des Tansarbriefes aus der Zeit Xosraus I. stammt[112]. Aber erstaunlich ist es, daß der Forscher, der mehr als irgend jemand sich um die Kritik dieses Dokumentes Verdienste erworben hat, ohne Diskussion die Schilderung des Vorgangs bei der Königswahl als geschichtlich akzeptiert. In diesem Text wird in so aufsehenerregender Weise der Obermōbad in den Vordergrund geschoben, daß wir uns sagen müssen, daß er alle Möglichkeiten besitzt, die Wahl nach eigenem Gutdünken zu entscheiden. Wenn Uneinigkeit zwischen dem *mōbadān mōbad* und den beiden übrigen Würdenträgern besteht, ist er es in der Tat, der nach der Beratung mit der Priesterschaft den Ausgang der Wahl, selbstverständlich unter Hinweis auf die von Gott, dem Höchsten, gegebene Inspirierung, entscheidet.

Gewisse allgemeine kritische Bedenken stellen sich schon bei einer Überprüfung des geschilderten Prozesses ein. Erstens muß man sich fragen, wie die Macht der zoroastrischen Priesterschaft zur Zeit Xosraus I. sich so ungeheuer vergrößern konnte, daß sie den sonst beinahe allmächtigen Feudaladel hätte

[112] Vgl. CHRISTENSEN, S. 63–65.

verdrängen können, gegen den sogar der Großkönig machtlos war, wenn jener einmütig gegen ihn auftrat.

Zweitens ist es bemerkenswert, daß wir bei der Annahme eines vermehrten politischen Einflusses der Priesterschaft zugleich damit zu rechnen hätten, daß die Verfolgungen gegen die Christen (und Juden) sowohl extensiv wie intensiv abgenommen haben würden und überhaupt, wenn sie schon vorkamen, mehr politischen als religiösen Motiven zugeschrieben werden mußten. Typisch ist auch, daß, ungeachtet der Bemühungen einer fanatischen Priesterschaft, die Staatsgewalt die ganze Zeit über sich selbst das Recht vorbehält, bei den Einschreitungen gegen religiöse Minoritäten die Stärke der Zwangsmaßnahmen durch die Staatsraison bestimmen zu lassen[113]. Dieser Umstand spricht also nicht *für* einen zunehmenden politischen Einfluß bei den *mōbadān* und *hērbadān* im 6. Jh. Was die Zeit Xosraus I. betrifft, zeigt die Behandlung des Katholikos Mārabā deutlich, daß die politischen Erwägungen immer die Oberhand über die religiösen hatten[114].

Drittens treten gewisse konkrete Umstände hinzu. Ist es nicht eigentümlich, daß bei den Gelegenheiten, wo die Quellen von einer Königswahl sprechen, der *mōbadān mōbad* weder eine entscheidende Rolle spielt noch, von einer Ausnahme abgesehen, überhaupt einmal erwähnt wird? Diese Ausnahme besteht darin, daß nach dem Tod Kavāds der Obermōbad Māhbōd das Testament des verstorbenen Königs verliest, worauf der dort designierte Nachfolger, Xosrau Anōšurvān, als Herrscher akklamiert wird[115]. Nach dem Tansarbrief zu schließen, sollte aber der Obermōbad bei einer solchen Gelegenheit die Hauptrolle spielen und könnte in dieser Eigenschaft von der in verschiedenen Quellen vorliegenden geschichtlichen Überlieferung nicht derart vernachlässigt werden.

Andererseits verstehen wir nur allzugut die Schilderung des Tansarbriefs, wenn wir sie nicht als einen Tatsachenbericht, sondern als ein Programm auffassen, als eine zoroastrische Propagandaschrift. Und dieses Programm liegt noch dazu in einer überarbeiteten Gestalt vor, die von den Anschauungen der islamischen Zeit geprägt ist und daher mit sich gebracht hat, daß konkrete Anspielungen auf den Sprachgebrauch der Sassanidenzeit in gewissen Fällen verschwunden sind. Dies gilt besonders von Termini und Ausdrücken der religiösen Sphäre, aber wir müssen uns fragen, ob diese Überarbeitung sich nicht auch auf andere Gebiete erstreckte. Es ist möglich, daß der Tansarbrief in seiner ursprünglichen Gestalt mehr Fühlung mit der

[113] Vgl. Widengren, *The Status of the Jews in the Sassanian Empire*, S. 157 (und vgl. S. 152 f. über die Toleranzsteuer).

[114] Vgl. Labourt, *Le christianisme dans l'empire Perse*, Paris 1904, S. 188–190.

[115] Vgl. Christensen, S. 361 f., mit Hinweis auf Nihāyat al-Irab in *JRAS* 1900, S. 227.

Wirklichkeit gehabt hat. Es gibt im Brief eine Andeutung, daß der dort geschilderte Verlauf einer Königswahl nicht absolut normierend sei, sondern daß man sich auch eine Zeit denken könne, „wenn eine Art zu sehen, die von der unsrigen verschieden ist, als gut erscheinen könne" (Tansarbrief, ed. Minovi, S. 38:12 f.). Man hat in dieser Aussage ein Indiz dafür sehen wollen, daß der Tansarbrief zu einer Zeit verfaßt wurde, als die Erinnerung an das sogenannte, inzwischen bereits abgeschaffte System Ardašīrs noch lebendig war, d. h. als die Könige wiederum die Macht besaßen, ihre Nachfolger bei Lebzeiten zu ernennen, was uns zur Periode zwischen Kavād und Hormizd IV. führen würde[116].

Gegen eine solche Hypothese ist indessen einzuwenden, daß wir in den Quellen aus der Zeit *vor* Kavād nicht gefunden haben, daß der *mōbadān mōbad* bei der Königswahl eine größere Rolle als später spielte. Den Hinweis auf die karge Wirklichkeit versteht man daher sicherlich eher, wenn man die Anweisungen des Briefes eben als das, was sie sind, betrachtet, nämlich als Anweisungen, also als ein Programm, das, um größere Autorität zu bekommen, in den Mund des Reichsgründers gelegt wurde. Dann müssen wir uns fragen, in welcher Zeit man ein im großen und ganzen derart utopisches Programm habe vorlegen können. Diese Frage der Datierung hängt natürlich eng mit den neueren Forschungen über das Amt des sogenannten *mōbadān mōbad* zusammen. Besitzen wir einige Kriterien, um die Entstehung dieses höchsten Priesteramtes der zoroastrischen Kirche zu datieren? Diese Frage können wir bejahen, denn die richtungweisenden Forschungen Wikanders haben deutlich gezeigt, daß wir vor der Zeit Bahrām Gōrs keine sicheren Beweise für das Vorkommen dieses Amtes besitzen[117]. Zwar hat der berüchtigte Kartēr für eine gewisse Zeit eine Machtstellung innegehabt, die in vielem an diejenige erinnert, die in späteren Zeiten von dem *mōbadān mōbad* eingenommen wurde[118], aber den Titel mit allen seinen Ansprüchen hat er nicht geführt; seine Stellung ist offenbar von seinen persönlichen Eigenschaften und seinem persönlichen Einfluß abhängig, dagegen nicht von dem Innehaben eines festumrissenen Amtes[119]. Wir werden durch diese Erwägungen in eine Zeit um 400 n. Chr. als der Zeit zurückgeführt, nach der wir mit einem *mōbadān mōbad* zu rechnen haben. Daß dieser Würdenträger bei der Krönung des Großkönigs eine bedeutsame Rolle gespielt hat, haben wir schon gesehen[120]. Dann ist es ganz natürlich, wenn die priesterlichen Kreise diesen

[116] Vgl. Christensen, S. 64 f.

[117] Vgl. Wikander, *Feuerpriester in Kleinasien und Iran*, Lund 1946, S. 50 f., 149.

[118] Vgl. Widengren, *Die Religionen Irans*, S. 245. 261, und Wikander, S. 49. Es ist typisch, daß in der manichäischen Überlieferung Kartēr nur „der Mobad" heißt.

[119] Doch ist er *hamšaϑry magupat;* das mag aber mehr ein Ehrentitel sein.

[120] Vgl. oben S. 131 f.

Einfluß soweit haben ausdehnen wollen, daß der Obermōbad auch entscheiden konnte, *wen* er krönen wolle.

Wir müssen indessen noch andere Faktoren in Rechnung stellen. Eine bedeutsame Beobachtung ist schon gemacht, die das Schema der gesellschaftlichen Gliederung betrifft, wie sie im Tansarbrief zum Vorschein kommt. Dieses Schema macht den einen der zwei Typen der „priesterlichen" Überlieferung aus und umfaßt die folgenden sozialen Schichten[121]:

1. Priester
2. Krieger
3. Schreiber
4. Das arbeitende Volk

Die moderne Forschung hat gezeigt, wie dieses Schema gegen die Typologie der „ritterlichen" Überlieferung verstößt, die das folgende Aussehen hat[122]:

1. Adel und Krieger
2. Priester
3. Schreiber
4. Das arbeitende Volk

Wichtig ist zu vermerken, daß noch zur Zeit Šāpūrs I. dessen *notitia dignitatum* die Priesterschaft erst an dritter Stelle *nach* dem Schreiberstand erwähnt[123]. Für das erste Jahrhundert des Bestehens des Sassanidenreiches können wir damit die folgende Rangordnung aufstellen:

1. Adel und Krieger
2. Schreiber
3. Priester
4. Das arbeitende Volk

Wir kehren jetzt zum Tansarbrief zurück. Es wurde dort erzählt, wie der König drei Briefe über die Thronfolge an die folgenden Würdenträger zu überliefern hatte:

1. *Mōbadān mōbad*
2. *Dibērān mahišt*
3. *Ērān-spāhbad*

Wie der Obermōbad in dieser Liste an erster Stelle erwähnt wird, so besitzt er auch dem Tansarbrief zufolge den entscheidenden Einfluß bei der Königswahl. Die Ansprüche der „priesterlichen" Überlieferung sind hier gewaltsam gesteigert worden, so daß der Oberbefehlshaber, *Ērān-spāhbad*, erst an dritter Stelle kommt, um einen Schritt niedriger als in dem Schema der sozialen

[121] Vgl. WIKANDER, S. 194.
[122] Vgl. WIKANDER, S. 192.
[123] Vgl. WIKANDER, S. 42, 193.

Gliederung, wenn es darauf ankommt, den Adel und den Kriegerstand programmatisch herunterzudrücken[124].

Der geschichtliche Wert des Tansarbriefes hängt damit zusammen, daß sein Programm ein Ausdruck der speziellen „Mōbadüberlieferung" im Gegensatz zu der „Hērbadüberlieferung" ist. Die letztgenannte Tradition rechnet nämlich ganz realistisch mit dem Adel und dem Kriegerstand als erster Rangklasse und begnügt sich damit, daß die Priesterschaft auf den zweiten Platz vorrückt[125].

Daß diese Mōbadüberlieferung im Tansarbrief, wenn es auf faktische Verhältnisse ankommt, völlig wertlos ist[126] und daß man sie daher nicht als einen literarischen Niederschlag einer wirklich bestehenden Sukzessionsordnung akzeptieren kann, steht also fest. Der Bericht, den diese Quelle über die sassanidische Königswahl gibt, ist als *geschichtlicher* Tatsachenbericht wertlos, als eine Enthüllung der Hoffnungen und Bestrebungen des Mōbadstandes aber äußerst wertvoll. Wir verstehen jetzt, daß seine – an sich ganz unhistorische – Schilderung nicht als eine isolierte Tatsache dasteht, sondern im Zusammenhang mit der Auffassung des Mōbadstandes von der idealen Gliederung der sassanidischen Gesellschaft her zu verstehen ist.

c) Die in den vorangegangenen Abschnitten gemachten Feststellungen erlauben es uns jetzt, einen Vergleich mit den Angaben über die Wahlkörperschaften des Partherreiches anzustellen. Strabo gibt an, daß es eine Wahlversammlung in zwei geschlossenen Körperschaften gegeben habe, die erste „die Verwandten", die Großvasallen und den Adel, wie es scheint, umfassend, die zweite „die Weisen und die Magier" in sich einschließend. Welche Kreise hat nun Strabo mit dem Ausdruck „die Weisen" gemeint? Bei dem armenischen Geschichtsschreiber P'awstos Biwzandaçi haben wir gefunden, daß die Richter im allgemeinen „Reichstag" mit einbegriffen waren[127]. Die für die richterliche Wirksamkeit und sonst für die Verwaltung und Regierung des Partherreiches nötigen Einsichten waren natürlich in den Schreiberkreisen zu suchen. Darum haben wir es am nächstliegendsten gefunden, daß „die Weisen" auch die Richter bezeichnet haben und daß Strabo bei den Weisen an die Schreiber gedacht hat. Leider kennen wir aber die inneren Verhältnisse des Partherreiches zu wenig, um hier ein bestimmtes Urteil zu wagen. Auch könnte ja darüber Unsicherheit herrschen, ob nicht „die Weisen und Magier" *einen einzigen* Stand bezeichnen, da die Priester auch als „Weise" betrachtet werden könnten. Bis auf weiteres scheint aber die Annahme an-

[124] Diese Beobachtung ist den bahnbrechenden Analysen WIKANDERS hinzuzufügen.

[125] Vgl. WIKANDER, S. 195.

[126] Hier nehme ich in meiner Kritik eine weit radikalere Position als CHRISTENSEN ein.

[127] Vgl. oben S. 113 Anm. 46.

gebracht, daß „die Weisen“ eben den Schreiberstand bezeichnen, zu dem auch die Richter gehören[128]. Wir würden dann das folgende Schema der Zusammensetzung der Wahlkörperschaften in parthischer Zeit (mit Benutzung der Angaben Strabos) haben:

1. „Die Verwandten“, d. h. die Großvasallen und der Adel.
2. „Die Weisen“, d. h. die Schreiber und Richter.
3. „Die Magier“, d. h. die Priester.

Wir müssen nun diese Liste mit den verschiedenen Angaben über die gesellschaftliche Gliederung vergleichen. Wir finden dann, daß die Liste mit den unter den beiden ersten sassanidischen Königen vorherrschenden, *faktischen* Verhältnissen am besten übereinstimmt, was durch die folgende Zusammenstellung veranschaulicht wird:

Die parthische Liste Strabos:	*Die Rangklassen Ardašērs und Šāpūrs:*
1. Großvasallen und Adel	1. Großvasallen, Adel und Krieger
2. Schreiber und Richter	2. Schreiber
3. Priester	3. Priester

Keine Liste rechnet mit der vierten Klasse, dem arbeitenden Volk. Bei der Königswahl in parthischer und sassanidischer Zeit hat indessen der Bauernstand einen, wenn auch sicherlich überwiegend formalen, Einfluß ausgeübt, der hauptsächlich darin bestand, daß man das Recht besaß, zu dem allgemeinen Reichstag, der bei der Königswahl die Wahlversammlung konstituierte, einige Vertreter zu senden.

Am nächsten stimmt mit der Liste Strabos die „ritterliche“ Überlieferung oder die „Hērbadüberlieferung“ überein. Die Abweichung besteht einmal darin, daß die Priester hier am Schreiberstand vorbei auf den zweiten Platz vorgerückt sind, ein Zeichen der zunehmenden Klerikalisierung der sassanidischen Gesellschaft, und zum anderen darin, daß das arbeitende Volk ausdrücklich erwähnt wird, was notwendig ist, weil wir es hier mit einer Aufzeichnung der verschiedenen Stände des Reiches zu tun haben.

Gewisse Umstände fallen in die Augen. Bei Strabo besteht in der Wahlversammlung ein deutlicher Abstand zwischen der höchsten Rangklasse, dem Adel, und den beiden übrigen Klassen. Strabo erwähnt überhaupt keine Vertreter des Bauernstandes, obgleich wir gesehen haben, daß solche zum allgemeinen Reichstag in Armenien gehörten. Verhält es sich so, daß Strabo (oder seine Gewährsmänner) für die ihm bekannte Periode oder für die seine

[128] Man kann darauf hinweisen, daß nach einem gewissen Typus der iranischen Überlieferung die Schreiber einen eigenen Stand ausmachen. Daß die Schreiber aber als Inhaber der Weisheit gelten können, ist im Orient selbstverständlich. Doch ist das ein besonders problematischer Punkt.

Informationen betreffenden Teile des Partherreiches der Ansicht gewesen ist, daß der Bauernstand von der Königswahl ausgeschlossen worden sei, so daß diese nur vom adeligen Heerbann, mit Repräsentanten des Schreiber- und Priesterstandes vermehrt, besorgt wurde? In diese Richtung könnte vielleicht der Umstand deuten, daß wir in dem von parthischer Kultur geprägten Armenien eine Versammlung gefunden haben, die aus dem mit den Bischöfen vermehrten Heerbann besteht, was, wie wir vermuteten, in vorchristlicher Zeit seine Entsprechung in den Magiern hatte. Doch müssen wir dann fragen, wohin die Schreiber einzuordnen sind[129]. Oder verhält es sich möglicherweise so, daß bei der Zusammenkunft der parthischen Wahlversammlung die Rolle der einberufenen Bauernrepräsentanten so unbedeutend war, daß sie von den Gewährsmännern Strabos nicht beobachtet wurde[130]? Interessant ist anzuführen, daß es im parthischen Armenien der Heerbann war, der den Katholikos wählte. Wir vermuteten hierin einen Rest der Rechte, die dem Heerbann bei der Königswahl zukamen[131]. Aber dann müssen wir sowohl nach den Schreibern wie nach den Priestern fragen, die sich bei Strabo finden, hier aber völlig aus dem Bild verschwunden sind. Diese Probleme können wir bei der heutigen Lage nicht restlos aufklären, um so weniger, weil man auch auf eine verkürzte und hier und da wahrscheinlich wenig exakte Darstellungsweise in den Quellen Rücksicht nehmen muß.

d) Auffallend ist, daß wir auch in der Geschichte der Sassanidenzeit gewisse, wenn auch ziemlich unbedeutende Spuren einer Wahlversammlung antreffen, die Vertreter des ganzen Volkes umfassen. Wir haben schon hervorgehoben, daß dieselbe Beobachtung für den allgemeinen Reichstag gültig ist, der in Zeiten großer Krisen auch in Armenien einberufen wurde[132].

Die Lage ist demnach so, wenn wir alle hier angeführten Tatsachen zusammenfassen, daß wir in parthischer Zeit zwei Typen einer Wahlversammlung besitzen: teils die Zusammenkunft der adeligen Krieger, des Reiter- und Ritteradels, d. h. des *Heerbannes,* der sich als *Heeresversammlung* konstituiert, teils das ganze Volk, eine *Volksversammlung,* sowohl den Adel als auch das gemeine Volk umfassend, ein *Landtag* oder *Reichstag.*

In sassanidischer Zeit scheinen diese zwei Typen bewahrt zu sein. An der Seite der Großvasallen und des Adels, die die alte parthische Heeresversammlung, den *Herrentag,* fortsetzen, begegnen wir auch einer Art von *Reichstag,* der Vertreter des ganzen Volkes umfaßt. Aber die Quellen lassen uns deutlich sehen, daß sowohl in parthischer wie noch mehr in sassanidischer

[129] Vgl. oben S. 137 f.
[130] Doch erscheint mir diese Möglichkeit nicht sehr naheliegend.
[131] Vgl. oben S. 111 f.
[132] Vgl. oben S. 113 f.

Zeit der *Herrentag* bei der Königswahl der dominierende Faktor gewesen ist. Die Texte erwähnen hauptsächlich nur die Stellungnahme der Großvasallen und des Adels, wobei in späterer Zeit die Stellungnahme des Amtsadels, wie sie von Provinzstatthaltern und Generälen repräsentiert wird, selbstverständlich besonders Erwähnung findet.

e) Das aus den arabischen und neupersischen Texten gewonnene Material und das aus diesem Material hervortretende Bild eines an der Seite des Großkönigs stehenden Herrentages läßt sich auch in der syrischen Literatur belegen. Im sogenannten Julianosroman gibt es eine Reihe von Stellen, die eine solche Versammlung erwähnen. Die hierbei verwendeten Ausdrücke sind ganz konstant. So gehören „die Adeligen und die Großen" (*ḥērē wᵉraurḇānē*) zusammen (z. B. Julianos der Abtrünnige, ed. Hoffmann, S. 164:23–26; 182:11,20; 184:9; 191:20; 205:28 f.; 206:3,7; 207:4,21; 208:12–13,26; 215:27; 221:14). Zusammen mit den Großen können auch die Satrapen erscheinen, so daß „die Großen und Satrapen des Königreiches" erwähnt werden (*raurḇānē wᵉsaṭrāpē ḏᵉmalkūṯā*, S. 188:10). Andererseits können mit Verkürzung entweder nur „die Großen" (S. 165:6; 184:14; 188:14; 207:6; 215:4) oder nur „die Adeligen" (S. 182:18) genannt werden. In analoger Weise können „Könige und Große des Perserreiches" (*malkēh wᵉraurḇānēh dᵉFārs*, S. 214:3) zusammen vorkommen. Diese Rangklassen entsprechen in der mittelpersischen Terminologie: Könige = *šāhān*, Große = *vazurgān*, Adelige = *āzātān*. Von den vier Klassen des Sassanidenreiches werden nur die Prinzen (*vispuhrān*) nicht erwähnt. Daß die „Großen" als Magnatenversammlung den Adel überhaupt vertreten können, ist selbstverständlich. Da alle Rangklassen „Adelige" sind, nimmt es auch nicht wunder, daß die „Adeligen" für die ganze Adelsversammlung eintreten.

Eigentümlicher ist, daß eine dritte Bezeichnung, „die Ältesten des Königreiches (*sāḇē ḏᵉmalkūṯā*, S. 206:2–3, 6–7), zusammen mit den Adeligen und Großen vorkommt. Ich wüßte keine entsprechende mittelpersische Bezeichnung aus den sassanidischen Verhältnissen anzuführen.

Die Adelsversammlung umgibt bei feierlichen und entscheidenden Ereignissen den königlichen Thron. Der König verhandelt, auf seinem Thron sitzend, mit den rings um ihn herum stehenden Adeligen und Großen (S. 207:4 f.). Der Großkönig leitet also als Vorsitzender die Adelsversammlung, die wir als *Herrentag* bezeichnen können. Dabei muß er auf Einsprüche und Vorwürfe gefaßt sein (S. 184:14). Andererseits kann die Adelsversammlung auch ihr Mißfallen unter sich zum Ausdruck bringen und dann durch einen hochstehenden Vertreter (einen Provinzkönig) ihre Klagen zur Kenntnisnahme dem Großkönig vortragen lassen (S. 182:17–19). Der König sucht in einer solchen Situation das Mißfallen der Großen zu besänftigen. Derselbe

Vorgang wird auch S. 188:10 ff. erwähnt, aber hier ist es der Herrscher, der die Oberhand behält.

Selbstverständlich gibt die Versammlung auch ihren Beifall zu den Entschlüssen des Großkönigs (S. 206:6 f.). Man wird diesen Vorgang als den sozusagen normalen bezeichnen dürfen. Das prinzipiell Wichtige, ja Entscheidende ist indessen, daß der Großkönig mit dieser Adelsversammlung zu Rate geht und daß dieser Prozeß dort als regelmäßig zu betrachten ist (S. 191: 18 ff.), wo der König um den Rat der Großen bittet und sich dann ihrer verkündeten Meinung anschließt (S. 192:10–11).

Aus dem hier vorgelegten Material ist also der Schluß zu ziehen, daß wir im Fall der sassanidischen Könige, die doch aufs Ganze gesehen wegen der mehr zentralisierten Verwaltung und nicht so stark feudalen Struktur ihres Reiches eine weit unbestrittenere Stellung als die Partherkönige einnahmen, keineswegs von irgendeinem „Despotismus" sprechen können. Die Gewalt des Großkönigs war durch das Gewohnheitsrecht der Adelsversammlung bedeutend begrenzt.

f) Wichtig für die Königswahl ist auch das mythische Muster einer solchen Wahl, das wir in der Erzählung von der nach dem Sturz des Aždahāk gehaltenen Königswahl antreffen:

> Und die Leute sagten zum Schmied Kāvah: „Setze dich zur Macht (-ausübung) hin!" Er antwortete: „Ich bin für die Machtausübung nicht geeignet, sondern man muß eines der Kinder Ǧamšēds suchen und es zur Machtausübung einsetzen." Und Farīdūn war aus Furcht vor Ṣoḥḥāk geflohen und hatte sich verborgen. Die Leute eilten hin, faßten ihn und übergaben ihm die Macht.
>
> (Fārsnāmah, ed. Nicholson, S. 35:15–17)

Hier tritt also die *Volksversammlung* handelnd auf. Sie wird als „die Leute", eigtl. „die Menschen" (*mardom* oder plur. *mardomān*) bezeichnet.

Im Dēnkart tritt in einer entsprechenden Lage auch die Volksversammlung handelnd auf. Sie wird ed. Madan, S. 810:9–16, als *hanǰamanīkān* erwähnt, also solche, die der Versammlung (*hanǰaman*) angehören. Man kann hier auch *ŠN* vergleichen, wo ed. Macan, II, S. 1021:4 von unten *anǰaman* erwähnt wird. Als nämlich Kai Xosrau Lohrāsp als seinen Nachfolger proklamierte, begegnete er dem Widerstand der Volksversammlung, die hier als *īrānīān* oder *anǰaman* bezeichnet wird (vgl. auch Macan, II, S. 1021:12–13 = Übers. Mohl, IV, S. 206 f.).

Es ist interessant und reizvoll, die Schilderung in *ŠN* mit den geschichtlichen Berichten über die Königswahl nach dem Tod Yazdagirds zu vergleichen.

Als der König der Erde sich in seinem Grab befand,
kamen *die Großen* weinend aus ganz Iran,
die *Statthalter*, von den *Mōbaden* und *Pahlavānen* begleitet,
die *Weisen* und die *Dasture* mit hellsehendem Geist,
alle traten im Land Fārs zusammen
und versammelten sich vor dem Grab Yazdagirds.

(MACAN, III, S. 1475 = MOHL, S. 426)

In der folgenden Schilderung werden aufgezählt: Gustahm, Kāren, Mīlād, Āreš, Pīrūz und Guš(n)asp, der das Wort ergreift und erklärt, daß sie keinen Nachkommen Yazdagirds als König wollen. Hiermit ist eine andere, unmittelbar darauf folgende Schilderung einer solchen Versammlung zu vergleichen, in der man den Entschluß faßt, dem Xosrau die Krone zu bieten:

und im Iran traten die *Adeligen*, die *Mōbade*, die *Pahlavāne* und alle *Männer mit leuchtendem* Geiste im Lande Fārs zusammen und überlegten [über] diese Geschäfte.

(MACAN, III, S. 1475:2 v. u. = MOHL V, S. 421)

Vergleichen wir diese beiden Schilderungen, so sehen wir, daß im allgemeinen dieselben Stände wiederkehren: die Großen und Adeligen, die etwas unbestimmte Gruppe, die Pahlavāne heißt und die die großen Krieger bezeichnet, die Mōbade, aber auch die Dastūre und die Weisen. Das ist eine ganz repräsentative Versammlung der drei Reichsstände: Adel, Priester und Weisen, wobei auffällt, daß der Adel an erster, die Priester an zweiter, die Weisen und Dastūre an dritter Stelle genannt werden. Obwohl Firdausi ein Vertreter der Mobadüberlieferung ist[133], hält er sich mehr an die Wirklichkeit als in seinem viergliedrigen Standesschema, das die Priester an erster, die Krieger an zweiter Stelle, die Schreiber aber überhaupt nicht erwähnt[134].

[133] Vgl. WIKANDER, S. 147 f.
[134] Vgl. WIKANDER, S. 193 f.

Kapitel VI

Indische Verhältnisse und vergleichende Betrachtungen

Wenn wir zu den Verhältnissen im ältesten arischen Indien übergehen, so treffen wir dort schon von Anfang an auf ein Königtum[1]. Dieses Königtum ist oft erblich. Aber wir besitzen auch sichere Kriterien dafür, daß es ein Wahlkönigtum gegeben hat. Wir wissen indessen nicht, ob es eine bestimmte königliche Familie war, unter deren Mitgliedern die Wahl getroffen wurde. *RV* X 124,8 erwähnt, wie die Dorfschaften sich einen König wählen. *AV* I 9 hat man so interpretiert, daß diese Stelle auf eine Wahlkönigform mit der innerhalb einer bestimmten Familie begrenzten Wahl hindeute. Von der Wahl des Königs durch die Dorfschaften (Sippen) heißt es:

Dich sollen die Dorfschaften für das Königtum wählen,
dich die Weltteile hier, die fünf göttlichen.

(*AV* III 4)[2]

Es sind also die Dorfschaften (*viśaḥ*), die den König wählen. Und diese Dorfschaften sind zugleich die großen Heeresabteilungen[3].

Sieg im Kampf mit den Nebenbuhlern wünscht dem König ein anderes Lied:

Laß, o Indra, diesen Kṣatriya mir groß werden,
diesen mache du zum einzigen Bullen der Dorfschaften!
Vernichte alle seine Feinde,
mache sie ihm unterlegen im Wetteifern um den Vorrang.

(*AV* IV 22,1)

[1] Für die folgende Darstellung sind als hauptsächliche Quellen benutzt worden: DUMÉZIL, *Servius et la fortune*, Paris 1943; FOY, *Die königliche Gewalt nach den altindischen Rechtsbüchern*, Leipzig 1895; RAU, *Staat und Gesellschaft im alten Indien*, Wiesbaden 1957; SCHLERATH, *Das Königtum im Rig- und Atharvaveda*, Wiesbaden 1960; ZIMMER, *Altindisches Leben*, Berlin 1879.

[2] DUMÉZIL, a. a. O., S. 194, hat besonders diese Stelle angeführt; vgl. auch SCHLERATH, S. 45,68:
tvā́m víśo vr̥ṇatāṃ rājyā̀ya
tvā́m imā́ḥ pradíśaḥ páñca devī́ḥ
Zum Wort *viś* vgl. ZIMMER, a. a. O., S. 159, der es mit „Gau" wiedergibt, während er „Dorfschaft" für das Wort *grama* beansprucht. „Sippe" und „Dorfschaft" scheinen aber gut zu korrespondieren.

[3] Vgl. ZIMMER, S. 161.

Hier wird also das Wetteifern mit den Nebenbuhlern um die königliche Macht angedeutet. Daß es hierbei nicht immer ganz ehrlich zuging, sagt ein Lied in RV:

Nicht fürwahr fördert Soma den Ränkevollen,
nicht wer ungerechterweise die Herrschaft innehat[4].

Weil an verschiedenen Stellen erwähnt wird, daß die Dorfschaften (Sippen) es sind (*viśaḥ*), die den König wählen[5], ist *a priori* zu erwarten, daß die Herren der Dorfschaften (Sippen) bei der Königswahl einen entscheidenden Einfluß ausgeübt haben müssen. Die Texte scheinen indessen hiervon keine unmißverständlichen Andeutungen zu geben[6]. Dagegen wird von der „assemblée plénière du peuple, des *viśah*" gesprochen, die bei der Wahl die entscheidende Rolle gespielt hat und für die der Terminus technicus *samiti* ist[7]. Daneben werden gewisse „Königsmacher" (*rājakṛt-)* erwähnt, die *realiter* den neuen Herrscher wählten und ihn dann dem Volk, in *samiti* versammelt (*AV* III 5,6–7), vorstellten[8]. Es ist von Bedeutung, daß wir in Indien diesem Terminus begegnen (*rājakṛtaḥ* oder *rājakartaraḥ*)[9]. Unter diesen „Königsmachern" befand sich auch der Barde, *sūta* (*māgadha, vandin*), dessen Aufgabe darin bestand, den Anwärter der Königswürde zu loben. Sein Anliegen war es tatsächlich, teils dem versammelten Volke gegenüber, teils dem Anwärter selbst gegenüber, diesen zu preisen. Keineswegs uninteressant ist zu beobachten, wie in der mythischen Legende von Pṛthu der *sūta* dem König wegen seiner kommenden Großtaten lobsingt, wodurch er diesen gleichsam herausfordert, diese großen Dinge auch wirklich auszuführen[10]. Dieser Barde spielt für die Bewahrung der episch-mythischen Überlieferungen eine außerordentlich wichtige Rolle, und dies „en marge de la tradition sacerdotale pro-

[4] SCHLERATH, a. a. O., S. 154, übersetzt *kṣatrīyam* als „den Kṣatriya", was natürlich ebensogut möglich ist.

[5] Vgl. SCHLERATH, S. 44 f., und *RV* X 124,8: „wie die Sippen ihren König wählen."

[6] Die Prozedur bei der Königswahl ist tatsächlich wenig bekannt. Die Rolle der Marut als Verleiher der Herrschaft (Kṣatra) in der göttlichen Welt behandelt SCHLERATH, S. 120 ff.; ich komme in anderem Zusammenhang auf die Rolle der Marut zurück.

[7] Vgl. DUMÉZIL, S. 194. Zu den von der *samiti* ausgeübten Funktionen vgl. ferner ZIMMER, S. 175 ff.; WEBER, *Indische Studien* XVIII/1885, S. 199 f.; *Über den Rājasuya, die Königsweihe*, Berlin 1893, S. 20 Anm. 3; BANDYOPADHAYA, *Development of Hindu Polity*, Calcutta 1927, S. 87–93, 115–120; DUMÉZIL, S. 54 f. mit Hinweis auf WEBER, und S. 194 f. mit verschiedenen, hier z. T. wiedergegebenen Literaturverweisen.

[8] SCHLERATH, S. 125, faßt *sūta* als „Wagenlenker", eine zweite Bedeutung des Wortes. Aber in diesem Zusammenhang muß man mit DUMÉZIL den *sūta* als „Barde" auffassen. SCHLERATH scheint eigentümlicherweise die Darstellung DUMÉZILS nicht zu kennen.

[9] Vgl. besonders WEBER, *Indische Studien*, S. 199 ff., und DUMÉZIL, S. 54 f. Zu den „Königsmachern" vgl. auch SCHLERATH, S. 124 f.

[10] Vgl. DUMÉZIL, S. 55 ff.

prément dite“[11]. Seine Aufgabe wird darum von Dumézil folgendermaßen charakterisiert: „non seulement louange au jour le jour des princes contemporains selon leurs gestes et leurs fastes, mais encore louange, déjà traditionelle, de la dynastie, et aussi louange des héros du passé, connaissance de la littérature épique avec ce qu'elle comporte de sagesse et d'exemples à suivre. On entrevoit ainsi une sorte de magistrature plus ou moins morale, gardant le trésor des mérites héréditaires, enregistrant à chaque génération les mérites nouveaux, ent sans doute confrontant la conduite réelle des râjan à l'idéal du 'Prince' qui se dégageait de la tradition[12].“ In dieser Weise entwickelt sich ohne Zweifel teils eine episch-mythische Literatur, die königliche Familie mit ihren bisherigen glänzenden Vertretern auf dem Throne verherrlichend, teils eine Fürstenspiegel-Literatur. Nach dem Muster des Fürstenspiegels, der ihm entgegengehalten wird, ist der Herrscher in idealer Hinsicht bestrebt, aufzutreten[13], zugleich wie die gepriesenen Erinnerungen seiner großen Vorväter ihn ansporen, diese Väter nachzuahmen und wenn möglich zu übertreffen.

In Indien entwickelt sich aus diesem Lobpreis des heroischen Zeitalters (*nārāśaṃsī*) die „Panegyrik“ des klassischen Zeitalters (*praśasti*)[14].

Das indische Material hat uns mit einem Wahlkönigtum von derselben Art bekannt gemacht, wie wir es im Iran angetroffen haben, und zwar *teils* nach der achämenischen Zeit im Westen, *teils* unter den Parthern (und den von parthischer Kultur geprägten Armeniern) im Westen, *teils* unter den nord- und ostiranischen Völkern, *teils* endlich noch in sassanidischer Zeit im Westen. Eine Volksversammlung, vor allem aus den Dorfschaften (Sippen, *viśaḥ*) bestehend, wählt den König, wahrscheinlich regelmäßig einen Anwärter aus demselben „Haus“, in dem die königliche Würde vererbt wird.

Aber wir haben daneben mit einer wichtigen Einrichtung Bekanntschaft gemacht, nämlich derjenigen „der Königsmacher“, unter denen der Barde als der Hüter der episch-mythischen Überlieferungen, als der Vorsteller des Fürstenspiegels, und als der Lobpreiser des neuen Herrschers eine besonders hervorragende Rolle spielt.

Einige Tatsachen müssen noch erwähnt werden, ehe wir die Königswahl in Indien verlassen. Zuerst wollen wir einen in diesem Zusammenhang wichtigen Terminus vermerken, nämlich *sabhā*. In der Zeit der großen Epik ist

[11] Dumézil, S. 53.
[12] Dumézil, S. 53 f.
[13] So Pṛthu, vgl. Dumézil, S. 44.
[14] Vgl. Pischel, *Die Hofdichter des Lakṣmaṇasena, Abhandl. d. Ges. d. Wiss. zu Göttingen*, hist. phil. Kl. XXXIX/1893, S. 3 f., mit Zustimmung von Dumézil, S. 71, angeführt. Vgl. ferner (für das Königsopfer) Weber, *Episches im vedischen Ritual (SBAW* 1891); Lüders, *ZDMG* LVIII/1901, S. 707 f.

sabhā „die Versammlung", „a military body for consultation", wie HOPKINS sich unter Verweis auf Mahābhārata V 1, I 102 ausdrückt[15]. Das Wort *sabhā* besitzt indessen in RV auch die Bedeutung „Gemeindehaus", meint also die Örtlichkeit, wo die Volksversammlung zusammentritt[16]. Das Wort bezeichnet somit sowohl die Volksversammlung selbst wie den Ort ihrer Zusammenkünfte. Es ist wichtig festzustellen, daß *sabhā* (nach der von HOPKINS aufgewiesenen Bedeutung) der Heerbann als beratende Versammlung ist; *sabhā* ist *das Volk in Waffen,* so daß *sabhā* genau dem apers. Terminus *kāra* entspricht.

HOPKINS, der die Stellung der herrschenden Kaste im Indien der älteren Zeit behandelt hat, widmet dabei dem Verhältnis zwischen den Rechten des Königs und denjenigen des Volkes eine gewisse Aufmerksamkeit. Er faßt dieses Verhältnis folgendermaßen zusammen: „The king rules not because of might alone but by virtue of his morality. A wicked king may be deposed; a king who injures his people instead of protecting them should be killed like a mad dog[16]."

Wie wir sehen, erfordert die Königsideologie auch in Indien ein gewisses vorgeschriebenes Auftreten seitens des Herrschers. Entspricht der König nicht den Anforderungen der Ideologie, so kann er nicht nur abgesetzt werden, sondern man soll ihn sogar vom Thron jagen und auch töten. In diesem Fall ist die Entwicklung in Indien weiter als im Iran fortgeschritten, auch wenn wir annehmen können, daß man gleichermaßen im Iran die Forderungen der Ideologie gegen einen Mißfallen erregenden König geltend gemacht hat[17].

Eine besondere Art der Wahl eines Herrschers kommt nach einem Interregnum vor, das durch den Tod eines Herrschers, der keinen Sohn hinterlassen hatte, entstanden war. In mittelindischer Zeit scheint es dann Sitte gewesen zu sein, den neuen König durch ein göttliches Omen zu bestimmen. In den jainistischen Überlieferungen aus der mittelindischen Epoche wird nämlich erzählt, daß der König Vikramarāja zum König in einer Stadt gewählt wurde, in welcher der Herrscher gestorben war, ohne Kinder zu hinterlassen:

> In der Stadt war gerade der König, der keine Kinder hatte, gestorben. Die fünf Insignien wurden eben herumgetragen[18], und als man sie in der Stadt herumgetragen hatte, ging man damit hinaus und kam dadurch in die Nähe des Mūladeva (= Vikramarāja). Er saß gerade in dem Schatten, der sich nicht veränderte; als sie ihn sahen, brüllte der Elefant, das Roß wieherte. Dann wurde er mit Wasser aus dem Krug geweiht, mit den

[15] Vgl. HOPKINS, *Cambridge History of India,* Cambridge 1921, I, S. 271.
[16] HOPKINS, I, S. 268 f.
[17] Vgl. oben S. 124 f. und 129, 131.
[18] Diese fünf königlichen Insignien werden in den Texten oft erwähnt.

Wedeln befächelt, und der Sonnenschirm wurde über ihn gehalten. Alle Welt rief: ‚er lebe hoch! er lebe hoch!' Er wurde auf den Rücken des Elefanten gesetzt und in die Stadt geführt, dann von Ministern und Vasallen geweiht. Und die Gottheit kam vom Himmel herunter und sagte: ‚dies ist der mit übergewöhnlichen Kräften ausgestattete, in allen Künsten unvergleichliche, göttergleiche König, *Vikramarāja* mit Namen. Wer seinen Befehlen nicht gehorcht, den werde ich nicht dulden[19].'

In einer anderen Geschichte wird von einem *cāṇḍāla*-Knaben, der außerhalb der Stadt Kancaṇapura schlafend lag, erzählt:

Dort war soeben ein kinderloser König gestorben. Das Pferd, das als Symbol der Herrschaft galt, ging zu ihm, der draußen schlief, ging rechts um ihn herum[20] und blieb stehen. Als ihn die Stadtbewohner voll Ehrfurcht sahen – ihn, der glückliche Merkmale trug[21] – da rief man 'heil!' und die Freudenpauke wurde geschlagen[22].

Der Wert dieser jainistischen Überlieferungen für unser Thema liegt vor allem darin, daß sie deutlich bestätigen, daß man bei der Wahl des Darius nicht einem Zufall, sondern einer alten arischen Rechtspraxis folgte. Entscheidend ist, wie schon oben hervorgehoben wurde, daß diese Wahl nach einem Interregnum geschah: Kambyses war gestorben, ohne Söhne zu hinterlassen, und der falsche Bardiya zählte natürlich nicht mit. In sowohl indischen wie iranischen Überlieferungen spielt das Pferd eine entscheidende Rolle als Geber des göttlichen Orakels. Das Pferd ist schon in ältester arischer Zeit das heilige Tier des Sonnengottes[23]. In beiden Fällen stellt das Wiehern des Rosses das Omen dar. Die iranische Überlieferung, so wie sie im Bericht Herodots bewahrt ist, hebt die nahe Verbindung Pferd – Sonne dadurch hervor, daß das Omen beim Sonnenaufgang stattfindet: das Pferd ist das Sonnenroß. Dieser Zug ist wenigstens in der zweiten indischen Geschichte angedeutet, nach der man sich gut vorstellen kann, daß das Ereignis sich am Morgen abspielt („Er aber stand gähnend auf").

[19] Charpentier, *Paccekabuddhageschichten*, Uppsala 1908, S. 72.

[20] Wird dadurch eine zur Rechten laufende Richtung, also eine in der Richtung der Sonne gehende Bewegung verstanden?

[21] Das sind die für das Königtum kennzeichnenden Merkmale, vgl. Widengren, *Die Religionen Irans*, S. 348, mit Literaturangaben, und für Indien Senart, *Essai sur la légende du Buddha*, 2. Aufl., Paris 1882, S. 88–149, über die *lakṣaṇa*-s.

[22] Charpentier, S. 155.

[23] Das Pferd als Symboltier der Sonnengottheit hat keine zusammenfassende Darstellung gefunden. Für den Iran vgl. z. B. Widengren, S. 128, 184 (das Pferd, der Sonne geopfert). Zum alten Pferdeorakel vgl. Hehn, *Kulturpflanzen*, 6. Aufl., S. 44.

Alles in allem: es besteht kein Zweifel, daß wir mit einer gemeinsamen indoiranischen Sitte konfrontiert werden, und daß wiederum die erstaunliche ethnographische Zuverlässigkeit Herodots bestätigt wird[24].

Unter den germanischen Völkern finden wir dieselbe Mischung von Wahlkönigtum und Erbkönigtum. So wurde bei den Angelsachsen aus dem Königsgeschlecht ein volljähriger Mann, im allgemeinen der Sohn des verstorbenen Königs, zum Herrscher gewählt[25]. Die Dänen und Schweden haben eine ebensolche Königswahl gekannt. Man kann hier die bekannten Worte des schwedischen Landschaftsgesetzes („äldre Västgöta lagen") anführen:

Sveær egho konong at taka ok sva vrækæ.

Über den Vorgang bei der Königswahl geben die Gesetze der Landschaften Upland und Södermanland gut Bescheid:

Nv þorfwæ land kunung wæliæ. Þa skulu þry folkland – meþ alt Swearikis raþ –[26] *fyrstu kunung takæ, Þæt ær Tyundæ land ok Attundæ land ok Fiæþrundæ land. Vpplandæ laghman a han wiþ Upsalir fyrst til kununx dömæ, þær næst hwar laghmaþær æptir aþrum usw.*

Das norwegische Königtum kennt dagegen eine Wahl nur beim Fehlen eines geeigneten Thronerben.

Die deutschen Stämme haben in älterer Zeit durch das Volk ihren König wählen und absetzen können, genau wie die Dänen und Schweden. Das geht aus den Angaben des Tacitus hervor: *reges ex nobilitate, duces ex virtute sumunt nec regibus infinita aut libera potestas* (Kap. 7).

Das mittelalterliche irische Königtum hat sowohl die Erbfolge wie die Wahl einer bestimmten königlichen Familie gekannt. Auch wenn der älteste Sohn seinem Vater nachfolgt, geschieht dies oft nur nach einer bestätigenden Abstimmung in der Versammlung der Adeligen. Die Wahl wird manchmal nur nach einer wirklichen Campagne unternommen. So war der Fall z. B. mit dem berühmten König von Ulster, Conchobar.

Ein Wahlkönigtum scheint auch unter den Galliern nicht zu den Ausnahmen gehört zu haben. An diese Tatsachen hat Dumézil erinnert und sie mit den entsprechenden römischen und indischen Einrichtungen verglichen[27].

[24] Charpentier, S. 158 mit Anm. 3, verweist auf Literatur zum Vergleich mit der Geschichte bei Herodot. Eigentümlich, daß die richtige Deutung des Orakels aus der neueren Literatur verschwunden ist. Eine Übersicht über die einschlägige indologische Literatur findet man bei Th. Zachariae, *ARW* XXI/1922, S. 491–493.

[25] Vgl. Hoops, *Reallexikon der germanischen Altertumskunde* III, S. 89 f.

[26] Nur im Gesetz der Landschaft Södermanland.

[27] Vgl. G. Dumézil, *Servius et la Fortune*, Paris 1943, S. 221–230. Dumézil hat sich besonders für die Königswahl in Verbindung mit dem Gottesorakel interessiert.

Zusammenfassend läßt sich sagen, daß die gesamte iranische Geschichte von der hier beobachteten Mischung von Wahlkönigtum und Erbkönigtum beherrscht wird, wobei das Prinzip der Legitimität bei der Wahl entscheidend mitspielt. Das indische wie das deutsche Material zeigen, daß hier altes indogermanisches Erbe vorliegt.

Was die Wahlkorporation betrifft, gab es im Iran verschiedene Möglichkeiten, wie es offenbar auch unter den Indern und Germanen der Fall war. Als sich eine Adelsklasse entwickelt hatte, war es natürlich, daß die Adelsversammlung, der adelige Landtag, den entscheidenden Einfluß ausübte und normalerweise als Wahlversammlung fungierte. Neben dem adeligen Kriegerstand haben aber die beiden anderen Stände gelegentlich ihren Einfluß geltend gemacht. Dies war besonders bei kritischen Situationen der Fall. Das indogermanische Material ist hier zu knapp, um Rückschlüsse zu erlauben. Bei der demokratischen Struktur der älteren schwedischen Gesellschaft war es natürlich, daß die Bauern bei der Wahlhandlung dominierten. Aber auch in Schweden geht die Entwicklung dahin, daß der Herrentag der entscheidende Faktor wird, und nicht der Reichstag. So können wir vermuten, daß im Iran die Bauern nur ein schwaches Erbe gerettet haben.

Als ein nebenbei gewonnenes Resultat sei erwähnt, daß die Gewalt des iranischen Königs viel mehr beschränkt erscheint, als die gewöhnlichen Darstellungen ahnen lassen. Von einer „Despotie“ kann nicht die Rede sein. Die königliche Gewalt war sowohl durch die Wahlhandlung als auch durch den fortwährenden Einfluß des adeligen Landtages sehr gehemmt.

Wir erwähnen auch, daß wir im Fall Zarmihrs (Hazāravuxt) eine Andeutung der Rolle des (also wahrscheinlich indo-iranischen) „Königsmachers“ gefunden haben (vgl. oben S. 128).

Anhang 1

Die Verbundenheit mit gewissen Tieren

Wichtig für das Verständnis der Verbundenheit der kriegerischen Männerbündler mit gewissen Tieren, mit denen sie sich während ihrer ekstatischen Raserei anscheinend identisch fühlen, sind die Helme mit Tierdarstellungen als Helmzier. Solche Tierdarstellungen treffen wir in sassanidischer Zeit auf Münzbildern besonders im Ostiran, aber auch im Westen an[1]. Im ostiranischen Kulturkreis finden wir diese Art von Helmzier ganz allgemein unter den ostturkestanischen Rittern verwendet[2]. Dieses Brauchtum ist auch in der ostturkestanischen Plastik in Form von Löwenhelmen belegt[3]. Die Sitte, einen Tierrachen als Zier auf den Helm zu setzen, ist den Beobachtern bei den parthischen Kriegern aufgefallen; wahrscheinlich haben die Parther diesen Brauch aus dem „theriomorphen" Kulturkreis Ostirans mitgebracht[4]. Alföldi, der in anderem Zusammenhang diesem Brauchtum bezüglich der Kopfbedeckung im allgemeinen nachgegangen ist, hat aber aufzeigen können, daß schon die Achämeniden ein Tierprotom als Kopfbedeckung getragen haben[5].

[1] Morgan, *Manuel de numismatique orientale* I, Paris 1923–36, S. 308, Fig. 382 (sassanidisch); S. 311, Fig. 386; S. 448, Fig. 584; S. 449, Fig. 586, 588; Herzfeld, *Kushano-Sasanian Coins,* Calcutta 1930, S. 21 ff. Andere Proben bei Alföldi in dessen in Anm. 5 angeführter Arbeit. Sarre, a. a. O., S. 348, Fig. 13 (sassanidisch). Auffallend ist, daß die Hephtaliten solche Tierhelme derart häufig benutzt haben.

[2] von le Coq, *Bilderatlas,* Fig. 50.

[3] von le Coq, *Die buddhistische Spätantike in Mittelasien,* I *Plastik,* Berlin 1922, Tafel 26, obere Reihe links. Diesen Typ führt von le Coq, a. a. O., S. 23, auf Heraklesdarstellungen zurück, aber vielleicht war dieses Muster doch nur die Adaptation der hellenistischen Künstler, um das iranische Brauchtum in einer ihnen geläufigen Form darzustellen (vgl. zum prinzipiellen Problem die Ausführungen Rostovtzeffs, *Some New Aspects of Iranian Art,* Seminarium Kondakovianum, Recueil d'études VI, Prag 1933, S. 161 ff., bes. S. 172 ff.).

[4] Vgl. Suidas s. v. χάσμασιν· οἱ δὲ Πάρθοι τὰς κεφαλὰς τῶν θηρίων ἁρμόσαντες τοῖς κράνεσιν ἐχρῶντο τοῖς τῶν θηρίων χάσμασι.

Vgl. auch Brosset, *Histoire de Géorgie,* S. 41, wo ein georgischer König einen solchen Helm trägt.

[5] Alföldi, *Der iranische Weltriese auf archäologischen Denkmälern,* Jahrbuch der Schweizer. Gesellsch. f. Urgesch. 40/1949–50, S. 22 ff. Alföldi ist vor allem an der Kombination solcher Raubtierköpfe sowie der Verwendung der Pferdekopfmütze interessiert, uns aber kommt es darauf an zu zeigen, daß mit Wappentieren gezierte Helme besonders von den Ostiraniern getragen wurden.

Aus den Kampfschilderungen der parthischen Ritter in Armenien scheint hervorzugehen, daß sich der Träger eines solchen Tierhelmes mit seinem Symboltier derart fest verbunden fühlte, daß er sich mit dem betreffenden Tier beinahe identifizierte und eben darum als solches angeredet wurde. Zwei ritterliche Gegner nämlich, die sich in der Schlacht im Zweikampf begegnen, reden sich mit „Wolf" bzw. „Adler" an[6]. In diesem Zusammenhang erinnert man sich daran, daß der Adler das „Wappentier" nicht nur der achämenidischen, sondern wahrscheinlich auch der kommagenischen Könige gewesen ist[7]. Wie diese als Helmzier verwendeten Tiere wiederum mit den auf den Fahnen sich wiederfindenden Tieren zusammenhängen, läßt sich vorläufig nicht entscheiden, interessant bleibt es jedoch, daß die Feldzeichen in Šāhnāmah so oft als Emblem ein Tier tragen[8].

Dieses ganze militärische Brauchtum scheint mir nach Ostiran zu verweisen, wo es in zwangloser Verbindung nicht nur mit der Bedeutung gewisser Tiere in den Männerbünden, sondern auch mit der wichtigen Stellung, die hier im Osten im allgemeinen dem Tier zukommt[9], in Einklang steht.

Für einen Vergleich mit indo-germanischem Material verweise ich (neben den S. 150 Anm. 1 erwähnten Arbeiten) auf eine Darstellung der Ritter aus ostiranischem Kulturgebiet[10]. Im nordischen Gebiet gibt es bekannte Darstellungen [11].

[6] Langlois, a. a. O., I S. 346 f.: die Fürsten von Sinni und Haschdiank.

[7] Vgl. Sarre, *Die Kunst des alten Persien,* Berlin 1923, 57: der persische Ahne des Königs von Kommagene trägt als Brustmedaillon den Adler. So auch der Sonnengott im parthischen Hatra. Diesem Adler wird übrigens in Hatra eine Reliefstele errichtet (*Illustrated London News* 219/1951, 5874/17, S. 806 Figs. 8–9). Zum Adler als Wappentier der Achämeniden vgl. Xenophon, Cyroupaideia II 1,1; VII 1,4; Anabasis I 10,12; Curtius Rufus III 3,16; was die Sassaniden anlangt, vgl. die legendäre Jugendgeschichte Ardašērs bei Moses Xorenaci II 7.

[8] Vgl. ŠN ed. Macan II S. 561 ff. Eine Schwierigkeit ist, daß nicht nur Tiere, sondern auch Sonne und Mond als solche Embleme auftreten; also bezeichnenderweise eben dieselbe Schwierigkeit wie bei der Erklärung des Totemismus als Tierverehrung!

[9] Vgl. Altheim, *Attila und die Hunnen,* Baden-Baden 1951, S. 61, 69. Für den Ostiran sind solche Namen wie Taχma Urupi charakteristisch; vgl. die Diskussion bei Wikander, *Männerbund,* S. 94 f., wo der Zusammenhang mit den Männerbünden bereits angedeutet wird.

[10] Vgl. Von le Coq, *Bilderatlas,* Fig. 50 = hier Abb. 18.

[11] Vgl. Oxenstierna, *Die Nordgermanen,* Tafel 72 = hier Abb. 20 und oben S. 59 mit Anm. 77.

Anhang 2

Eine ostiranische Kriegerdarstellung

Von H. H. v. der Osten

Rötlicher Chalcedon; flacher, kreisrunder Ringstein mit facettiertem Rand und einer feinen, waagerechten Durchbohrung. Am Rand teilweise gesplittert. – Aus Ost-Turkestan, wahrscheinlich aus der Umgebung von Khotan. 21,5 × 4,5 mm. Stockholm, Etnografiska Museum 36.24.161 = hier Abb. 17.

Büste eines jugendlichen Kriegers. Der Oberkörper ist in Vorderansicht, der Kopf in strengem Profil dargestellt, die Verdrehung des Halses wirkt jedoch nicht störend. Gesicht, Hals und Halsansatz sind weich modelliert. Die Nase ist gerade, der Mund klein und voll. Der Wulst über dem ein wenig zu großen Auge ist angedeutet; das Kinn ist fest und gerundet und durch den Halsriemen des Helmes etwas nach oben gepreßt. Das Haar quillt zu zwei Zöpfen gefaßt unter dem Nackenschutz des Helmes hervor, und die Zopfenden flattern frei über die Schultern. Der Helm hat einen scharf vorspringenden Rand, der Nackenschutz scheint aus drei beweglichen, waagerechten Schienen zu bestehen. Der Halsriemen ist durch eine knopfartige Niete am Helmrand befestigt. Diese Niete scheint ebenfalls das auf dem Ansatz des vorspringenden Helmrandes ruhende Visier zu halten. Falls aber dieser Rand als aus Metall bestehend gedacht ist, so ist ein Herunterziehen des Visiers nach dieser Darstellung technisch nicht möglich. Es liegt jedoch nahe, daß es sich hier um eine dekorativ bedingte, künstlerische Freiheit handelt, wofür auch die „Verdoppelung“ des „Visiers“, d. h. als nach hinten geschlagen dargestellt, spricht. Als Helmzier erscheint ein geflügelter Drache, dessen langer, leicht geschwungener Hals mit dem etwas aufwärts erhobenen, sehr kleinen Kopf weit vorgestreckt ist. Vom Brustschutz sind nur die beiden oberen Teile der Schulterwehren dargestellt, die aus je einer breiten, senkrechten Schiene mit nach außen gerieften Rändern sowie aus je drei waagerechten, ebenfalls mit nach außen gerieften und scheinbar ineinandergreifenden Rändern versehenen Schienen zu bestehen scheinen. Darunter ist, durch waagerecht verlaufende Parallellinien angedeutet, ein den Halsansatz freilassendes Untergewand (oder Panzerhemd [?]) dargestellt.

Die Gemme weist sowohl in Schneidetechnik wie in Darstellungsart gute hellenistische Tradition auf. Einzelheiten zeigen aber den östlichen Ursprung:

Der Oberkörper erscheint in Vorderansicht, das Gesicht in Profil, nach dem altorientalischen Darstellungsprinzip menschlicher Figuren, das auch auf graeco-indischen Münzen zu beobachten ist[1]. Die soweit als möglich durchgeführte Symmetrie ist ebenfalls orientalisch: die rein dekorative Verdoppelung des „Visiers"[2], die Darstellung der Brustwehr sowie die sorgfältig ausbalancierte Wiedergabe des Drachens.

Die Helmzier in Form eines Drachens ist hier deutlich als eine Umdeutung der griechischen Helmmähne zu erkennen. Die Darstellung des „Visiers" erinnert an baktrische und graeco-indische Münzen[3].

Die Haartracht in Form von zwei Zöpfen ist für die adeligen Krieger aus dem ostiranischen Kreis quellenmäßig belegt. Auch die Wiedergabe der Zöpfe hier ist als Umdeutung der Bandenden eines unter dem Helm getragenen Diadems anzusehen, wie es auf griechischen Darstellungen manchmal vorkommt. Es gibt jedoch auch einige hellenistische Gemmen, bei denen diese Bandenden von der Darstellung der Locken am Hinterkopf nur schwer zu unterscheiden sind[4]. Daß es sich hier tatsächlich um Zöpfe handelt, deren Enden frei flattern, geht auch daraus hervor, daß auf graeco-indischen Münzen die Bandenden meistens gerade herabfallend erscheinen. Auf einem Gemälde der buddhistischen Spätantike aus Turkestan ist der gleiche Unterschied in der Darstellung des Zopfes und der Bandenden zu erkennen[5].

Ein quiltartiges Untergewand oder Panzer trägt der galoppierend dargestellte König Hermaeus auf einer Münze[6], wie auch andere graeco-indische Münzen[7] ein solches Gewand oder Panzer unter dem übergeworfenen Mantel am oberen Armansatz erkennen lassen. Für die Schutzwehr des Oberkörpers ist auch die Darstellung eines Kriegers auf einer Gemme aus Jotkan zu ver-

[1] R. B. WHITEHEAD, *Notes on the Indo-Greeks, Part II, The Numismatic Chronicle* 6:7 (1947), S. 28–51, Taf. I 2. Dieselbe Darstellungsweise erscheint auf den hellenistischen Reliefs vom Nemrut Dagh. K. HUMANN und O. PUCHSTEIN, *Reisen in Kleinasien und Syrien*, Berlin 1890, F. KRÜGER, *Orient und Hellas in den Denkmälern und Inschriften des Königs Antiochos I. von Kommagene*, Greifswald 1937. [Vgl. jetzt DOERNER-GOELL, *Arsameia am Nymphaios*, Berlin 1963.]

[2] Eine Münze, P. GARDENER, *The coins of Greek and Scythic Kings of Bactria and India* (British Museum Catalogue of Indian coins [London, 1886]), Taf. XIV 10, zeigt gewissermaßen den Beginn des „verdoppelten Visiers". Das am Rand des Helmes befestigt gedachte Ende hat die Form einer nach oben gerollten Volute. Ich verdanke diesen sowie den vorhergehenden Hinweis Herrn Arne Furumark.

[3] Z. B. GARDENER, a. a. O., Taf. V 8 und IX 4.

[4] A. FURTWÄNGLER, *Die antiken Gemmen*, Berlin und Leipzig 1900, Taf. XXXII 29.

[5] A. VON LE COQ, *Die buddhistische Spätantike in Mittelasien* VII. *Neue Bildwerke* III, Berlin 1923, S. 45 und Taf. 45, der tocharische Ritter am weitesten links.

[6] WHITEHEAD, a. a. O., Taf. II 5. Für diesen Hinweis habe ich Herrn Ingemar Pettersson zu danken.

[7] GARDENER, a. a. O., Taf. V 7.

gleichen[8]. Der Oberkörper dieses Kriegers scheint durch ein Panzerhemd – oder quiltartiges Gewand – geschützt zu sein. Die Schultern sowie der obere Armansatz sind durch ineinander- oder übereinandergreifende, waagerechte Schienen geschützt. Der bis zu den Knöcheln reichende Panzerrock sowie der Kopfschutz dieses Kriegers sind aber rein asiatisch. Eine Art von Panzerweste, wenn auch anderer Konstruktion, wie der hier dargestellte Brustschutz gewesen sein mag, zeigt eine Phalera aus Jantchorak, die M. I. ROSTOVTZEFF als graeco-iranisch mit nordindischen Beziehungen bezeichnet[9].

Die Darstellung geht wahrscheinlich auf griechische Vorbilder wie die Gemmen mit Athenebüsten zurück[10]. Dieses ist um so wahrscheinlicher, als gerade in diesen östlichen Gebieten Athenedarstellungen auf Gemmen sehr beliebt gewesen zu sein scheinen[11]. Es gibt zwar auch eine Reihe von rein hellenistischen Gemmen mit Köpfen junger, bartloser Krieger, deren Helme die Form eines Greifen (Drachen) haben[12]. Es ist aber gerade die Form des Drachens auf dieser Gemme, eine wie oben erwähnt offensichtliche Umdeutung einer gewöhnlichen Helmmähne, die eher als Vorbild eine Athenedarstellung als die obenerwähnten Kriegerköpfe annehmen läßt. Diese obenerwähnten Gemmen mit Greifenhelmen stellen höchstwahrscheinlich einen nordostiranischen Helmtypus dar, wie ihn die Makedonen und Griechen dort kennengelernt hatten[13].

Vermutlich zeigt die hier vorliegende Gemme die Darstellung eines jugendlichen Feudalherrn oder gar eines Fürsten oder Fürstensohnes. Nordostiranisch (baktrisch). Ausgehendes 1. vorchr. Jh.–1. nachchr. Jh.

(Das Drachenmotiv spielt offenbar im ostiranischen Gebiet eine große Rolle, vgl. den Drachenkampf auf dem Gemälde aus Piandjikent, hier Abb. 11, wozu die nordische Darstellung Abb. 12 zu vergleichen ist. Dazu noch der Drachenkopf am Sargdeckel Abb. 14, wozu schon VON LE COQ einen entsprechenden germanischen Sarg verglichen hat, hier Abb. 15. G. W.)

[8] A. STEIN, *Ancient Khotan,* Oxford 1907, Taf. XLIX 86.

[9] *Some new aspects of Iranian Art* (Seminarium Kondakovianum 6 [1933]), S. 161–185; Taf. XII 2.

[10] Z. B. FURTWÄNGLER, a. a. O., Taf. XXXVIII 39, 45, 46; XXXIX 29; XL 11. Herrn Arne Furumark habe ich auch für diesen Hinweis zu danken.

[11] Z. B. STEIN, a. a. O., Taf. XLIX–L.

[12] Z. B. FURTWÄNGLER, a. a. O., Taf. XXVI 13–15.

[13] Zum Ursprung der Greifen-(Drachen-)Darstellung in dem Gebiet der „Bergvölker", zu dem auch der Iran und seine nordöstlichen Vorlande gehören, vgl. H. FRANKFORT, *Notes on the Cretan Griffin* (Annual of the British School of Archaeology, Athens 37 [1936/37]), S. 106 ff.

Anhang 3

Der Ringkampf im alten Iran

Der Ringkampf hat einst im vorislamischen Iran eine Rolle als der die Entscheidung herbeiführende Faktor im Zweikampf der Helden gespielt. Davon zeugt *ŠN* an mehreren Stellen, wovon einige hier unten Erwähnung finden mögen. So macht z. B. Garsēvaz dem Siyāvuš den folgenden Vorschlag:

Komm, damit ich und du auf den Turnierplatz
alle beide laufen, in Gegenwart vom Heer.
Uns fassen werden wir am Gürtels Lederriemen
nach Kampfart von zwei mut'gen Kriegern.

ŠN ed. VULLERS, II, S. 633:1975–76

Es gilt, den Gegner auf die Erde zu werfen, II, S. 634:1979–81. Auffallend ist, daß in diesem Zusammenhang immer noch vom Ledergürtel, *duvāl i kamar,* gesprochen wird, was uns ja an den alten Pahlavi-Ausdruck *daßāl-kustīk* erinnert. Neben *kustīk* treffen wir in den Pahlavi-Texten auch *kamar* an.

Der tragische Kampf zwischen Rustam und seinem Sohn Suhrāb wird eben in der geschilderten Art ausgefochten. So wird erzählt, wie die zwei Helden sich anfassen:

Sie faßten alle beide des Gürtels Lederriemen.

ŠN ed. VULLERS, II, S. 490:935

Der Kampf wird abgebrochen und dann wieder erneuert, wobei Suhrāb sich als der überlegene Ringkämpfer zeigt:

Den Gürtel Rustams faßte er und zog,
von der großen Stärke würdest du gesagt, er splitterte die Erde.
Einen Schrei voll Wut und Haß er brüllte,
er schleuderte den Löwen Rustam auf die Erde,
mit Rustam kämpfte er wie ein wütender Elefant,
er hob ihn von der Stelle weg und warf ihn dann zu Boden nieder.

ŠN ed. VULLERS, II, S. 499:1092–94

Man kann ferner eine Stelle wie die folgende vergleichen:

ŠN ed. Vullers, II, S. 886:269 „Sie faßten sich alle am Riemen des Gürtels", *duvāl i kamar.*

Rustam hat in dieser Weise auch einen siegreichen Kampf mit dem turanischen Krieger Pūlādvand bestanden, vgl. *ŠN* ed. Vullers, II, S. 1040: 1356, 1368.

Der Kampf zwischen zwei Rittern wurde selbstverständlich zu Pferde ausgefochten. Hierin unterscheidet sich die Kampfweise von der älteren im Gilgameshepos beschriebenen Art des Ringkampfes. Der Sieger im Ringkampf stürzt sich auf die Brust des auf dem Boden hingestreckt liegenden Gegners und tötet ihn mit seinem Schwert oder Dolch. Diese Art zu streiten wird *kuštī* genannt und unterscheidet sich von der regelrechten Schlacht, die *ǰang* heißt. Rustam sagt eben während des Ringkampfes mit Pūlādvand, daß er ein Krieger, *ǰangī,* ist, während er im Ringkampf, *bakuštī giriftan,* etwas abwartend oder zögernd ist, *dirangī, ŠN* ed. Vullers, II, S. 1042:1392. Aber selbstverständlich bleibt er doch Sieger im Kampf. In diesem Ringkampf gegen Pūlādvand hat man den Eindruck, daß die Kämpfer am Ende des Kampfes nicht zu Pferd streiten, *ŠN* ed. Vullers, II, S. 1042:1399, doch kann dieser Eindruck auf einer verkürzten Ausdrucksweise des Dichters beruhen. Es heißt aber an der letzterwähnten Stelle: „Wie eine Platane riß er ihn von der Stelle weg", was doch besser zu einem Ringkampf paßt, der nicht zu Pferd, sondern zu Fuß ausgefochten wird.

Wie mein Freund, Dr. Monchi-Zade, Dozent für Iranische Sprachen an der Universität Uppsala, mir mitteilt, wird in moderner Zeit in Iran der Ringkampf in traditioneller Weise bestanden – doch ohne den blutigen Ausgang. Die Kämpfer sind in Lederhosen gekleidet – mit nacktem Oberkörper – und fassen sich gegenseitig an dem von ihnen getragenen dicken Ledergürtel, *kustī.* Also eine erstaunliche Kontinuität auf diesem Gebiete.

Ich frage mich, ob vielleicht ein Zusammenhang mit dem isländischen Ringkampf bestehe, muß aber dieses Problem für die Zukunft zurückstellen. Dagegen weiß ich dank freundlicher Diskussionsbeiträge, daß die Turkvölker Zentral-Asiens den hier geschilderten Ringkampf kennen.

Literaturverzeichnis

(Hier werden nur philologische Hilfsmittel, Texte und öfters angeführte Arbeiten verzeichnet. Übrige Arbeiten findet man durch Stellenverweise im Autorenverzeichnis.)

Acta Thomae, ed. M. Bonnet, Nachdruck Darmstadt 1959.

Adontz, N., L'Aspect iranien du servage, in: Le servage, Communications présentées à La Société Jean Bodin, Brüssel 1937, S. 135–153.

Allberry, C. R. G., A Manichaean Psalm-Book, II, Stuttgart 1938.

Bartholomae, Chr., Altiranisches Wörterbuch, Straßburg 1904.

Bartholomae, Chr., Zum Altiranischen Wörterbuch, Straßburg 1906.

Bartholomae, Chr., Zur Kenntnis der Mitteliranischen Mundarten, I–VI, Heidelberg 1916 bis 1917, 1920, 1922–23, 1925.

Bedjan, P., Acta Martyrum et Sanctorum, I–IV, Paris 1890–97.

Bedjan, P., Histoire de Mar Jabhalāhā, Paris 1895.

Bikerman, E., Institutions des Seleucides, Paris 1938.

Boisacq, E., Dictionnaire étymologique de la langue grecque, 3. Aufl., Paris–Heidelberg 1938.

Brosset, M., Histoire de la Géorgie, St. Petersburg 1849–58.

Bundahišn, hrsg. N. L. Westergaard, Kopenhagen 1851.

Bundahišn, hrsg. E. T. D. Anklesaria, Bombay 1911.

Chabot, J., Chronique de Michel le Syrien, I–III, Paris 1899–1924.

Christensen, A., Die Iranier, Handbuch der Altertumswissenschaft III, I, 3:3, 1, München 1933.

Cowell, E. B., – Rouse, The Jataka, or stories of the Buddha's former births, Cambridge 1895–1913.

Dahn, F., Die Könige der Germanen, VII, München 1894.

Dēnkart, hrsg. D. M. Madan, Bombay 1911.

Duval, R., Histoire d'Edesse, Paris 1892 (Separatdruck aus JA).

Ebert, M., Reallexikon der Vorgeschichte, Berlin 1924–30.

Fārsnāmah, ed. Le Strange, G., – Nicholson, R. A., London 1921.

Garšāspnāmah, ed. M. Yaghmai, Teheran 1939.

Ghilain, A., Essai sur la langue parthe, Louvain 1939.

Grassmann, H., Wörterbuch zum Rig-Veda, Leipzig 1873.

Gutschmidt, A., von, Geschichte Irans und seiner Nachbarländer, Tübingen 1888.

Handwörterbuch des deutschen Aberglaubens, I–IX, Berlin 1927–41.

Hansen, O., Berliner soghdische Texte, Berlin 1941.

Horn, P., Grundriß der neupersischen Etymologie, Straßburg 1893.

How, W., – Wells, J., A Commentary on Herodotus, 1–2, Oxford 1950.

Huart, C., Le livre de Gerchâsp, I, Paris 1926.

Hübschmann, H., Persische Studien, Straßburg 1895.

Hübschmann, H., Armenische Grammatik, I, Leipzig 1897.

Ibn Bībī, Histoire des Seldjoucides d'Asie Mineure, ed. M. Th. Housma, Leiden 1902.

Jacoby, F., Die Fragmente der griechischen Historiker, I–III, Berlin 1923 – Leiden 1958.
Justi, F., Geschichte Irans, GrIrPh, II, Straßburg 1896–1904, S. 395–550.
Kahrstedt, U., Artabanos III und seine Erben, Bern 1950.
Latyšev, B., Inscriptiones antiquae septentrionalis Ponti Euxini Graecae et Latinae, IV, St. Petersburg 1901.
Lidzbarski, M., Ginzā, Göttingen 1925.
Mann, O., Kurdisch-persische Forschungen, 1–4, Berlin 1909–30.
Massé, H., Le livre de Gerchâsp, II, Paris 1951.
Meyer, Ed., Geschichte des Altertums, IV 1, 4. Aufl., Stuttgart 1944.
Meyer, K., FINANAIGECHT, with an English translation, Dublin 1910.
Müllenhoff, K., Deutsche Altertumskunde, I–III, Berlin 1870–92.
Müller, F. W. K., Handschriftenreste in Estrangelo-Schrift aus Turfan, II, Berlin 1904.
Müller, F. W. K., Ein Doppelblatt aus einem manichäischen Hymnenbuch, Berlin 1912.
Müller, F. W. K., – Lentz, W., Soghdische Texte, II, Berlin 1934.
Nyberg, H. S., Hilfsbuch des Pehlevi, I–II, Uppsala 1928–31.
Nyberg, H. S., Texte zum mazdayasnischen Kalender, Uppsala 1934.
Nyberg, H. S., A Manual of Pahlavi, I, Wiesbaden 1964.
Pagliaro, Il testo pahlavico Ayātkār i Zarērān, Rom 1925.
Pavry, D. S. C. E., Oriental Studies in honour of, Oxford 1933.
Payne-Smith, R., The Third Part of the Ecclesiastical History of John Bishop of Ephesus, Oxford 1860.
Rawlinson, G., The Sixth Great Oriental Monarchy, London 1873.
Rigveda, hrsg. Th. Aufrecht, Die Hymnen des Rigveda, 3. Aufl. Wiesbaden 1955.
Šāhnāmah, hrsg. T. Macan, I–IV, Calcutta 1827–29.
Šāhnāmah, hrsg. J. Mohl, I–VII, Paris 1838–78.
Šāhnāmah, übers. J. Mohl, I–VII, Paris 1876–78.
Šāhnāmah, hrsg. J. A. Vullers – S. Landauer, I–III, Leiden 1877–84.
Spiegel, F., Eranische Altertumskunde, I–III, Leipzig 1871–78.
Tedesco, P., Dialektologie der westiranischen Turfantexte, Le monde oriental XV/1921, S. 184–258.
Thomas Arçruni, übers. M. Brosset, St. Petersburg 1874.
Widengren, G., Hochgottglaube im alten Iran, Uppsala 1938.
Wikander, S., Vayu, I, Lund 1941.
Wīs u Rāmīn, hrsg. M. Minovi, Teheran 1935.
Wīs u Rāmīn, übers. H. Massé, Le roman de Wîs et Râmîn, Paris 1959.

Autorenverzeichnis

Verzeichnis gewisser Wörter und Begriffe

Indisch

Mitanni

Altiranisch

Altpersisch und Avestisch

Mitteliranisch

Mittelparthisch und Mittelpersisch

Mitteliranisch

Sakisch

Soghdisch

Neuiranisch

Neupersisch

Latein

Altgermanisch und Altnordisch

Arabisch

Sumerisch

Akkadisch

Hebräisch

Aramäisch und Syrisch

Georgisch

Stellenverzeichnis

Pahlaviliteratur und Pahlaviinschriften

Manichäische Literatur in Pahlavi

Soghdische Literatur

Neupersische Literatur

Armenische Literatur

Arabische Literatur

Abkürzungen

AB	Analecta Bollandiana
AD	Assyrian Dictionary
AfO	Archiv für Orientforschung
AirWb	Altiranisches Wörterbuch von Chr. Bartholomae
AMI	Archaeologische Mitteilungen aus Iran, hrsg. von E. Herzfeld
AMS	Acta Martyrum et Sanctorum
ANET	Ancient Near Eastern Texts relating to the Old Testament
AnOr	Analecta Orientalia
AO	Acta Orientalia
AOS	American Oriental Series
ARW	Archiv für Religionswissenschaft
AV	Atharvaveda
AZ	Abyātkār i Zarērān
BASOR	Bulletin of the American Schools of Oriental Research
BBB	Ein manichäisches Bet- und Beichtbuch
BEFEO	Bulletin de l'École française d'Extrême-Orient
BKV²	Bibliothek der Kirchenväter
BSO(A)S	Bulletin of the School of Oriental (and African) Studies
BuA	Babylonien und Assyrien von B. Meissner
CRAI	Comptes rendus de l'Academie des Inscriptions et Belles Lettres
ERE	Encyclopaedia of Religion and Ethics
FGH	Fragmente der griechischen Historiker, hrsg. von Fr. Jacoby
GrIrPh	Grundriß der iranischen Philologie
HR	Handschriftenreste in Estrangelo-Schrift aus Turfan. II. Teil
HThR	Harvard Theological Review
HUCA	Hebrew Union College Annual
JA	Journal Asiatique
JAOS	Journal of the American Oriental Society
JBL	Journal of Biblical Literature
JNES	Journal of Near Eastern Studies
JPOS	Journal of the Palestine Oriental Society

JRAS	Journal of the Royal Asiatic Society
KN	Kārnāmak i Artaxšēr i Pāpakān
MAOG	Mitteilungen der Altorientalischen Gesellschaft, Berlin
MirM	Mitteliranische Manichaica aus Chinesisch-Turkestan, hrsg. von W. Henning
MX	Mēnōk i Xrat
OLZ	Orientalistische Literaturzeitung
Or	Orientalia
OrSuec	Orientalia Suecana
PT	Pahlavi Texts
PW	Pauly-Wissowa, Real-Encyclopädie der klassischen Altertumswissenschaft
RA	Revue d'Assyriologie
REA	Revue des études arméniennes
RHR	Revue de l'histoire des religions
RV	Rigveda
SBAW	Sitzungsberichte der Akademie der Wissenschaften, Berlin
SBE	Sacred Books of the East
SN	Šāhnāmah
TS	Textes sogdiens, hrsg. E. Benveniste
UCPAE	University of California Publications in Anthropology
VAB	Vorderasiatische Bibliothek
Wb	Wörterbuch
Vd	Vendidad
VJ	Vessantara Jātaka
W.L.I	Waldschmidt-Lentz, Die Stellung Jesu im Manichäismus
WZKM	Wiener Zeitschrift für die Kunde des Morgenlandes
ZAW	Zeitschrift für die alttestamentliche Wissenschaft
ZDMG	Zeitschrift der Deutschen Morgenländischen Gesellschaft
ZII	Zeitschrift für Indologie und Iranistik
ZKMIM	Zur Kenntnis der Mitteliranischen Mundarten, von Chr. Bartholomae
ZRGG	Zeitschrift für Religions- und Geistesgeschichte

Verzeichnis der Abbildungen

Abb. 1 = RICHTER, *Kouroi*, Fig. 6
Abb. 2 = PETTERSEN, *Illustreret Religionshistorie*, S. 609
Abb. 3 = *Ars Islamica* XV–XVI/1951, S. 131, Fig. 4
Abb. 4 = *Saeculum Weltgeschichte* 3, Tafel IV
Abb. 5 = *Ilja Efimovic Repin*, Tafel 25
Abb. 6 = VON LE COQ, *Bilderatlas*, Fig. 6–7
Abb. 7 = HERZFELD, *Iran in the East*, Pl. CXIX
Abb. 8 = BLOCH, *La société féodale*, Pl. V
Abb. 9 = HAMBERG, *Roman Imperial Art*, Pl. 34
Abb. 10 = HAMBERG, Pl. 40
Abb. 11 = *Revue des Arts Asiatiques* V/1958; Fig. 7, S. 180–81
Abb. 12 = OXENSTIERNA, *Die Wikinger*, Tafel 70
Abb. 13 = VON LE COQ, Fig. 101
Abb. 14 = VON LE COQ, Fig. 230
Abb. 15 = VON LE COQ, Fig. 227
Abb. 16 = OXENSTIERNA, *Die Nordgermanen*, Tafel 104
Abb. 17 = VON DER OSTEN, Photo
Abb. 18 = VON LE COQ, Fig. 50
Abb. 19 = B. BRENTJES, *Die iranische Welt vor Mohammed*, Tafel 65
Abb. 20 = OXENSTIERNA, *Die Nordgermanen*, Tafel 72

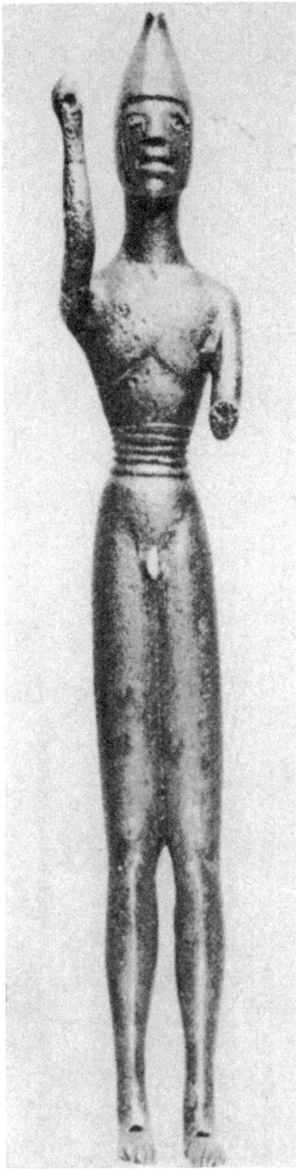

1

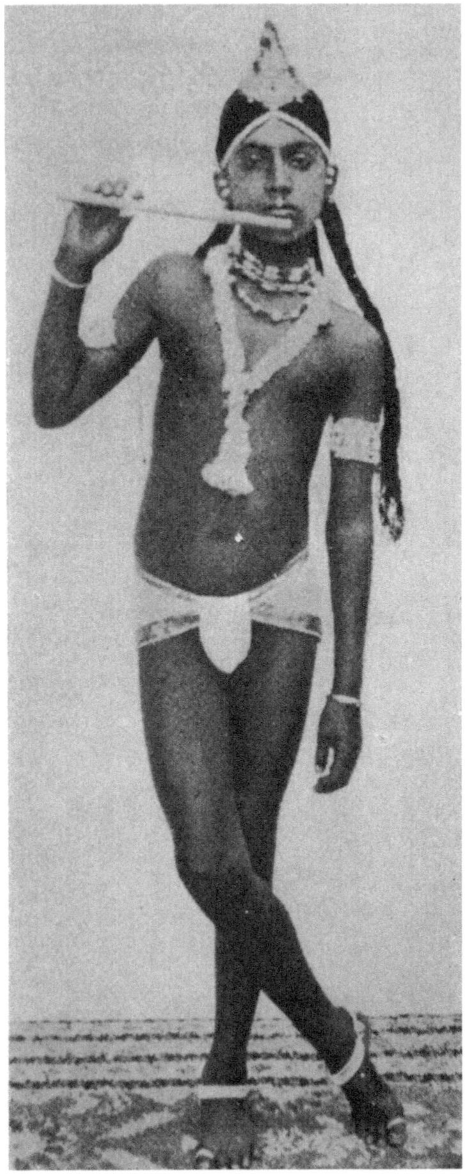

2

Abb. 1: Archaischer griechischer Krieger, nackt, aber mit Helm und Ledergürtel versehen, vgl. oben S. 56 mit Anm. 53.

Abb. 2: Zöpfetragender indischer Jüngling, nackt, aber mit Lendenschurz versehen, der die Rolle Kṛṣṇas in den dramatischen Spielen darstellt, vgl. oben S. 19 mit Anm. 51.

Abb. 3: Zöpfetragender Türke aus Iran (12. Jh.), vgl. oben S. 36.

Abb. 4: Tungusischer („hunnischer"), zöpfetragender Nomade. Teile der tungusischen Nordvölker Chinas sind mit den Hunnen nach Europa gekommen, vgl. oben S. 36.

Abb. 5: Die Saporogischen Kosaken tragen den Kopf kahl, aber mit einem stehengebliebenen Schopf, vgl. oben S. 36.

Abb. 6: Ostiranischer Maler als Adliger gekleidet, mit Perücke und Waffengürtel versehen (6.–7. Jh.), vgl. oben S. 22 mit Anm. 66.

Abb. 7: Offenbar parthische Ritter (vgl. den Unterschied zwischen ihnen und den rechts stehenden persischen Rittern, hier nicht abgebildet), mit Perücke und Waffengürtel versehen und mit der Hand auf den Gürtel gelegt, vgl. oben S. 22 mit Anm. 66, 68.

Abb. 8: Verleihung von Waffengürtel, Schwert und Sporen von König Warmund an den jungen Ritter Offa (etwa 1250), vgl. oben S. 50 mit Anm. 21.

Abb. 9: Mit nacktem Oberkörper kämpfender germanischer Elitekrieger, mit Keule bewaffnet, vgl. oben S. 50 mit Anm. 23 und S. 62 mit Anm. 85.

Abb. 10: Mit nacktem Oberkörper kämpfender germanischer Elitekrieger, mit Speer bewaffnet, vgl. oben S. 50 mit Anm. 23 und S. 62.

Abb. 11: Ostiranisches Gemälde aus Piandjikent, einen Drachenkampf darstellend (7. Jh.). Der Held, der die Keule trägt (vgl. oben S. 35 mit Anm. 42 und S. 35 mit Anm. 105), ist von dem Drachen (hier – wohl unter griechischem ikonographischem Einfluß – weiblich) umzingelt, den er innerhalb des Kreises, nach oben gerichtet, tötet. Als Ritter ist der Held selbstverständlich beritten. Vgl. auch S. 154.

Abb. 12: Drachenkampf auf dem Ockelbostein. Der Held, in dieser Kultur noch ein Krieger zu Fuß, stößt sein Schwert aufwärts in den Drachen, der hier als ein kreisförmiges Band stilisiert ist. Leider ist eben dieser Teil der Darstellung beschädigt, aber das Schwert läßt sich leicht erkennen. Vgl. oben S. 45 mit Anm. 2 und S. 97 mit Anm. 7 b. Die Übereinstimmung in der kreisähnlichen Gestaltung der Szene mit dem Drachentöter innerhalb des Kreises ist in *diesem* Fall frappierend (andere Darstellungen zeigen den Helden außerhalb des Drachenbandes, von unten her sein Schwert in den Drachen stoßend).

Abb. 13: Drachenfahne aus Ostiran (7.–8. Jh.), vgl. oben S. 18.

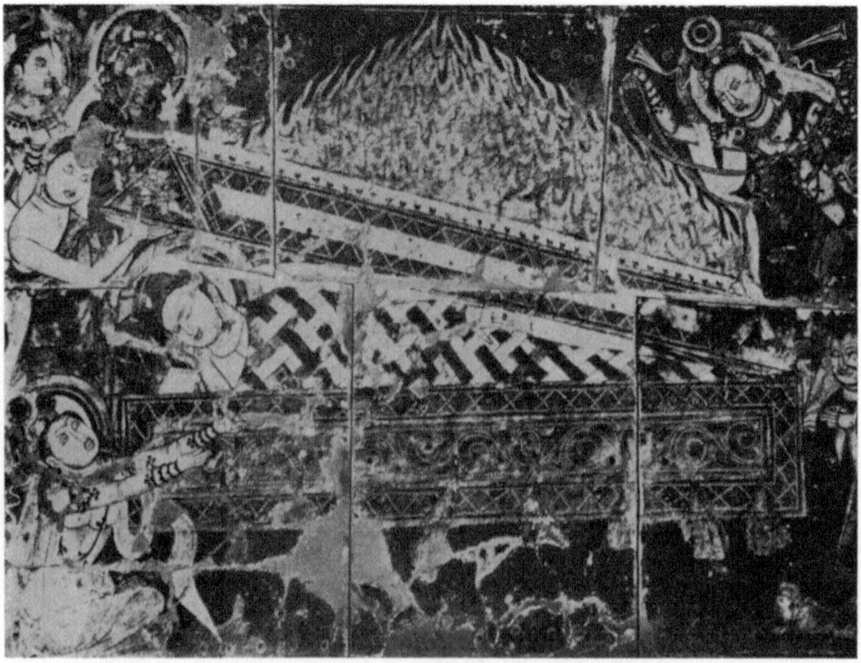

Abb. 14: Sarg aus Ostiran mit Drachenhaupt und Drachenschwanz an den zwei Enden des Sarges (etwa 7. Jh.), vgl. oben S. 18.

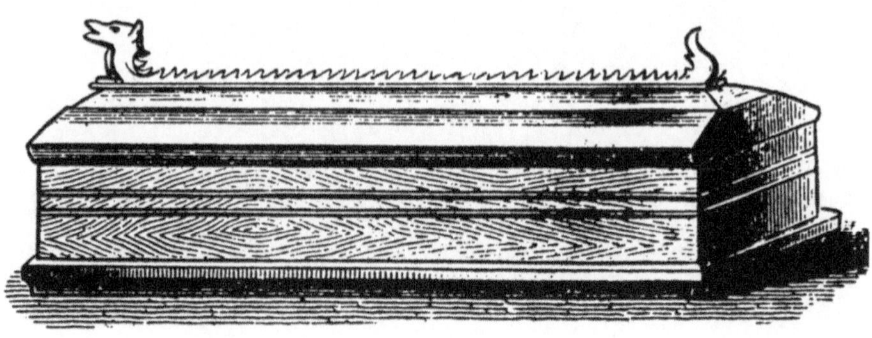

Abb. 15: Germanischer Sarg mit Drachenhaupt und Drachenschwanz an den zwei Enden des Sarges, von VON *LE COQ* als Vergleichsmaterial geboten.

Abb. 16: Drachenkopf. Der einzige erhaltene Drachensteven der Wikingerzeit, vgl. oben S. 46 mit Anm. 6.

Abb. 17: Ostiranischer Krieger mit Drachenhelm, vgl. oben Anhang 2, S. 152 ff.

Abb. 18: Ostiranische Ritter mit Vögeln als Helmzier (6.–7. Jh.), vgl. oben Anhang 1, S. 150 f.

Abb. 19: Krieger aus Ostiran mit einem großen Vogel als Helmzier, vgl. oben Anhang 1, S. 150 f. Wahrscheinlich bedeutend älter, weil urwüchsiger als die vorstehende Abb. 18.

Abb. 20: Schwedische Krieger, Torslunda auf Öland, Helm mit einem Eber als Helmzier tragend, vgl. oben S. 151 Anm. 11.

GPSR Compliance

The European Union's (EU) General Product Safety Regulation (GPSR) is a set of rules that requires consumer products to be safe and our obligations to ensure this.

If you have any concerns about our products, you can contact us on ProductSafety@springernature.com

In case Publisher is established outside the EU, the EU authorized representative is:

Springer Nature Customer Service Center GmbH
Europaplatz 3
69115 Heidelberg, Germany

Batch number: 10584556

Printed by Printforce, the Netherlands